左手Python，右手Excel

</>

带飞Excel的Python绝技

刘宇宙　王 鹏　刘 艳　编著

清華大學出版社
北 京

内 容 简 介

Excel 作为当今最流行的办公软件之一，在数据编辑、处理和分析方面都有它的独到优势。Python 是一门简单易懂的编程语言，很容易上手。用 Python 操作 Excel 可以很好地解决操作 Excel 中遇到的大量重复、机械工作的问题。

本书共 12 章，可分为两部分：第一部分包括第 1~5 章，概要介绍 Python 语言的类型和对象、操作符和表达式、编程结构和控制流、函数、序列、文件操作、数据处理模块等，以帮助读者了解 Python 的基础知识；第二部分包括 6~12 章，主要讲解 Python 与 Excel 的实战操作，通过生动的情景对话方式引入大量的代码实战示例，所有代码都有详细、易懂的中文注解，以帮助读者快速理解代码。

本书专门针对希望通过 Python 操作 Excel 并提升自己的工作效率的人员量身定做，既适合经常与 Excel 打交道的办公人员、编写处理 Excel 程序的 Python 开发人员、Python 编程爱好者阅读，也适合办公自动化培训机构以及中学、大中专院校、本科院校对办公自动化感兴趣的学生参考。

图书在版编目（CIP）数据

左手 Python，右手 Excel：带飞 Excel 的 Python 绝技/刘宇宙，王鹏，刘艳编著. —北京：清华大学出版社，2022.1（2022.10重印）
ISBN 978-7-302-59658-5

Ⅰ. ①左… Ⅱ. ①刘… ②王… ③刘… Ⅲ. ①表处理软件 Ⅳ. ①TP391.13

中国版本图书馆 CIP 数据核字（2021）第 249689 号

责任编辑： 王金柱
封面设计： 王　翔
责任校对： 闫秀华
责任印制： 丛怀宇

出版发行： 清华大学出版社
网　　址： http://www.tup.com.cn，http://www.wqbook.com
地　　址： 北京清华大学学研大厦 A 座　　**邮　　编：** 100084
社 总 机： 010-83470000　　**邮　　购：** 010-62786544
投稿与读者服务： 010-62776969，c-service@tup.tsinghua.edu.cn
质 量 反 馈： 010-62772015，zhiliang@tup.tsinghua.edu.cn

印 装 者： 天津鑫丰华印务有限公司
经　　销： 全国新华书店
开　　本： 190mm×260mm　　**印　张：** 19.25　　**字　　数：** 519 千字
版　　次： 2022 年 1 月第 1 版　　**印　　次：** 2022 年 10 月第 2 次印刷
定　　价： 79.00 元

产品编号：094153-01

推 荐 序

有幸拜读宇宙的 Python 新作。Python 作为一种解释型、面向对象、带有动态语义的高级程序设计语言，非常简单易懂，很容易上手，是诸多主流国产 RPA 软件的开发语言。

Python 在系统管理、文件处理、邮件发送、机器学习、深度学习等场景都有开源的类库支持。无论是在.net 为底层的 RPA 工具软件上进行二次开发，还是直接在以 Python 为开发语言的国产 RPA 工具上使用，都是比较容易上手的。

在人工智能发展趋势下，对 Python 的学习是非常必要的。这本书先讲解了部分 Python 基础知识，然后逐步引出 Python 与 Excel 的交互方式，通过理论与实战，让读者以更加轻松的方式掌握相关内容。

Python 与 Excel 的实战操作部分，通过生动的情景对话方式引入大量的代码实战示例，所有代码都有详细、易懂的中文注解，可以帮助读者快速理解。

选择一本好书，日日精进，是学员的理想状态。在这里，我强烈推荐这本深入浅出的新书。

——龚燕玲，数字力量 RPA 社区创始人

前　　言

为什么要使用 Python 操作 Excel？

Excel 作为当今最流行的办公软件之一，在数据编辑、处理和分析方面都有它的独特优势。但随着一些业务越来越成熟，使用 Excel 时，更多时候所做的是重复性和机械的工作，特别当有大量的 Excel 文件需要处理时，其中的重复性和机械性的工作量更为庞大。实际上这些重复和机械的工作完全可以有更好的方式解决，如通过编写程序来实现这些重复工作的自动完成。使用 Python 编写程序操作 Excel 就是一个非常好的选择，使用 Python 及一些第三方库，可以非常简单、高效的操作 Excel。

什么是 Python，为什么要使用它？

Python 是一种解释型的、面向对象的、带有动态语义的高级程序设计语言。这里有很多术语，你可以在阅读本书的过程中逐渐弄懂。Python 是一门简单易懂的编程语言，很容易上手，不管对于有没有计算机基础的学者，学习成本都不高。

Python 是一种使你在编程时能够保持自己风格的程序设计语言，Python 可以使用清晰易懂的程序来实现想要的功能。如果你之前没有任何编程经历，那么既简单又强大的 Python 就是你入门的完美选择。

随着数字时代的到来，如今人们需要处理的数据量呈几何级数增长，Excel 由于基于文件的设计思路，无法达到数据库系统的性能，在处理大量数据的时候会遇到非常严重的性能问题。如当 Excel 表中的数据达到上百万行时，使用 Excel 操作就非常缓慢，甚至电脑可能会直接罢工。对于类似这样的问题，通过 Python 编程操作如此大数据量的 Excel 表格可以非常轻松的应对，Python 中的一个非常强大的第三方模块——Pandas，就是专门为处理大数据量而准备的。当然还有很多其它操作 Excel 的好用的特性，这里就不一一介绍了，读者在本书阅读中可以逐步体会。

用 Python 操作 Excel，可以很好的解决操作 Excel 中遇到的大量重复性、机械性的工作的问题。应用 Python 结合各种功能强大的第三模块，可以将大数据分析、机器学习等先进的数据科学工具以简单优雅的方式应用到日常办公中，极大的帮助使用者提升办公效率，同时也能很好的帮助使用者从重复、机械的 Excel 文档处理中解脱出来。

对于书中 Python 基础部分的内容，若想要更体系的了解，可以阅读本人编写的《Python 3.8 从零开始学》和《Python 实战之数据分析与处理》两书。

本书特色

本书专门针对希望通过 Python 操作 Excel，并提升自己的工作效率的人员量身定做，是编者学习和使用 Python 开发过程中的体会和经验总结，涵盖实际开发中重要的知识点，内容详尽，代码可读性及可操作性强。

本书主要分为两部分，第一部分概要介绍 Python 语言的类型和对象、操作符和表达式、编程结构和控制流、函数、序列、文件操作、数据处理模块等，以帮助读者了解 Python 一些基础知识。第二部分主要讲解 Python 与 Excel 的实战操作，通过生动的情景对话方式引入大量的代码实战示例，所有代码都有详细、易懂的中文注解，以帮助读者快速理解代码。

本书内容

本书分为两大部分，共 12 章，各章内容安排如下：

- 第一部分：Python 基础
  - 第 1 章主要介绍 Python 的基础知识，为后续章节学习相关内容做铺垫。
  - 第 2 章主要介绍列表、元组、字典和集合等 Python 中常用的数据结构。
  - 第 3 章主要介绍条件语句、循环语句等一些更深层次的语句。
  - 第 4 章主要介绍函数和文件。
  - 第 5 章主要介绍数据处理中会经常遇到的一些数据处理的模块，如 NumPy、Pandas、Matplotlib 等模块。
- 第二部分：Python 与 Excel 的实战操作
  - 第 6 章主要讲解怎么使用 Python 处理 Excel 文件，包括操作工作薄、工作表、工作薄和工作表的混合操作等内容。
  - 第 7 章主要讲解 Excel 中行、列和单元格的相关处理。
  - 第 8 章主要讲解如何使用 xlwings、pandas 等模块实现对 Excel 文件中数据的分析。
  - 第 9 章主要介绍 xlwings 模块结合 pandas 和 matplotlib 模块做更多的数据图表的展示，及使用对应模块怎么展示更多样化的图表。
  - 第 10 章主要讲解通过柱形图、折线图、散点图等图表展示数据间的变化趋势和数据的相关性等特性。
  - 第 11 章是一个综合实战章节，通过该章节，可以实现在一个 sheet 中展示多张图形。
  - 第 12 章主要讲解如何使用 Excel 中的 xlwings 插件和通过 VBA 代码调用 Python 中的自定义函数。

读者对象

- 经常与 Excel 打交道的办公人员，如文秘、行政、人事、营销、财务等职业人士。

- 工作中编写处理 Excel 程序的 Python 开发人员。
- Python 编程爱好者。
- 办公自动化培训机构、有兴趣于办公自动化的中学、大专院校及本科的学生。

代码下载

本书的示例代码都是基于 Python3.8 编写的，除最后一章，其他章节涉及的 Excel 操作结果截图都是使用 WPS 打开对应 Excel 文件进行的，最后一章操作的 Excel 是基于 Office2007 进行示例演示及截图的。

本书的所有代码，读者可扫描右侧二维码获取，也可按提示把下载链接转发到自己的邮箱中下载。如果下载有问题，请直接发送邮件至 booksaga@126.com，邮件主题为“左手 Python，右手 Excel：带飞 Excel 的 Python 绝技”。

致　谢

本书在写作过程中遇到了很多困难以及写作方式上的困惑，好在如今是信息互联的时代，让笔者有机会参阅很多相关信息，能够较好地解决很多困难。本书在写作过程中参考了一些相关图书资料，主要有《Python 3.8 从零开始学》《Python 实战之数据分析与处理》《像计算机科学家一样思考 Python》《编写高质量代码改善 Python 程序的 91 个建议》《超简单：用 Python 让 Excel 飞起来》等。在此，对这些资料的作者表示真诚的感谢。

本书得以顺利出版，感谢清华大学出版社的王金柱编辑，在编写的过程中给予了很多指导和修改意见。同时感谢王鹏博士和刘艳老师参与本书部分章节的编写和修改，在本书完稿之际，刘艳老师诞下了她的第一个小男孩，在此也将该书作为他的诞生礼，欢迎他的到来。也感谢家人在写作期间给予的安静写作环境，没有你们的帮助与关心，本书不能如期完成。最后感谢读者们的鼓励和支持，正因为有你们不断指出不足、不断提出问题与意见，才使本书更臻完美。

由于时间所限，本书并非全部内容都书写的很详尽，书中也有一些借鉴其他图书的点，望读者在阅读过程中多多谅解。如果您在阅读过程中发现错误，不管是文本还是代码，希望您可以告知我们，我们将不胜感激。Github 联系地址：

https://github.com/liuyuzhou/pythonoperexcel.git

编　者

2021 年 11 月

目　录

第一部分　Python 基础

第一部分　Python 基础

第 1 章

操作 Excel 的 Python 基础

如果想要使用 Python 操作 Excel、提高工作效率，或者实现 Python 操作 Excel 的办公自动化，那么首先必须掌握 Python 编程语言，这样才能通过程序来控制 Excel 的自动化操作。本章我们将从 Python 的基础知识开始讲解 Python 编程方法，为后续章节的学习做好铺垫。

1.1　从 Hello World 开始

安装好 Python 后，在"开始"菜单栏中会自动添加一个类似 Python 3.9 的 Python 文件夹，单击该文件夹会出现类似图 1-1 所示的子目录。

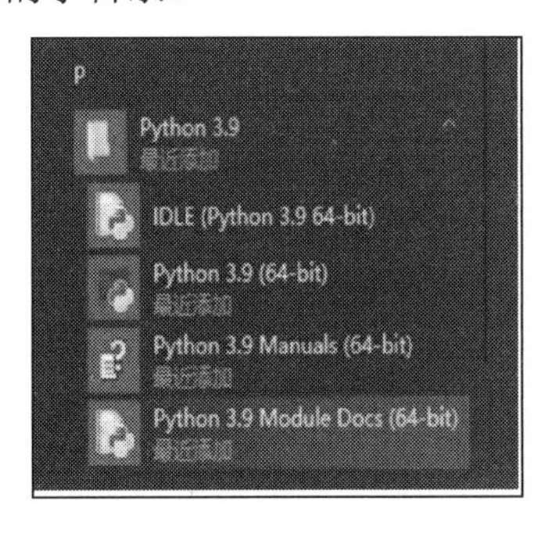

图 1-1　Python 菜单

可以看到，Python 目录下有 4 个子目录，从上到下依次是 IDLE、Python 3.9、Python 3.9 Manuals 和 Python 3.9 Module Docs。IDLE 是 Python 集成开发环境，也称交互模式，具备基本的 IDE 功能，是非商业 Python 开发的不错选择；Python 3.9 是 Python 的命令控制台，窗口跟 Windows 下的命令窗口一样，不过只能执行 Python 命令；Python 3.9 Manuals 是帮助文档，不过是全英文的；Python 3.9

Module Docs 是模块文档，单击后会跳转到一个网址，可以查看目前集成的模块。本书若无特别指出，示例都是在 IDLE 中执行的。

下面正式进入 Hello World 的世界。打开 Python 交互模式，如图 1-2 所示。

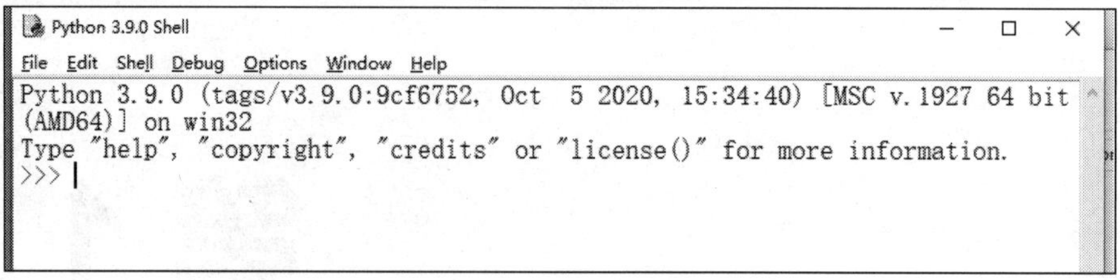

```
Python 3.9.0 Shell
File Edit Shell Debug Options Window Help
Python 3.9.0 (tags/v3.9.0:9cf6752, Oct  5 2020, 15:34:40) [MSC v.1927 64 bit
(AMD64)] on win32
Type "help", "copyright", "credits" or "license()" for more information.
>>> |
```

图 1-2　Python 交互模式

其中，>>>表示在 Python 交互式环境下，此时只能输入 Python 代码并立刻执行。

在交互式环境下输入“print ('Hello,world!')”，按回车键后输出“Hello,world!”，如图 1-3 所示。此处 print 后面带了小括号，表示 print 是一个函数（函数的概念将会在后面的章节单独进行讲解），单引号里面的是字符串。如果要让 Python 打印指定的文字，就可以用 print()函数。把要打印的文字用单引号或双引号括起来，但是单引号和双引号不能混用。

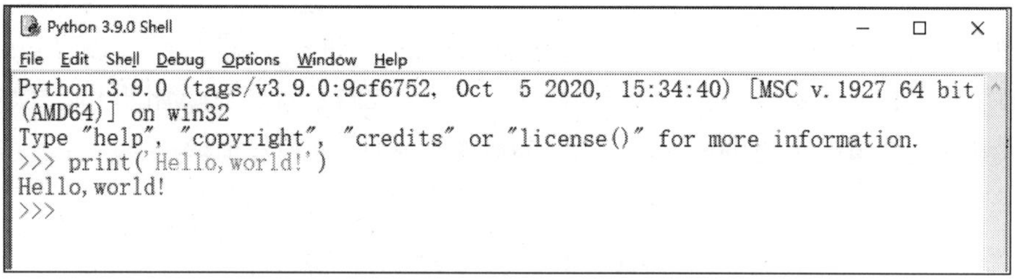

```
Python 3.9.0 Shell
File Edit Shell Debug Options Window Help
Python 3.9.0 (tags/v3.9.0:9cf6752, Oct  5 2020, 15:34:40) [MSC v.1927 64 bit
(AMD64)] on win32
Type "help", "copyright", "credits" or "license()" for more information.
>>> print('Hello,world!')
Hello,world!
>>>
```

图 1-3　Python 输入输出

1.2　数字类型

计算机是可以做快速、高精度数学计算的机器，工程师们设计的计算机程序也可以处理各种数值，并且计算机能处理的不仅仅是数值，还有文本、图形、音频、视频、网页等各种各样的数据对象。在程序设计时，对于不同的对象需要定义不同的对象类型，Python 3.x 中有 6 种标准的对象类型：Number（数字）、String（字符串）、List（列表）、Tuple（元组）、Set（集合）、Dictionary（字典）。本节首先讲解 Number（数字）类型，其他 5 种对象类型将在后续章节介绍。

Python 3.x 支持 3 种不同的 Number（数字）类型，即整数类型（int）、浮点数类型（float）和复数类型（complex）。

1.2.1　整　数

整数类型（int）通常称为整型或整数，一般直接用 int 表示，是正整数、0 和负整数的集合，并且不带小数点。在 Python 3.x 中，整型没有限制大小，可以当作 long（长整型）类型使用，所以 Python

3.x 没有 Python 2.x 的 long 类型。

整型的输入非常简单，如要输入 31，可在交互模式下输入：

```
>>> 31
31
```

这里输入的 31 就是整型，对于编译器来说识别到的是整型。

整型可以支持如下操作：

```
>>> 15 + 15
30
>>> 31 - 30
1
>>> 31 * 2
62
>>> 155 / 31
5.0
```

对于不能整除的情形，除法操作的小数位会比较多，例如：

```
>>> 156 / 31
5.032258064516129
```

对于 Python 的整数除法，除法（/）计算结果是浮点数，即使两个整数恰好能整除，结果也是浮点数，即最终结果会带上小数位。如果只想得到整数的结果，舍弃小数部分，可以使用地板除（//），整数的地板除（//）永远是整数，除不尽时会舍弃小数部分。

上面的输入更改为如下形式：

```
>>> 155 // 31
5
```

这时得到的计算结果就不带小数位了，即不是浮点数了。再看看用 156 做计算的结果：

```
>>> 156 // 31
5
```

155 和 156 对 31 做地板除的结果都是 5。因为地板除（//）只取结果的整数部分。针对这类问题，Python 提供了一个余数运算，可以得到两个整数相除的余数，在 Python 中叫取模（%）。155 和 156 对 31 的取模如下：

```
>>> 155 % 31
0
>>> 156 % 31
1
```

1.2.2 浮 点 数

浮点数类型（float）一般称为浮点型，由整数部分与小数部分组成，也可以使用科学计数法表示。例如：

```
>>> 5.3*62
328.59999999999997
```

整型和浮点型在计算机内部存储的方式不同，整型运算永远是精确的，而浮点型运算可能会有四舍五入的误差。

1.2.3 数字类型转换

在编程的过程中，经常会需要将整型转换为浮点型，或将浮点型转换为整型。一般将浮点型转换为整型会丢失精度，在实际操作中需要注意。

对数据内置的类型进行转换，只需要将数据类型作为函数名即可。

在 Python 中，数据类型转换时有如下 4 个函数可以使用：

- int(x)将 x 转换为一个整数。
- float(x)将 x 转换为一个浮点数。
- complex(x)将 x 转换为一个复数，实数部分为 x，虚数部分为 0。
- complex(x,y)将 x 和 y 转换为一个复数，实数部分为 x，虚数部分为 y。x 和 y 是数字表达式。

例如：

```
>>> int(560.1)
560
```

输出结果将 560.1 转换为了 560。

在实际生活中，有关财务的操作要用浮点型进行记账，可以使用 float 函数。例如，在交互模式下输入：

```
>>> float(560.1)
560.1
```

这样转换后得到的就是浮点型数据。

不过这个计算结果的小数位还是大于 0，如果要得到小数位为 0 的结果，该怎么办呢？把 int 函数放入 float 函数中是否可以呢？在交互模式下输入：

```
>>> float(int(560.1))
560.0
```

这里先把 560.1 通过 int 函数取整，得到整型 560，再通过 float 函数将 560 转换成浮点型 560.0，得到了我们想要的结果。当然，这里虽然得到了最终想要的结果，但是输入的字符看起来有点复杂。这其实是函数的嵌套，后面会进行具体介绍，此处了解即可。

1.3　认识 Python 的常量、变量和关键字

编程语言最强大的功能之一是操纵变量（variable）。变量是一个需要熟知的概念，在 Python 中的变量很好理解，就是代表某个值的名字。

听说 Python 也有变量和关键字，那么和 C 语言有什么不同呢？
变量和关键字在各类编程语言中大同小异，既有共同之处，也有很多不同之处，下面我们就来看看 Python 的变量和关键字都有哪些吧！

1.3.1　变　量

把一个值赋给一个名字，这个值会存储在内存中。在大多数语言中，把这种操作称为“给变量赋值”或“把值存储在变量中”。

在 Python 中，变量指向各种类型值的名字，以后再用到这个值时直接引用名字即可，不用再写具体的值。

变量的使用环境非常宽松，没有明显的变量声明，而且类型不是必须固定的。可以把一个整数赋值给变量，也可以把字符串、列表或字典赋给变量。

在 Python 中，赋值语句用等号（=）表示，可以把任意数据类型赋值给变量。比如，要定义一个名为 xiaohong 的变量，对应值为 XiaoHong，可按下述方式操作：

```
>>> xiaohong = 'XiaoHong'
>>>
```

其中，xiaohong 是我们创建的变量，=是赋值语句，XiaoHong 是变量值，变量值需要用单引号或双引号标记。整句话的意思是：创建一个名为 xiaohong 的变量并将变量赋值为 XiaoHong（注意这里的大小写）。

在 Python 中，对于变量，不能像数据类型那样，输入数值就立马能看到结果。对于变量，需要使用输出函数。print()是输出函数，上面的示例中没有使用输出函数，屏幕上当然不会有输出内容。尝试如下：

```
>>> print(xiaohong)
XiaoHong
```

成功打印出了结果。为什么输入的是 print(xiaohong)，结果却输出 XiaoHong 呢？这就是变量的好处，可以只定义一个变量名，比如名为 xiaohong 的变量，把一个实际的值赋给这个变量，比如 XiaoHong，

计算机中会开辟出一块内存空间存放 XiaoHong 这个值，当让计算机输出 xiaohong 时，在计算机中，xiaohong 这个变量实际上指向的是值为 XiaoHong 的内存空间。

在使用变量前需要对其赋值，没有值的变量是没有意义的，编译器也不会编译通过。

例如，定义一个变量 abc，不赋任何值，输入及结果如下：

```
>>> abc
Traceback (most recent call last):
  File "<stdin>", line 1, in <module>
NameError: name 'abc' is not defined
```

输出结果提示我们名称错误，名称 abc 没有定义。

同一个变量可以反复赋值，而且可以是不同类型的变量，输入如下：

```
>>> a = 123
>>> a
123
>>> a = 'ABC'
>>> print(a)
ABC
```

这里提到变量类型的概念，在前面提到 Python 3.x 中有 6 种标准对象类型，那么对于定义的一个变量，怎么知道它的类型是什么呢？

在 Python 中，提供了一个内置的 type 函数，可以帮助我们识别一个变量的类型，例如：

```
>>> type('Hello,world!')
<class 'str'>
```

这里的<class 'str'>指的是 Hello 这个变量值的类型是 str（字符串）类型的。

按照同样的方式在交互模式下输入如下内容：

```
>>> type(50)
<class 'int'>
>>> type(5.0)
<class 'float'>
>>> a = 'test type'
>>> type(a)
<class 'str'>
```

只要是用双引号或单引号括起来的值都属于字符串。再在交互模式下输入如下内容：

```
>>> type('test single quotes')
<class 'str'>
>>> type("test double quote")
<class 'str'>
>>> type("100")
<class 'str'>
```

注意，不要把赋值语句的等号等同于数学中的等号。例如：

```
a = 100
a = a + 200
```

在编程语言中，a=a + 200 的计算规则是：赋值语句先计算右侧的表达式 a + 200，得到结果 300，再将结果值 300 赋给变量 a。由于 a 之前的值是 100，重新赋值后，a 的值变成 300。通过交互模式做验证，输入如下：

```
>>> a = 100
>>> a = a + 200
>>> print(a)
300
```

理解变量在计算机内存中的表示也非常重要。在交互模式下输入：

```
>>> a = '123'
```

这时，Python 解释器做了两件事情：

（1）在内存中开辟一块存储空间，在这个存储空间中存放'123'这三个字母对应的字符串。

（2）在内存中创建一个名为 a 的变量，并指向'123'字符串对应的内存空间。

也可以把一个变量 a 赋值给另一个变量 b，这个操作实际上是把变量 b 指向变量 a 所指向的数据，例如：

```
>>> a = '123'
>>> b = a
>>> a = '456'
>>> print(b)
```

最后一行打印出变量 b 的内容到底是'123'还是'456'呢？从数学逻辑推理，得到的结果应该是 b 和 a 相同，都是'456'，实际上在交互模式下打印出的 b 值是'123'。

这里我们不急于问为什么，先一行一行执行代码，看看到底是怎么回事。

首先执行 a='123'，解释器在内存中开辟一块空间，存放字符串'123'，并创建变量 a，把 a 指向'123'，如图 1-4 所示。

接着执行 b=a，解释器创建了变量 b，并把 b 也指向字符串'123'，如图 1-5 所示，此时 a 和 b 都指向了字符串'123'。

再接着执行 a = '456'，解释器在内存中继续开辟一块空间，开辟的新空间用于存放字符串'456'，a 的指向更改为字符串'456'，b 的指向不变，如图 1-6 所示。

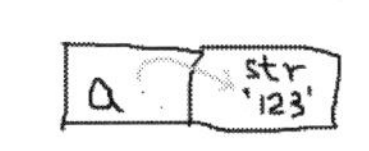

图 1-4　a 指向'123'

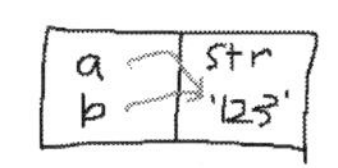

图 1-5　a、b 指向'123'

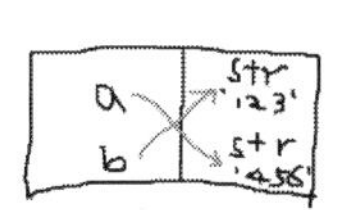

图 1-6　a 指向'456'，b 不变

最后执行 print(b)，输出变量 b 的结果。由图 1-6 可见，变量 b 指向的是字符串'123'，所以 print(b) 得到的结果是 123。

1.3.2 变量名称

在程序编写时，选择有意义的名称为变量名是一个非常好的习惯，不仅便于以此标记变量的用途，还可以在有多个变量时区分各个变量。就像我们每个人都会取一个不那么普通的名字，以便别人记忆或识别。

在 Python 中，变量名是由数字或字符组成的任意长度的字符串，并且必须以字母开头。使用大写字母是合法的，在命名变量时，为避免变量使用过程中出现一些拼写上的低级错误，建议变量名中的字母都用小写，因为 Python 是严格区分大小写的。

举个例子，若用 Name 和 name 作为变量名，那么 Name 和 name 就是两个不同的变量：

```
>>> name = 'study python is happy'
>>> Name = 'I agree with you'
>>> print(name)
study python is happy
>>> print(Name)
I agree with you
```

在 Python 中，一般用下画线"_"连接多个词组。在交互模式下输入 Python 标准变量的命名方式如下：

```
>>> happy_study = 'stay hungry stay foolish'
>>> print(happy_study)
stay hungry stay foolish
```

在 Python 的命名规则中，变量名不能以数字开头，给变量取名时，若变量的命名不符合 Python 的命名规则，解释器就会显示语法错误。先在交互模式下输入：

```
>>> 2wrongtest = 'just for test'
  File "<stdin>", line 1
    2wrongtest='just for tes
               ^
SyntaxError: invalid syntax
```

再在交互模式下输入：

```
>>> xiaoming@me = 'surprised'
  File "<stdin>", line 1
SyntaxError: can't assign to operator
```

该示例提示语法错误，错误信息为不能做指定操作，错误原因是变量名 xiaoming@me 中包含了一个非法字符"@"。

在 Python 中不允许使用内部的关键字作为变量名，例如：

```
>>> and='use and as variable name'
SyntaxError: invalid syntax
```

and 是 Python 内部的一个关键字，因此会出现错误。其实，在交互模式下输入 and 时，and 变量的字体会变成淡红色，而正常变量的字体是黑色的。在交互模式下定义变量时，系统会自动校验变量是否是 Python 的关键字。

1.3.3 Python 关键字

关键字是一门编程语言中预先保留的标识符，每个关键字都有特殊的含义。编程语言众多，但是每种语言都有相应的关键字，Python 也不例外。

在 Python 中，自带了一个 keyword 模块（模块的概念在后续章节会介绍），用于检测关键字。可以通过 Python 的交互模式做如下操作获取关键字列表：

```
>>> import keyword
>>> keyword.kwlist
['False', 'None', 'True', 'and', 'as', 'assert', 'async', 'await', 'break',
'class', 'continue', 'def', 'del', 'elif', 'else', 'except', 'finally', 'for', 'from',
'global', 'if', 'import', 'in', 'is', 'lambda', 'nonlocal', 'not', 'or', 'pass',
'raise', 'return', 'try', 'while', 'with', 'yield']
```

由上面的输出结果可以看到，在 Python 3.9 中共有 35 个关键字，这些关键字都不能作为变量名来使用。整理成更直观的形式如下：

```
False      None       True    and     as      assert   break
class      continue   def     del     elif    else     except
finally    for        from    global  if      import   in
nonlocal   lambda     is      not     or      pass     raise
return     try        while   with    yield   async    await
```

1.3.4 常　量

常量是不能改变现有值的量，可以直接拿来使用，常量对应的值是固定的，不会发生变更。比如常用的数学常数 π 就是一个常量。在 Python 中，通常一般用全部大写的变量名表示常量。

Python 中有两个比较常见的常量，即 PI 和 E。

- PI：数学常量 pi（圆周率，一般以 π 表示）。
- E：数学常量 e，即自然对数。

1.4 运算符和操作对象

运算符我们在数学上都学过，但是操作对象还不是很清楚。

运算符和操作对象是计算机编程中必不可少的组成元素，所有计算都涉及运算符和操作对象，这一节我们会详细介绍 Python 中的运算符和操作对象。

1.4.1 什么是运算符和操作对象

运算符是一些特殊符号的集合，前面学习的加（+）、减（-）、乘（*）、除（/）、地板除（//）、取模（%）等都是运算符。操作对象是由运算符连接起来的对象。加、减、乘、除 4 种运算符是我们从小学就开始接触的，不过在计算机语言中，乘除的写法和之前的写法不一样。

Python 支持以下 7 种运算符：

（1）算术运算符。

（2）比较（关系）运算符。

（3）赋值运算符。

（4）逻辑运算符。

（5）位运算符。

（6）成员运算符。

（7）身份运算符。

本书将介绍前面三种运算符，有想了解其他运算符的读者可以查阅相关资料或阅读本人编写的《Python 3.8 从零开始学》一书。

1.4.2 算术运算符

表 1-1 为算术运算符的描述和实例，这里假设变量 a 为 10、变量 b 为 5。

表 1-1 算术运算符

运 算 符	描 述	实 例
+	加：两个对象相加	a + b，输出结果为 15
-	减：负数，或一个数减去另一个数	a – b，输出结果为 5
*	乘：两个数相乘，或者返回一个被重复若干次的字符串	a * b，输出结果为 50
/	除：x 除以 y	a / b，输出结果为 2.0
%	取模：返回除法的余数	a % b，输出结果为 0
**	幂：返回 x 的 y 次幂	a**b，输出结果为 100000
//	取整除（地板除）：返回商的整数部分	9//2，输出结果为 4；9.0//2.0，输出结果为 4.0

下面进行实战，在交互模式下做练习：

```
>>> a = 10
>>> b = 5
>>> print(a ** b)
100000
>>> print(9 // 2)
4
```

加、减、乘、除、取模、地板除在前面都已经做过详细介绍，较好理解；但是幂运算的计算形式与在数学中学习的乘方运算的形式不一样，数学中是 a^2，幂运算是 a**2。

在工作中，经常会被问到你的操作系统是 32 位还是 64 位的，或者在安装某个软件时被问到是否支持 64 位操作系统等。

为什么会出现 32 位和 64 位的操作系统，并且读者都趋向于安装 64 位的软件呢？

先看交互模式下的两个输入：

```
>>> 2 ** 32 / 1024 / 1024 / 1024
4.0
>>> 2 ** 64 / 1024 / 1024 / 1024
17179869184.0
```

第一个输入 2**32 是 2 的 32 次方，这是 32 位操作系统最大支持内存的字节数，除以第一个 1024 是要转换为 KB（1KB=1024B），除以第二个 1024 是要转换为 MB（1MB=1024KB），除以第三个 1024 是要转换为 GB（1GB=1024MB）。这个结果告诉我们，32 位的操作系统最大只能支持 4GB 的内存，而 64 位的操作系统可以支持的内存是百亿吉字节（GB）的。

1.4.3　比较运算符

表 1-2 为比较运算符的描述和实例（假设变量 a 为 10、变量 b 为 20）。所有比较运算符返回 1 表示真，返回 0 表示假，与特殊的变量 True 和 False 等价。注意大写的变量名。

表1-2　比较运算符

运算符	描述	实例
==	等于：比较对象是否相等	(a == b) 返回 False
!=	不等于：比较两个对象是否不相等	(a != b) 返回 True
>	大于：返回 x 是否大于 y	(a > b) 返回 False
<	小于：返回 x 是否小于 y	(a < b) 返回 True
>=	大于等于：返回 x 是否大于等于 y	(a >= b) 返回 False
<=	小于等于：返回 x 是否小于等于 y	(a <= b) 返回 True

下面进行实战：

```
>>> a = 10
>>> b = 20
>>> a == b
False
>>> a != b
True
>>> a > b
False
>>> a < b
True
>>> a >= b
False
>>> a <= b
True
```

提　示

在一些地方，会用 1 代表 True、0 代表 False，这是正确也是合理的表示方式。大家可以理解为开和关，就像我们在物理中所学的电源的打开和关闭一样。后面会有更多地方用 1 和 0 代表 True 和 False。

1.4.4 赋值运算符

表 1-3 为赋值运算符的描述和实例（假设变量 a 为 10、变量 b 为 20）。

表1-3　赋值运算符

运　算　符	描　　述	实　　例
=	简单的赋值运算符	c = a + b，将 a + b 的运算结果赋值给 c
+=	加法赋值运算符	c += a，等效于 c = c + a
-=	减法赋值运算符	c -= a，等效于 c = c - a
*=	乘法赋值运算符	c *= a，等效于 c = c * a
/=	除法赋值运算符	c /= a，等效于 c = c / a
%=	取模赋值运算符	c %= a，等效于 c = c % a
**=	幂赋值运算符	c **= a，等效于 c = c ** a
//=	取整（地板除）赋值运算符	c //= a，等效于 c = c // a

下面进行实战：

```
>>> a = 10
>>> b = 20
>>> c = 0
>>> c = a + b
>>> print(c)
30
>>> c += 10
>>> print(c)
40
>>> c -= a
>>> print(c)
30
>>> c *= a
>>> print(c)
300
>>> c /= a
>>> print(c)
30.0
>>> c %= a
>>> print(c)
0.0
>>> c = a ** 5
>>> print(c)
100000
>>> c //= b
>>> print(b)
20
>>> print(c)
5000
```

1.5 注　释

注释，我知道，就是给程序代码做的说明。

嗯，是的，注释是代码的辅助部分，是帮助代码阅读者更好地理解代码的辅助工具。下面我们来看怎么使用注释。

注释一般以“#”符号开始，既可以单独占一行，也可以放在语句行的末尾。比如在交互模式下输入：

```
>>> # 打印 1+1 的结果
>>> print(1 + 1)
2
>>> print(1 + 1) # 打印 1+1 的结果
2
```

从符号“#”开始到这一行末尾，之间所有内容都被忽略，这部分对程序没有影响。

注释最重要的用途在于解释代码并不显而易见的特性。比如，在以下代码中，注释与代码重复，毫无用处。

```
>>> r = 10    #将 10 赋值给 r
```

下面这段代码注释包含代码中隐藏的信息，如果不加注释，就很难让人看懂是什么意思（虽然在实际中可以根据上下文判定，但是需要浪费不必要的思考时间）。

```
>>> r = 10    #半径，单位是米
```

1.6 字符串的简单操作

字符串就是多个字符组成的一个组合吗?

是，字符串是 Python 中最常用的类型之一，在实际程序中大有作为，下面我们来看字符串的用法。

在 Python 中，可以使用单引号（'）或双引号（"）创建字符串。只使用一对单引号或一对双引

号创建的字符串一般称为空字符串。一般要赋给字符串一个值，这样才是比较完整地创建了字符串。例如：

```
>>> ''                  #创建单引号引起的空字符串
''
>>> ""              #创建双引号引起的空字符串
''
>>> 'hello'             #创建单引号引起的非空字符串
'hello'
>>> "python"     #创建双引号引起的非空字符串
'python'
>>> empy=''                #创建空字符串，将字符串赋给变量 empy
>>> say='hello,world'  #创建非空字符串，并将字符串赋给变量 say
```

由输出结果可以看到，字符串的创建非常灵活，可以使用各种方式进行创建。例如：

```
>>> print('读万卷书，\n 行万里路。')
读万卷书，
行万里路。
```

在 Python 的语法中，字符\n 表示的是换行，是 Python 中指定的转义字符。在任何字符串中，遇到\n 就换行。Python 中有很多转义字符，如表 1-4 所示。

表1-4 Python中的转义字符

转义字符	描　述	转义字符	描　述
\（在行尾时）	续行符	\n	换行
\\	反斜杠符号	\v	纵向制表符
\'	单引号	\t	横向制表符
\"	双引号	\r	回车
\a	响铃	\f	换页
\b	退格（Backspace）	\oyy	八进制数，yy 代表的字符，如\o12 代表换行
\e	转义	\xyy	十六进制数，yy 代表的字符，如\x0a 代表换行
\000	空	\other	其他字符以普通格式输出

例如，对于前面的示例，虽然输入的字符串是用引号引起的，但是输出的结果却不带引号了。假如要输出的结果也是被引号引起的（如需要输出的结果形式如下），需要怎样操作？

```
'读万卷书'
'行万里路'
```

操作示例如下：

```
>>> print(''读万卷书'\n'行万里路'')     #不使用转义字符，全用单引号
  SyntaxError: invalid syntax
>>> print(""读万卷书"\n"行万里路"")     #不使用转义字符，全用单引号
   SyntaxError: invalid syntax
>>>print("'读万卷书'\n'行万里路'")  #不使用转义字符，字符串用双引号引起，里面都用单引号
```

```
'读万卷书'
'行万里路'
```

在 Python 中进行字符串的操作时，如果涉及需要做转义的操作，建议使用转义字符。

1.7　字符串格式化

怎么使用字符串呢?
在实际项目应用中，字符串的格式化操作应用得非常广，特别是在项目的调试及项目日志的打印中都需要通过字符串的格式化方式来得到更精美的打印结果。本节我们将介绍Python中字符串格式化的方式。

1.7.1　经典的字符串格式化符号——百分号（%）

第一眼看到百分号（%）时，你可能会想到运算符中的取模操作。在字符串操作中，百分号（%）还有一个更大的用途，就是字符串的格式化。百分号（%）是 Python 中最经典的字符串格式化符号，也是 Python 中最古老的字符串格式化符号，这是 Python 格式化的 OG（original generation），伴随着 Python 语言的诞生。

百分号（%）格式化字符串的示例如下：

```
>>> print('hi,%s' % 'python')
hi,python
>>> print('一年有%s 个月' % 12)
一年有 12 个月
>>> print('%s 年的冬奥会将在%s 举行，预测中国至少赢取%d 枚金牌' % ('2022','北京',5))
2022 年的冬奥会将在北京举行，预测中国至少赢取 5 枚金牌
```

由输出结果可以看到，在有多个占位符的字符串中，可以通过元组传入多个待格式化的值。

1.7.2　format 字符串格式化

从 Python 2.6 开始，引入了另外一种字符串格式化的方式，形式为 str.format()。str.format()是对百分号（%）格式化的改进。使用 str.format()时，替换字段部分使用花括号表示。在交互模式下输入：

```
>>> 'hello,{}'.format('world')
'hello,world'
>>> print('圆周率 PI 的值为：{0}'.format(3.141593))
圆周率 PI 的值为：3.141593
```

```
>>> print('圆周率 PI 的值为：{pi}'.format(pi=3.141593))
圆周率 PI 的值为：3.141593
>>> print('{}年的冬奥会将在{}举行，预测中国至少赢取{}枚金牌'.format('2022','北京
',5))
2022 年的冬奥会将在北京举行，预测中国至少赢取 5 枚金牌
```

由输出结果可以看到，str.format()的使用形式为：用一个点号连接字符串和格式化值，多于一个的格式化值需要用元组表示。在字符串中，带格式化的占位符用花括号（{}）表示。

花括号中可以没有任何内容，没有任何内容时若有多个占位符，则元组中元素的个数需要和占位符的个数一致。

花括号中可以使用数字，数字指的是元组中元素的索引下标，字符串中花括号中的索引下标不能超过元组中最大的索引下标，元组中的元素值可以不全部使用。例如：

```
>>> print('{0}年的冬奥会将在{2}举行'.format('2022',5,'beijing','sh'))
2022 年的冬奥会将在 beijing 举行
```

花括号中可以使用变量名，在元组中对变量名赋值。花括号中的所有变量名在元组中必须要有对应的变量定义并被赋值。元组中定义的变量可以不出现在字符串的花括号中，如下面的示例所示：

```
>>> print('{year}年的冬奥会将在{address}举行'.format(year='2022',address='北京',
num=5))
2022 年的冬奥会将在北京举行
```

1.7.3 f 字符串格式化

从 Python 3.6 开始，引入了一种新的字符串格式化字符：_f-strings_。

使用 f 字符串做格式化可以节省很多时间，使格式化更容易。f 字符串格式化也称为“格式化字符串文字”，因为 f 字符串格式化是开头有一个 f 的字符串文字，即使用 f 格式化字符串时需在字符串前加一个 f 前缀。

f 字符串格式化包含了由花括号括起来的替换字段。替换字段是表达式，它们会在运行时计算，然后使用 format()协议进行格式化。

f-strings 使用方式如下：

```
>>> f'hello,{world}'
'hello,world'
>>> f'{2*10}'
'20'
>>> year = 2022
>>> address = '北京'
>>> gold = 5
>>> f'{year}年的冬奥会将在{address}举行，预测中国至少赢取{gold}枚金牌'
'2022 年的冬奥会将在北京举行，预测中国至少赢取 5 枚金牌'
>>> print(f'{year}年的冬奥会将在{address}举行，预测中国至少赢取{gold}枚金牌')
2022 年的冬奥会将在北京举行，预测中国至少赢取 5 枚金牌
```

在 Python 中，使用百分号（%）、str.format()形式格式化的字符串都可以使用 f 字符串格式化实现。

1.7.4 f-string 字符串格式化

f-string（或者称为“格式化字符串”）虽然非常方便，但是对调试没有什么帮助。后来 Eric V. Smith 为 f-string 添加了一些语法结构，使其能够用于调试。

在 Python 3.6 中，f-string 这样使用：

```
>>> name='xiaomeng'
>>> number=1001
>>> print(f'name={name}, number={number}')
name=xiaomeng, number=1001
```

从 Python 3.8 开始，可以使用如下方式（更加简洁）：

```
>>> name='xiaomeng'
>>> number=1001
>>> print(f'{name=}, {number=}')
name='xiaomeng', number=1001
```

f字符串格式可以更方便地在同一个表达式内进行输出文本和值或变量的计算，而且效率更高。

在 Python 3.6 中，f-string 这样使用：

```
>>> x=5
>>> print(f'{x+1}')
6
```

在 Python 3.8 中，可以输出表达式及计算结果，操作如下：

```
>>> x=5
>>> print(f'{x+1=}')
x+1=6
```

对于小数，若需要输出指定位数，则可进行如下操作：

```
>>> import math
>>> print(f'{math.pi=}')
math.pi=3.141592653589793
>>> print(f'{math.pi=:.3}') # 输出 3 位数，小数位为两位
math.pi=3.14
```

注意，对于小数的输出，:.3 中的 3 是指输出的总位数，而不是指小数位数。

1.8 字符串方法

据说可以对字符串进行各种操作，比如检索字符串中的字符、分割字符串等，是这样的吗?

是的，你可以对字符串进行多种操作，比如对字符串进行切片（分成若干子串）或者删除字符串中的某个字符等。这些操作都是通过字符串方法来完成的。字符串的方法非常多（字符串从 string 模块中“继承”了很多方法），这里我们将介绍一些常用的字符串方法。

1.8.1 split()方法

split()方法通过指定分割符对字符串进行切片。split()方法的语法格式如下：

```
str.split(st="", num=string.count(str))
```

在此语法中，str 代表指定检索的字符串；st 代表分割符，默认为空格；num 代表分割次数。返回结果为分割后的字符串列表。

如果参数 num 有指定值，就只分割 num 个子字符串。这是一个非常重要的字符串方法，用来将字符串分割成序列。

该方法的使用示例如下：

```
>>> say='stay hungry stay foolish'
>>> print('不提供任何分割符分割后的字符串：',say.split())
不提供任何分割符分割后的字符串： ['stay', 'hungry', 'stay', 'foolish']
>>> print('根据字母 t 分割后的字符串：',say.split('t'))
根据字母 t 分割后的字符串： ['s', 'ay hungry s', 'ay foolish']
```

1.8.2 strip()方法

strip()方法用于移除字符串头尾指定的字符，语法格式如下：

```
str.strip([chars])
```

在此语法中，str 代表指定检索的字符串；chars 代表移除字符串头尾指定的字符，可以为空。strip()方法的返回结果是字符串移除头尾指定的字符后所生成的新字符串；若不指定字符，则默认为空格。

该方法的使用示例如下：

```
>>>say=' stay hungry stay foolish '  #字符串前后都带有空格
>>> print(f'原字符串：{say},字符串长度为:{len(say)}')
原字符串： stay hungry stay foolish ,字符串长度为:26
```

```
>>> print(f'新字符串：{say.strip()},新字符串长度为：{len(say.strip())}')
新字符串：stay hungry stay foolish,新字符串长度为：24
>>> say='--stay hungry stay foolish--'
>>> print(f'原字符串：{say},字符串长度为:{len(say)}')
原字符串：--stay hungry stay foolish--,字符串长度为:28
>>> print(f'新字符串：{say.strip("-")},新字符串长度为：{len(say.strip("-"))}')
新字符串：stay hungry stay foolish,新字符串长度为：24
```

由输出结果可以看出，strip()方法只移除字符串头部和尾部能匹配到的字符，中间的字符不会移除。

1.8.3 join()方法

join()方法用于将序列中的元素以指定字符串连接成一个新字符串。join()方法的语法格式如下：

```
str.join(sequence)
```

在此语法中，str 代表指定的字符串，sequence 代表要连接的元素序列。返回结果为指定字符串连接序列中元素后生成的新字符串。

该方法的使用示例如下：

```
>>> say=('stay hungry','stay foolish')
>>> new_say=','.join(say)
>>> print(f'连接后的字符串列表：{new_say}')
连接后的字符串列表：stay hungry,stay foolish
>>> path_str='d:','python','study'
>>> path='/'.join(path_str)
>>> print(f'python file path:{path}')
python file path:d:/python/study
>>> num=['1','2','3','4','a','b']
>>> plus_num='+'.join(num)
>>> plus_num
'1+2+3+4+a+b'
```

由输出结果可以看出，join()方法只能对字符串元素进行连接；用 join()方法进行操作时调用和被调用的对象必须都是字符串，任意一方不是字符串，最终操作结果都会报错。

1.8.4 lower()方法

lower()方法用于将字符串中所有大写字母转换为小写，语法格式如下：

```
str.lower()
```

在此语法中，str 代表指定检索的字符串，该方法不需要参数。返回结果为字符串中所有大写字母转换为小写后生成的字符串。

该方法的使用示例如下：

```
>>> field='DO IT NOW'
>>> print('调用 lower 得到字符串：',field.lower())
调用 lower 得到字符串： do it now
>>> greeting='Hello,World'
>>> print('调用 lower 得到字符串：',greeting.lower())
调用 lower 得到字符串：hello,world
```

由输出结果可以看出，使用 lower()方法后，字符串中所有的大写字母都转换为小写字母了，小写字母保持小写。

如果想要使某个字符串不受大小写影响，都为小写，就可以使用 lower()方法做统一转换。如果想要在一个字符串中查找某个子字符串并忽略大小写，也可以使用 lower()方法，操作如下：

```
>>> field='DO IT NOW'
>>> field.find('It')          #field 字符串不转换为小写字母，找不到匹配字符串
-1
#field 字符串先转换为小写字母，但 It 不转为小写字母，找不到匹配字符串
>>> field.lower().find('It')
-1
>>> field.lower().find('It'.lower())  #都使用 lower()方法转换成小写字母后查找
3
```

由输出结果可以看出，使用 lower()方法处理忽略大小写的字符串匹配非常方便。

1.8.5 upper()方法

upper()方法用于将字符串中的小写字母转换为大写字母。upper()方法的语法格式如下：

```
str.upper()
```

在此语法中，str 代表指定检索的字符串。该方法不需要参数，返回结果为小写字母转换为大写字母的字符串。

该方法的使用示例如下：

```
>>> field='do it now'
>>> print('调用 upper 得到字符串：',field.upper())
调用 upper 得到字符串： DO IT NOW
>>> greeting='Hello,World'
>>> print('调用 upper 得到字符串：',greeting.upper())
调用 upper 得到字符串： HELLO,WORLD
```

由输出结果可以看出，字符串中的小写字母全部转换为大写字母了。

如果想要使某个字符串不受大小写影响，都为大写，就可以使用 upper()方法做统一转换。如果想要在一个字符串中查找某个子字符串并忽略大小写，也可以使用 upper()方法，操作如下：

```
>>> field='do it now'
>>> field.find('It')                    #都不转换为大写，找不到匹配字符串
```

```
-1
>>> field.upper().find('It')              #被查找的字符串不转换为大写,找不到匹配字符串
-1
>>> field.upper().find('It'.upper())        #使用 upper()方法转换为大写后查找
3
```

由输出结果可以看出，使用 upper()方法处理忽略大小写的字符串匹配也非常方便。

1.8.6 replace()方法

replace()方法用于做字符串替换，语法格式如下：

```
str.replace(old, new[, max])
```

在此语法中，str 代表指定检索的字符串；old 代表将被替换的子字符串；new 代表新字符串，用于替换 old 子字符串；max 代表可选字符串，如果指定了 max 参数，则替换次数不超过 max 次。

返回结果为将字符串中的 old（旧字符串）替换成 new（新字符串）后生成的新字符串。

该方法的使用示例如下：

```
>>> field='do it now,do right now'
>>> print('原字符串: ',field)
原字符串:  do it now,do right now
>>> print('新字符串: ',field.replace('do','Just do'))
新字符串:  Just do it now,Just do right now
>>> print('新字符串: ',field.replace('o','Just',1))
新字符串:  dJust it now,do right now
```

由输出结果可以看出，使用 replace()方法时，若不指定第 3 个参数，则字符串中所有匹配到的字符都会被替换；若指定第 3 个参数，则从字符串的左边开始往右进行查找匹配并替换，达到指定的替换次数后便不再继续查找，若字符串查找结束仍没有达到指定的替换次数，则结束。

1.8.7 find()方法

find()方法用于检测字符串中是否包含指定的子字符串，语法格式如下：

```
str.find(str, beg=0, end=len(string))
```

在此语法中，str 代表指定检索的字符串，beg 代表开始索引的下标位置，默认为 0；end 代表结束索引的下标位置，默认为字符串的长度。返回结果为匹配字符串所在位置的最左端索引下标值，如果没有找到匹配字符串，就返回-1。

该方法的使用示例如下：

```
>>> say='stay hungry,stay foolish'
>>> print(f'say 字符串的长度是:{len(say)}')
say 字符串的长度是:24
>>> say.find('stay')
```

```
0
>>> say.find('hun')
5
>>> say.find('sh')
22
>>> say.find('python')
-1
```

由输出结果可以看出，使用 find()方法时，如果找到字符串，就返回该字符串所在位置最左端的索引下标值；若字符串的第一个字符是匹配的字符串，则 find()方法返回的索引下标值是 0；如果没找到字符串，就返回-1。

find()方法还可以接收起始索引下标参数和结束索引下标参数，用于表示字符串查找的起始点和结束点，例如：

```
>>> say='stay hungry,stay foolish'
>>> say.find('stay',3)          #提供起点
12
>>> say.find('y',3)             #提供起点
3
>>> say.find('hun',3)           #提供起点
5
>>> say.find('stay',3,10)       #提供起点和终点
-1
>>> say.find('stay',3,15)       #提供起点和终点
-1
>>> say.find('stay',3,18)       #提供起点和终点
12
```

由输出结果可以看出，find()方法可以只指定起始索引下标参数查找指定子字符串是否在字符串中，也可以指定起始索引下标参数和结束索引下标参数查找子字符串是否在字符串中。

1.9 本章小结

本章主要讲解了 Python 的基础语法，对数据类型、变量和关键字、语句、表达式、运算符和字符串等，并通过小示例展示了一些对应方法的使用。

第2章

列表、元组、字典和集合

本章将引入一个新概念——数据结构。数据结构是通过某种方式（如对元素进行编号）组织在一起的数据元素的集合，这些元素可以是数字或字符。

在 Python 中，常见的数据结构有列表、元组、字典和集合。

序列（Sequence）是 Python 中最基本的数据结构，元组和序列有很多相似之处。

通过名字引用值的数据结构，这种结构类型称为映射（mapping）。字典是 Python 中唯一内建的映射类型，是另一种可变容器模型，可存储任意类型的对象。

集合和字典类似，但集合没有映射。

2.1 通用序列操作

听说列表、字典和元组等在 Python 编程中很重要，是这样吗?

是的，列表、字典和元组等都是Python基本的数据结构，在编程中可实现很多复杂的功能，掌握这些数据结构非常必要。

在讲解列表和元组之前，本节我们先介绍 Python 中序列的通用操作（这些操作在列表和元组中都会用到）。

Python 中所有序列都可以进行一些特定操作，包括索引（indexing）、分片（slicing）、序列相加（adding）、乘法（multiplying）、成员资格、长度、最小值和最大值。

2.1.1 索　引

序列是 Python 中最基本的数据结构。序列中的每个元素都有一个数字下标，代表它在序列中的位置，这个位置就是索引。

在序列中，第一个元素的索引下标是 0，第二个元素的索引下标是 1，以此类推，直到最后一个元素。

序列中所有元素都是有编号的，从 0 开始递增。可以通过编号分别对序列的元素进行访问。

看如下操作：

```
>>> group_2='56789'#定义变量 group_2，并赋值 56789
>>> group_2 [0] #根据编号取元素，使用格式为：在方括号中输入所取元素的编号值
'5'
>>> group_2 [1]
'6'
>>> group_2 [2]
'7'
```

由输出结果可以看出，序列中的元素下标是从 0 开始的，从左向右，从 0 开始依自然顺序编号，元素可以通过编号访问。获取元素的方式为：在定义的变量名后加方括号，在方括号中输入所取元素下标的编号值。

这里的编号就是索引，可以通过索引获取元素。所有序列都可以通过这种方式进行索引。

提　示
字符串的本质是由字符组成的序列。索引值为 0 的指向字符串中的第一个元素。比如在上面的示例中，索引值为 0 指向字符串 56789 中的第一个字符 5，索引值为 1 指向字符 6，索引值为 2 指向字符 7，等等。

上面的示例从左往右顺序通过下标编号获取序列中的元素，其实也可以通过从右往左的逆序方式获取序列中的元素，其操作方式如下：

```
>>> group_2[-1]
'9'
>>> group_2[-2]
'8'
```

由输出结果可以看出，Python 的序列也可以从右开始索引，并且最右边的元素索引下标值为-1，从右向左逐步递减。

在 Python 中，从左向右索引称为正数索引，从右向左索引称为负数索引。使用正数索引时，Python 从索引下标为 0 的元素开始计数，往后依照正数自然数顺序递增，直到最后一个元素。使用负数索引时，Python 会从最后一个元素开始计数，从-1 开始依照负数自然数顺序递减，最后一个元素的索引编号是-1。

提　示
在 Python 中，做负数索引时，最后一个元素的编号不是-0，与数学中的概念一样，-0=0，-0 和 0 都指向序列中下标为 0 的元素，即序列中的第一个元素。

从上面的几个示例可以看到，进行字符串序列的索引时都定义了一个变量，其实不定义变量也可以。下面来看一个例子，在交互模式下输入：

```
>>> '56789'[0]
'5'
>>> '56789'[1]
'6'
>>> '56789'[-1]
'9'
>>> try_fun=input()[0]
test
>>> try_fun
't'
```

使用索引既可以进行变量的引用操作，也可以直接操作序列，还可以操作函数的返回序列。

2.1.2 分　片

Python中提供了分片的实现方式，所谓分片，就是通过冒号相隔的两个索引下标指定索引范围。

在交互模式下输入如下：

```
>>> student='0,1,2,3,4,5,6,7,8,9,10,11,12,13,14,15,16,17,18,19,20,21,22,23,
24,25,26,27,28,29,30'
>>> student[10:19]       # 取得指定序号的元素，加上逗号分隔符，需要取得 10 个字符
'5,6,7,8,9'
>>> student[-17:-1]      # 负数表明从右开始计数，取得最后 6 个序号的元素
'25,26,27,28,29,3'
```

分片操作既支持正数索引，也支持负数索引，并且对于从序列中获取指定部分元素非常方便。

分片操作的实现需要提供两个索引作为边界，第一个索引下标所指的元素会被包含在分片内，第二个索引下标的元素不被包含在分片内。这个操作有点像数学里的 $a \leq x < b$，x 是我们需要得到的元素，a 是分片操作中的第一个索引下标，b 是第二个索引下标，b 不包含在 x 的取值范围内。

接着上面的示例，假设需要得到最后 6 个序号，使用正数索引可以这样操作：

```
>>> student='0,1,2,3,4,5,6,7,8,9,10,11,12,13,14,15,16,17,18,19,20,21,22,23,
24,25,26,27,28,29,30'
>>> student[66:83]  #取得最后 6 个序号的元素
'25,26,27,28,29,30'
```

使用负数索引得到的结果没有输出最后一个元素。我们尝试使用索引下标 0 作为最后一个元素的下一个元素，输入如下：

```
>>> student[-17:0]
''
```

结果没有输出最后一个元素。

在 Python 中，只要在分片中最左边的索引下标对应的元素比它右边的索引下标对应的元素晚出现在序列中，分片结果返回的就会是一个空序列。比如在上面的示例中，索引下标-17 代表字符串序列中倒数第 17 个元素，而索引下标 0 代表第 1 个元素，倒数第 17 个元素比第 1 个元素晚出现，即排在第 1 个元素后面，所以得到的结果是空序列。

使用负数分片时，若要使得到的分片结果包括序列结尾的元素，只需将第二个索引值设置为空即可。在交互模式下输入：

```
>>> student[-17:]  #取得最后 6 个序号的元素
 '25,26,27,28,29,30'
```

在交互模式下输入：

```
>>> student[66:]  #取得最后 6 个序号的元素
'25,26,27,28,29,30'
```

由输出结果可以看出，在正数索引中将第 2 个索引值设置为空，会取得第 1 个索引下标之后的所有元素。

在交互模式下输入：

```
>>> student[:]  #取得整个数组
'0,1,2,3,4,5,6,7,8,9,10,11,12,13,14,15,16,17,18,19,20,21,22,23,
24,25,26,27,28,29,30'
```

由输出结果可以看出，将分片中的两个索引都设置为空，得到的结果是整个序列值，这种操作其实等价于直接打印出该变量。

若要取一个整数序列中的所有奇数，以一个序列的形式展示出来，则不能将当前所学的方法实现了。

这里我们先引入列表的概念，简单介绍如何创建列表，关于列表的更多内容将在下一节中展开介绍。

创建列表和创建普通变量一样，用一对方括号括起来即可。列表里面可以存放数据或字符串，以逗号隔开，其中的各个对象就是列表的元素，并且下标从 0 开始。示例如下：

```
>>> number[0: 10: 1]
[1, 2, 3, 4, 5, 6, 7, 8, 9, 10]
```

由上面的示例可以看出，分片中包含另一个数字。这种方式就是步长的显式设置。看起来和隐式设置步长没有什么区别，得到的结果也和之前一样，如果将步长设置为比 1 大的数，那么结果会怎样呢？请看以下示例：

```
>>> student[0:10:2]
[0, 2, 4, 6, 8]
```

由输出结果可以看出，将步长设置为 2 时得到的是偶数序列。若想要得到奇数序列，则可在交互模式下进行如下设置：

```
>>> student[1:10:2]
```

```
[1, 3, 5, 7, 9]
```

步长设置为大于 1 的数时会得到一个跳过某些元素的序列。例如，上面设置的步长为 2，得到的结果序列是从开始到结束，每个元素之间隔 1 个元素的结果序列。还可以这样使用：

```
>>> student[:10:3]
[0, 3, 6, 9]
>>> student[2:6:3]
[2,5 ]
```

除了上面的使用方式之外，还可以设置前面两个索引为空，操作如下：

```
>>> student[::3]
[0, 3, 6, 9, 12, 15, 18, 21, 24, 27, 30]
```

在交互模式下输入：

```
>>> student[::0]
Traceback (most recent call last):
  File "<pyshell#79>", line 1, in <module>
    student[::0]
ValueError: slice step cannot be zero
```

由输出结果可以看出，程序执行出错，错误原因是步长不能为 0。

既然步长不能为 0，那么步长是否可以为负数呢？请看下面的例子：

```
>>> student[10:0:-2]
[10, 8, 6, 4, 2]
>>> student[0:10:-2]
[]
>>> student[::-2]
[30, 28, 26, 24, 22, 20, 18, 16, 14, 12, 10, 8, 6, 4, 2, 0]
>>> student[:5:-2]
[30, 28, 26, 24, 22, 20, 18, 16, 14, 12, 10, 8, 6]
>>> student[::-1]
[30, 29, 28, 27, 26, 25, 24, 23, 22, 21, 20, 19, 18, 17, 16, 15, 14, 13, 12,
11, 10, 9, 8, 7, 6, 5, 4, 3, 2, 1, 0]
>>> student[10:0:-1]          #第二个索引为 0，取不到序列中的第一个元素
[10, 9, 8, 7, 6, 5, 4, 3, 2,1]
>>> student[10::-1]           #设置第二个索引为空，可以取到序列的第一个元素
[10, 9, 8, 7, 6, 5, 4, 3, 2, 1,0]
```

查看上面的输出结果，使用负数步长时的结果跟使用正数步长的结果是相反的。

对于正数步长，Python 会从序列的头部开始从左向右提取元素，直到序列中的最后一个元素；对于负数步长，则是从序列的尾部开始从右向左提取元素，直到序列的第一个元素。正数步长必须让开始点小于结束点，否则得到的结果序列是空的；负数步长必须让开始点大于结束点，否则得到的结果序列也是空的。

2.1.3 序列相加

序列支持加法操作，使用加号可以进行序列的连接操作。在交互模式下输入：

```
>>> [1, 2, 3] + [4, 5, 6]
[1, 2, 3, 4, 5, 6]
>>> a = [1, 2]
>>> b = [5, 6]
>>> a + b
[1, 2, 5, 6]
>>> s = 'hello,'
>>> w = 'world'
>>> s + w
'hello,world'
```

由输出结果可以看出，数字序列可以和数字序列通过加号连接，连接后的结果还是数字序列；字符串序列也可以通过加号连接，连接后的结果还是字符串序列。

数字序列是否可以和字符串序列相加，结果又是怎样的呢？在交互模式下输入：

```
>>> [1, 2] + 'hello'
Traceback (most recent call last):
  File "<stdin>", line 1, in <module>
TypeError: can only concatenate list (not "str") to list
>>> type([1, 2])        #取得[1,2]的类型为 list
<class 'list'>
>>> type('hello')       #取得 hello 的类型为字符串
<class 'str'>
```

由输出结果可以看出，数字序列和字符串序列不能通过加号连接。错误提示的信息是：列表只能和列表相连。

2.1.4 乘 法

在 Python 中，用一个数字 n 乘以一个序列会生成新的序列。在新的序列中，会将原来的序列首尾相连重复 n 次，得到一个新的变量值，这就是序列中的乘法。在交互模式下输入：

```
>>> 'hello' * 5
'hellohellohellohellohello'
>>> [7] * 10
[7, 7, 7, 7, 7, 7, 7, 7, 7, 7]
```

在 Python 中，若要创建一个重复序列或要重复打印某个字符串 n 次，则可像上面的示例一样乘以一个想要得到的序列长度的数字，这样可以快速得到需要的列表，非常方便。

空列表可以简单通过方括号（[]）表示，表示里面什么东西都没有。如果想创建一个占用 10 个或更多元素的空间，却不包括任何有用内容的列表，就可以像上面的示例一样乘以 10 或对应的数字，很方便。

如果要初始化一个长度为 n 的序列，就需要让每个编码位置上都是空值。此时可以使用 None 代表空值，即里面没有任何元素。None 是 Python 的内建值，确切的含义是“这里什么也没有”。例如，在交互模式下输入：

```
>>> sq=[None] * 5  #初始化 sq 为含有 5 个 None 的序列
>>> sq
[None, None, None, None, None]
```

2.1.5　成员资格

所谓成员资格，是指某个序列是否是另一个序列的子集，该序列是否满足成为另一个序列的成员的资格。

为了检查一个值是否在序列中，Python 提供了 in 这个特殊的运算符。示例如下：

```
>>> greeting = 'hello,world'
>>> 'w' in greeting   #检测 w 是否在字符串中
True
>>> 'a' in greeting
False
>>> users = ['xiaomeng', 'xiaozhi', 'xiaoxiao']
>>> 'xiaomeng' in users  #检测字符串是否在字符串列表中
True
>>> 'xiaohuai' in users
False
```

由上面的输出结果可以看出，使用 in 可以很好地检测字符或数字是否在对应的列表中。

2.1.6　长度、最小值和最大值

Python 为我们提供了快速获取序列长度、最大值和最小值的内建函数，对应的内建函数分别为 len、max 和 min。例如，在交互模式下输入如下内容：

```
>>> numbers=[300,200,100,800,500]
>>> len(numbers)
5
>>> numbers[5]
Traceback (most recent call last):
  File "<pyshell#154>", line 1, in <module>
    numbers[5]
IndexError: list index out of range
>>> numbers[4]
500
>>> max(numbers)
800
```

```
>>> min(numbers)
100
```

由输出结果可以看出，len 函数返回序列中所包含元素的个数（从 1 开始），也称为序列长度；max 函数和 min 函数分别返回序列中值最大和值最小的元素。

2.2 列 表

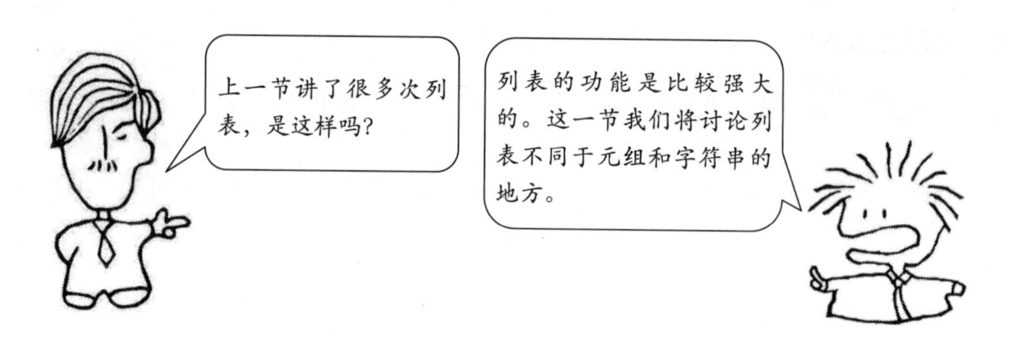

上一节讲了很多次列表，是这样吗？
列表的功能是比较强大的。这一节我们将讨论列表不同于元组和字符串的地方。

列表的内容是可变的（mutable），有很多比较好用、独特的方法，本节将一一进行介绍。

2.2.1 更新列表

序列所拥有的特性，列表都有。前面所介绍的有关序列的操作（如索引、分片、相加、乘法等）都适用于列表。本节将介绍一些序列中没有而列表中有的方法，如元素赋值、增加元素、删除元素、分片赋值和列表方法等。下面将逐一进行介绍。

1. 元素赋值

赋值语句是最简单地改变列表的方式，比如 a=2 就属于一种改变列表的方式。

元素赋值操作如下：

```
>>> group=[0,1,2,3,4]
>>> group[1]=9        #索引下标为 1 的元素重新赋值为 9
>>> group
[0, 9, 2, 3, 4]
>>> group[3]=30       #同理，可以将索引下标为 3 的元素重新赋值为 30
>>> group
[0, 9, 2, 30, 4]
```

由输出结果可以看出，可以根据索引下标编号对列表中某个元素重新赋值。

在交互模式下输入如下：

```
>>> group[2]='xiaomeng'      #对编号为 2 的元素赋值，赋一个字符串
>>> group
[0, 9, 'xiaomeng', 30, 4]
```

```
>>> type(group)
<class 'list'>
>>> type(group[1])           #查看类型函数的使用
<class 'int'>
>>> type(group[2])
<class 'str'>
```

由输出结果可以看出，可以对一个列表中的元素赋予不同类型的值。

对列表赋值时，如果使用的索引下标编号超过了列表中的最大索引下标编号，那么是否可以赋值成功，结果是怎样的？继续对 group 列表进行操作，group 列表中当前有 5 个元素，最大索引下标是 4，即 group[4]，这里尝试对 group[5]赋值，在交互模式下输入：

```
>>> group
[0, 9, 'xiaomeng', 30, 4]
>>> group[5]='try'
Traceback (most recent call last):
  File "<pyshell#134>", line 1, in <module>
    group[5]='try'
IndexError: list assignment index out of range
```

在上面的示例中，group 列表的最大索引下标编号是 4，当给索引下标编号为 5 的元素赋值时出错，错误提示的信息是：列表索引超出范围。

提　示
不能为一个不存在元素的位置赋值，若强行赋值，则程序会报错。

2. 增加元素

由上面元素赋值的示例可以看出，不能为一个不存在的元素位置赋值，列表一旦创建，就不能再通过赋值方式向这个列表中增加元素了。

在交互模式下输入如下内容：

```
>>> group
[0, 9, 'xiaomeng', 30, 4]
>>> group.append('try')
>>> group
[0, 9, 'xiaomeng', 30, 4, 'try']
```

在 Python 中提供了一个 append()方法，用于在列表末尾添加新对象。append()方法的语法格式如下：

```
list.append(obj)
```

在此语法中，list 代表列表，obj 代表需要添加到 list 列表末尾的对象。

使用 append()方法，可以向列表中增加各种类型的值。

继续操作 group 列表，append()使用的示例如下：

```
>>> group
[0, 9, 'xiaomeng', 30, 4, 'try']
>>> group.append('test')          #向列表添加字符串
>>> group
[0, 9, 'xiaomeng', 30, 4, 'try', 'test']
>>> group.append(3)               #向列表添加数字
>>> group
[0, 9, 'xiaomeng', 30, 4, 'try', 'test',3]
```

3. 删除元素

在交互模式下输入如下内容：

```
>>> group
[0, 9, 'xiaomeng', 30, 4, 'try', 'test']
>>> len(group)       #使用序列中获取长度的函数
7
>>> del group[6]     #删除最后一个元素，注意索引下标与序列长度的关系
>>> print('删除最后一个元素后的结果：',group)
删除最后一个元素后的结果： [0, 9, 'xiaomeng', 30, 4, 'try']
>>> len(group)
6
>>> group
[0, 9, 'xiaomeng', 30, 4, 'try']
>>> del group[2]     #删除索引下标为 2 的元素
>>> print('删除索引下标为 2 的元素后的结果：',group)
删除索引下标为 2 的元素后的结果： [0, 9, 30, 4, 'try']
>>> len(group)
5
```

上面的示例使用 del 删除了 group 列表中的第 7 个元素，删除元素后，原来有 7 个元素的列表变成有 6 个元素的列表。

使用 del 除了可以删除列表中的字符串外，也可以删除列表中的数字。

继续操作 group 列表，在交互模式下输入如下内容：

```
>>> group
[0, 9, 30, 4, 'try']
>>> len(group)
5
>>> del group[3]
>>> print('删除索引下标为 3 的元素后的结果：',group)
删除索引下标为 3 的元素后的结果： [0, 9, 30, 'try']
>>> len(group)
4
```

4. 分片赋值

分片赋值是列表一个强大的特性。

在继续往下之前需要补充一点：如前面所说，通过 a=list()的方式可以初始化一个空的列表。若写成如下形式，则 list()方法会将字符串 str 转换为对应的列表，str 中的每个字符将被转换为一个列表元素，包括空格字符：

```
list(str)或 a=list(str)
```

list()方法一个功能是根据字符串创建列表，有时这么操作会很方便。list()方法不仅适用于字符串，也适用于其他类型的序列。

```
>>> list('北京将举办 2022 年的冬奥会')
['北', '京', '将', '举', '办', '2', '0', '2', '2', '年', '的', '冬', '奥', '会']
>>> greeting=list('welcome to beijing')
>>> greeting
['w', 'e', 'l', 'c', 'o', 'm', 'e', ' ', 't', 'o', ' ', 'b', 'e', 'i', 'j', 'i',
'n', 'g']
>>> greeting[11:18]
['b', 'e', 'i', 'j', 'i', 'n', 'g']
>>> greeting[11:18]=list('china')
>>> greeting
['w', 'e', 'l', 'c', 'o', 'm', 'e', ' ', 't', 'o', ' ', 'c', 'h', 'i', 'n', 'a']
```

示例中首先将字符串“北京将举办 2022 年的冬奥会”使用 list()方法转变为列表，接着将字符串“welcome to beijing”使用 list()方法转变为列表，并将结果赋值给 greeting 列表。最后通过分片操作变更 greeting 列表中索引下标编号为 11 到 18 的元素，即将 beijing 替换为 china。

再看如下示例：

```
>>> greeting = list('hi')
>>> greeting
['h', 'i']
>>> greeting[1:] = list('ello')
>>> greeting
['h', 'e', 'l', 'l', 'o']
```

首先给 greeting 列表赋值['h', 'i']，再通过列表的分片赋值操作将编号 1 之后的元素变更，即将编号 1 位置的元素替换为 e，但是编号 2 之后没有元素，那么怎么能操作成功，并且一直操作到编号为 4 的位置呢？

这就是列表分片赋值另一个强大的功能：可以使用与原列表不等长的列表将分片进行替换。示例如下：

```
>>> field = list('ae')
>>> field
['a', 'e']
>>> field[1: 1] = list('bcd')
```

```
>>> field
['a', 'b', 'c', 'd', 'e']
>>> goodnews = list('北京将举办冬奥会')
>>> goodnews
['北', '京', '将', '举', '办', '冬', '奥', '会']
>>> goodnews[5: 5] = list('2022年的')
>>> goodnews
['北', '京', '将', '举', '办', '2', '0', '2', '2', '年', '的', '冬', '奥', '会']
```

由输出结果可以看出，使用列表的分片赋值功能在不替换任何原有元素的情况下在任意位置插入了新元素。

分片赋值中也提供了类似删除的功能，示例如下：

```
>>> field = list('abcde')
>>> field
['a', 'b', 'c', 'd', 'e']
>>> field[1: 4] = []
>>> field
['a', 'e']
>>> field = list('abcde')
>>> del field[1: 4]
>>> field
['a', 'e']
>>> goodnews = list('北京将举办2022年的冬奥会')
>>> goodnews
['北', '京', '将', '举', '办', '2', '0', '2', '2', '年', '的', '冬', '奥', '会']
>>> goodnews[5: 11] = []
>>> goodnews
['北', '京', '将', '举', '办', '冬', '奥', '会']
```

从上面的输出结果可以看出，通过分片赋值的方式将想要删除的元素赋值为空列表可以达到删除对应元素的效果，并且列表中的分片删除和分片赋值一样可以对列表中任意位置的元素进行操作。

2.2.2 列表方法

方法是与对象（可能是列表、数字，也可能是字符串或其他类型的对象）有紧密联系的函数，调用语法格式如下：

```
对象.方法(参数)
```

比如前面用到的 append()方法就是这种形式的，由列表方法的语法和前面 append()方法的示例可知，方法的调用方式是将对象放到方法名之前，两者之间用一个点号隔开，方法后面的括号中可以根据需要带上参数。除了语法上有一些不同，方法调用和函数调用很相似。

列表中有 append()、extend()、index()、sort()等常用的方法，下面逐一进行介绍。

1. append()

append()方法的语法格式如下：

```
list.append(obj)
```

在此语法中，list 代表列表，obj 代表待添加的对象。

append()方法在前面已经介绍过，该方法的功能是在列表的末尾添加新对象。

2. extend()

extend()方法的语法格式如下：

```
list.extend(seq)
```

在此语法中，list 代表被扩展列表，seq 代表需要追加到 list 中的元素列表。

extend()方法用于在列表末尾一次性追加另一个列表中的多个值（用新列表扩展原来的列表），也就是列表的扩展。

在 extend()方法的使用过程中，list 列表会被更改，但不会生成新的列表。

使用该方法的示例如下：

```
>>> a=['hello','world']
>>> b=['python','is','funny']
>>> a.extend(b)
>>> a
['hello', 'world', 'python', 'is', 'funny']
```

3. sort()

sort()方法的语法格式如下：

```
list.sort(func)
```

在此语法中，list 代表列表，func 为可选参数。如果指定该参数，就会使用该参数的方法进行排序。

sort()方法用于对原列表进行排序，如果指定参数，就使用参数指定的比较方法进行排序。

使用该方法的示例如下：

```
>>> num=[5,8,1,3,6]
>>> num.sort()
>>> print('num 调用 sort 方法后：',num)
num 调用 sort 方法后： [1, 3, 5, 6, 8]
```

由上面输出的结果可知，sort()方法改变了原来的列表，即 sort()方法是直接在原来的列表上做修改的，而不是返回一个已排序的新列表。

在 Python 中，sort()方法有一个有同样功能的函数——sorted 函数。该函数可以直接获取列表的副本进行排序，sorted 函数的使用方式如下：

```
>>> num=[5,8,1,3,6]
```

```
>>> n=sorted(num)
>>> print('变量 n 的操作结果是:',n)
变量 n 的操作结果是: [1, 3, 5, 6, 8]
>>> print('num 的结果是:',num)    #num 保持原样
num 的结果是: [5, 8, 1, 3, 6]
```

sorted 函数可以用于任何序列，返回结果都是一个列表，例如：

```
>>> sorted('python')
['h', 'n', 'o', 'p', 't', 'y']
>>> sorted('321')
['1', '2', '3']
```

4. clear()

clear()方法的语法格式如下：

```
list.clear()
```

在此语法中，list 代表列表，不需要传入参数。
clear()方法用于清空列表，类似于 del a[:]，示例如下：

```
>>> field=['study','python','is','happy']
>>> field.clear()
>>> print('field 调用 clear 方法后的结果:',field)
field 调用 clear 方法后的结果: []
```

由操作结果可以看出，clear()方法会清空整个列表。调用该方法进行清空操作很简单，但是要小心，因为一不小心就可能把整个列表都清空了。

5. count()

count()方法的语法格式如下：

```
list.count(obj)
```

在此语法中，list 代表列表，obj 代表列表中统计的对象。
count()方法用于统计某个元素在列表中出现的次数，示例如下：

```
>>> field=list('hello,world')
>>> field
['h', 'e', 'l', 'l', 'o', ',', 'w', 'o', 'r', 'l', 'd']
>>> print('列表 field 中，字母 o 的个数：',field.count('o'))  #统计列表中的字符个数
列表 field 中，字母 o 的个数： 2
>>> listobj=[123, 'hello', 'world', 123]
>>> listobj=[26, 'hello', 'world', 26]
>>> print('数字 26 的个数：',listobj.count(26))
数字 26 的个数： 2
>>> print('hello 的个数：',listobj.count('hello'))#统计字符串个数
```

```
hello 的个数： 1
>>> ['a','c','a','f','a'].count('a')
3
```

6. insert()

insert()方法的语法格式如下：

```
list.insert(index,obj)
```

在此语法中，list 代表列表，index 代表对象 obj 需要插入的索引位置，obj 代表要插入列表中的对象。

insert()方法用于将对象插入列表，示例如下：

```
>>> num=[1,2,3]
>>> print('插入之前的 num：',num)
插入之前的 num： [1, 2, 3]
>>> num.insert(2,'插入位置在 2 之后，3 之前')
>>> print('插入之后的 num：',num)
插入之后的 num： [1, 2, '插入位置在 2 之后，3 之前', 3]
```

由上面的操作过程及输出结果可以看出，用 insert()方法操作列表是非常方便的。

2.3　元　组

元组和列表有什么不同?

Python 的元组与列表类似，不同之处在于元组的元素不能修改（前面多次提到的字符串也是不能修改的）。

首先我们创建一个元组：使用逗号分隔一些值，就会自动创建元组。例如，在交互模式下输入如下内容：

```
>>> 1, 2, 3
(1, 2, 3)
>>> 'hello', 'world'
('hello', 'world')
```

上面的操作就是使用逗号分隔了一些值，得到的输出结果便是元组。

在实际应用中，元组定义的标准形式是：用一对圆括号括起来，括号中各个值之间通过逗号分隔。在交互模式下利用如下方式都可以创建元组，不过为了统一规范，建议在创建元组时加上圆括号，这样更便于理解：

```
>>> 5,6,7
(5, 6, 7)
>>> (5,6,7)
(5, 6, 7)
>>> 'hi','python'
('hi', 'python')
>>> ('hi','python')
('hi', 'python')
```

在 Python 中，还可以创建空元组（圆括号中不包含任何内容）：

```
>>> ()
()
```

在交互模式下尝试输入如下内容：

```
>>> (1)
1
>>> 1,
(1,)
>>> (1,)
(1,)
```

由输出结果可以看出，逗号的添加是很重要的，只使用圆括号括起来并不能表明所声明的内容是元组。

下面介绍元组的一些相关操作。

2.3.1 tuple 函数

在 Python 中，tuple()函数是针对元组操作的，功能是把传入的序列转换为元组并返回得到的元组，若传入的参数序列是元组，则会将传入参数原样返回。

tuple()函数作用在元组上的功能与 list()函数作用在列表上的功能类似，都是以一个序列作为参数。tuple()函数把参数序列转换为元组，list()函数把参数序列转换为列表。在交互模式下输入如下内容：

```
>>> tuple(['hello', 'world'])
('hello', 'world')
>>> tuple('hello')
('h', 'e', 'l', 'l', 'o')
>>> tuple(('hello', 'world'))  #参数是元组
('hello', 'world')
```

由上面的输出结果可以看出，tuple()函数传入元组参数后得到的返回值就是传入的参数。

在 Python 中，可以使用 tuple()函数将列表转换为元组，也可以使用 list()函数将元组转换为列表，

即可以通过 tuple()函数和 list()函数实现元组和列表的相互转换。示例如下：

```
>>> tuple(['hi','python'])      #列表转元组
('hi', 'python')
>>> list(('hi', 'python')) #元组转列表
['hi', 'python']
```

2.3.2 元组的基本操作

元组也有一些属于自己的基本操作，如访问元组、元组组合、删除元组、索引和截取等。修改元组、删除元组和截取元组等操作和列表中的操作有一些不同。

1. 访问元组

元组的访问比较简单，直接通过索引下标即可访问元组中的值，示例如下：

```
>>> strnum=('hi','python',2017,2018)
>>> print('strnum[1] is:',strnum[1])
strnum[1] is: python
>>> print('strnum[3] is:',strnum[3])
strnum[3] is: 2018
>>> numbers=(1,2,3,4,5,6)
>>> print('numbers[5] is:',numbers[5])
numbers[5] is: 6
>>> print('numbers[1:3] is:',numbers[1:3])
numbers[1:3] is: (2, 3)
```

2. 修改元组

在前面已经明确指出，元组中的元素不允许修改，但是可以对元组进行连接组合，示例如下：

```
>>> greeting=('hi','python')
>>> yearnum=(2018,)
>>> print ("合并结果为: ", greeting+yearnum)
合并结果为:  ('hi', 'python', 2018)
```

元组连接组合的实质是生成了一个新的元组，并非是修改了原来的某一个元组。

3. 删除元组

在前面已经明确指出，元组中的元素不允许修改，而删除也属于修改的一种，也就是说，元组中的元素是不允许删除的，但是可以使用 del 语句删除整个元组，示例如下：

```
>>> greeting=('hi','python')
>>> greeting
('hi', 'python')
>>> print('删除元组greeting前: ',greeting)
删除元组greeting前:  ('hi', 'python')
```

```
>>> del greeting
>>> print('删除元组greeting后：',greeting)
Traceback (most recent call last):
  File "<pyshell#281>", line 1, in <module>
    print('删除元组greeting后：',greeting)
NameError: name 'greeting' is not defined
>>> greetingTraceback (most recent call last): File "<pyshell#282>", line 1, in <module>
    greeting
NameError: name 'greeting' is not defined
```

2.4 字　典

字典是我们日常提到的字典吗?

还别说，真有一些相似。在 Python 中，字典是一种数据结构，功能和它的命名一样，可以像汉语字典一样使用。

在使用汉语字典时，想查找某个汉字时，既可从头到尾一页一页地查找，也可通过拼音索引或笔画索引快速找到这个汉字。Python 也对字典进行了构造，使用时可以轻松查到某个特定的键（类似拼音或笔画索引），通过键找到对应的值（类似于某个汉字）。示例如下：

```
>>> students=['小萌','小智','小强','小张','小李']
>>> numbers=['000','001','002','003','004']
>>> index_num=students.index("小智")
>>> print(f'小智在students中的索引下标是：{index_num}')
小智在students中的索引下标是：1
>>> xiaozhi_num=numbers[index_num]
>>> print(f'小智在numbers中的序号是：{xiaozhi_num}')
小智在numbers中的序号是：001
```

虽然以上代码输出了想要的结果，但是操作过程比较烦琐，当数据量较大时操作起来会非常麻烦。

对于上面的操作，Python 中是否提供了更简单的实现方式？能否用类似 index()的方法返回索引位置，通过索引位置直接返回值？请看下面的示例：

```
>>> print('小智的序号是：',numbers['小智'])
小智的学号是： 001
```

由输出可见，在 Python 中这种操作是可以实现的，不过前提是 numbers 要为字典类型。

2.4.1 创建和使用字典

在 Python 中，创建字典的语法格式如下：

```
>>> d = {key1 : value1, key2 : value2 }
```

字典由多个键及其对应的值构成的键值对组成（一般把一个键值对称为一个项）。字典中的每个键值对（key/value）用冒号（:）分隔，每个项之间用逗号（,）分隔，整个字典包括在花括号({})中。空字典（不包括任何项）由两个花括号组成，比如{}。

在定义的一个字典中，键必须是唯一的，一个字典中不能出现两个或两个以上相同的键，若出现，则执行直接报错，但是值可以有相同的。在字典中，键必须是不可变的，如字符串、数字或元组，但是值可以取任何数据类型。

下面是一个简单的字典示例：

```
>>> dict_define={'小萌': '000', '小智': '001', '小强': '002'}
>>> dict_define
{'小萌': '000', '小智': '001', '小强': '002'}
```

也可以为如下形式：

```
>>> dict_1={'abc': 456}
>>> dict_1
{'abc': 456}
>>> dict_2={'abc': 123, 98.6: 37}
>>> dict_2
{'abc': 123, 98.6: 37}
```

1. dict 函数

在 Python 中，可以用 dict()函数通过其他映射（如其他字典）或键值对建立字典，示例如下：

```
>>> student=[('name','小智'),('number','001')]
>>> student
[('name', '小智'), ('number', '001')]
>>> type(student)
<class 'list'>
>>> student_info=dict(student)
>>> type(student_info)
<class 'dict'>
>>> print(f'学生信息：{student_info}')
学生信息：{'name': '小智', 'number': '001'}
>>> student_name=student_info['name']
>>> print(f'学生姓名：{student_name}')
学生姓名：小智
>>> student_num=student_info['number']    #从字典中轻松获取学生序号
```

```
>>> print(f'学生序号：{student_num}')
学生学号：001
```

dict 函数可以通过关键字参数的形式创建字典，示例如下：

```
>>> student_info=dict(name='小智',number='001')
>>> print(f'学生信息：{student_info}')
学生信息：{'name': '小智', 'number': '001'}
```

需要补充一点：字典是无序的，就是不能通过索引下标的方式（类似列表）从字典中获取元素。例如：

```
>>> student_info=dict(name='小智',number='001')
>>> student_info[1]
Traceback (most recent call last):
  File "<pyshell#139>", line 1, in <module>
    student_info[1]
KeyError: 1
```

2. 字典的基本操作

字典的基本操作大部分与序列（sequence）类似，包括修改、删除等操作。

（1）修改字典：包括字典的更新和新增两个操作。示例如下：

```
>>> student={'小萌':'000','小智':'001','小强':'002'}
>>> print(f'更改前，student：{student}')
更改前，student：{'小萌': '000', '小智': '001', '小强': '002'}
>>> xiaoqiang_num=student['小强']
>>> print(f'更改前，小强的序号是：{xiaoqiang_num}')
更改前，小强的序号是：002
>>> student['小强']='005'  #更新小强的序号为005
>>> xiaoqiang_num=student['小强']
>>> print(f'更改后，小强的序号是：{xiaoqiang_num}')
更改后，小强的序号是：005
>>> print(f'更改后，student：{student}')
更改后，student：{'小萌': '000', '小智': '001', '小强': '005'}
```

由输出结果可以看到，对字典的修改和添加操作均成功。

（2）删除字典元素：用 del 命令显式删除一个字典元素。示例如下：

```
>>> student={'小强': '002', '小萌': '000', '小智': '001', '小张': '003'}
>>> print(f'删除前:{student}')
删除前:{'小强': '002', '小萌': '000', '小智': '001', '小张': '003'}
>>> del student['小张']  #删除键值为“小张”的键
>>> print(f'删除后:{student}')
删除后:{'小强': '002', '小萌': '000', '小智': '001'}
```

由输出结果可以看出，变量 student 在删除前有一个键为“小张”、值为“003”的元素，执行删除键为“小张”的操作后，键为“小张”、值为“003”的元素就不存在了，即对应键值对被删除了。在字典中，可以通过删除键来删除一个字典元素。

在 Python 中，除了可以删除键之外，还可以直接删除整个字典，例如：

```
>>> student={'小强': '002', '小萌': '000', '小智': '001', '小张': '003'}
>>> print(f'删除前:{student}')
删除前:{'小强': '002', '小萌': '000', '小智': '001', '小张': '003'}
>>> del student  #删除整个字典
>>> print(f'删除后:{student}')
Traceback (most recent call last):
  File "<pyshell#7>", line 1, in <module>
    print(f'删除后:{student}')
NameError: name 'student' is not defined
```

3. 字典键的特性

在 Python 中，字典中的值可以没有限制地取任何值，既可以是标准对象，也可以是用户定义的对象，但是键不行。

对于字典，需要强调以下两点：

（1）在一个字典中，不允许同一个键出现两次，即键不能相同。创建字典时如果同一个键被赋值两次或以上，则最后一次的赋值会覆盖前一次的赋值，示例如下：

```
>>>#小萌赋两次值，第一次为 000，第二次为 002
>>> student={'小萌': '000', '小智': '001', '小萌': '002'}
>>> print(f'学生信息: {student}')
学生信息: {'小萌': '002', '小智': '001'}    #输出结果中小萌的值为 002
```

（2）字典中的键必须为不可变的，可以用数字、字符串或元组充当，但是不能用列表，示例如下：

```
>>> student={('name',):'小萌','number':'000'}
>>> print(f'学生信息: {student}')
学生信息: {('name',): '小萌', 'number': '000'}
>>> student={['name']:'小萌','number':'000'}
Traceback (most recent call last):
  File "<pyshell#11>", line 1, in <module>
    student={['name']:'小萌','number':'000'}
TypeError: unhashable type: 'list'
```

4. len 函数

在字典中，len()函数用于计算字典中元素的个数，也可以理解为字典中键的总数，示例如下：

```
>>> student={'小萌': '000', '小智': '001', '小强': '002','小张': '003', '小李':
'004'}
```

```
>>> print(f'字典元素个数为：{len(student)}')
字典元素个数为：5
```

5. type 函数

type()函数用于返回输入的变量的类型，如果输入变量是字典就返回字典类型，示例如下：

```
>>> student={'小萌': '000', '小智': '001', '小强': '002','小张': '003', '小李':
'004'}
>>> print(f'字典的类型为：{type(student)}')
字典的类型为：<class 'dict'>
```

2.4.2 字典方法

与列表、字符串等内建类型一样，字典也有方法，本节将详细介绍字典中的一些基本方法。

1. get()方法

get()方法返回字典中指定键的值，语法格式如下：

```
dict.get(key, default=None)
```

在此语法中，dict 代表指定字典，key 代表字典中要查找的键，default 代表指定的键不存在时返回的默认值。该方法返回结果为指定键的值，如果键不在字典中，就返回默认值 None。

该方法的使用示例如下：

```
>>> student={'小萌': '000', '小智': '001'}
>>> print (f'小萌的学号为：{num})')
小萌的学号为：000)
>>> st={}
>>> print(st['name'])
Traceback (most recent call last):
  File "<pyshell#28>", line 1, in <module>
    print(st['name'])
KeyError: 'name'
>>> print(st.get('name'))
None
>>> name=st.get('name')
>>> print(f'name 的值为：{name}')
name 的值为：None
```

由输出结果可以看出，用其他方法试图访问字典中不存在的项时会出错，而使用 get()方法就不会报错。使用 get()方法访问一个不存在的键时返回 None。这里可以自定义默认值，用于替换 None，例如：

```
>>> st={}
>>> name=st.get('name','未指定')
>>> print(f'name 的值为：{name}')
```

```
name 的值为：未指定
```

输出结果中用“未指定”替代了 None。

2. keys()方法

在 Python 中，keys()方法用于返回一个字典的所有键，语法格式如下：

```
dict.keys()
```

在此语法中，dict 代表指定字典，keys()方法不需要参数，返回结果为一个字典的所有键（所有键存放于一个元组数组中，值没有重复的）。

该方法的使用示例如下：

```
>>> student={'小萌': '000', '小智': '001'}
>>> all_keys=student.keys()
>>> print(f'字典 student 的所有键为：{all_keys}')
字典 student 的所有键为：dict_keys(['小萌', '小智'])
>>>#keys()得到元组数组，转成 list，便于观看
>>> print(f'字典 student 的所有键为：{list(all_keys)}')
字典 studentr 的所有键为：['小萌', '小智']
```

keys()方法返回的是一个元组数组，数组中包含字典 student 的所有键。

3. values()方法

values()方法用于返回字典中的所有值，语法格式如下：

```
dict.values()
```

在此语法中，dict 代表指定字典，values()方法不需要参数，返回结果为字典中的所有值（所有值存放于一个列表中）。与键的返回不同，值的返回结果中可以包含重复的元素。该方法的使用示例如下：

```
>>> student={'小萌': '000', '小智': '1002','小李':'002'}
>>> all_values=student.values()
>>> print(f'student 字典的所有值为：{all_values}')
student 字典的所有值为：dict_values(['000', '1002', '002'])
>>> #values()得到元组数组，转成 list，便于观看
>>> print(f'student 字典的所有值为：{list(all_values)}')
student 字典的所有值为：['000', '1002', '002']
```

values()方法返回一个元组数组，数组中包含字典 student 的所有值，并且返回值中包含重复的元素值。

4. update()方法

update()方法用于把一个字典 A 的键值对更新到一个字典 B 里，语法格式如下：

```
dict.update(dict2)
```

在此语法中，dict 代表指定字典，dict2 代表添加到指定字典 dict 里的字典。该方法没有任何返回值，使用示例如下：

```
>>> student={'小萌': '000', '小智': '001'}
>>> student2={'小李':'003'}
>>> print(f'原 student 字典为：{student}')
原 student 字典为：{'小萌': '000', '小智': '001'}
>>> student.update(student2)
>>> print(f'新 student 字典为：{student}')
新 student 字典为：{'小萌': '000', '小智': '001', '小李': '003'}
>>> student3={'小李':'005'}
>>> student.update(student3)  #对相同项覆盖
>>> print(f'新 student 字典为：{student}')
新 student 字典为：{'小萌': '000', '小智': '001', '小李': '005'}
```

使用 update()方法可以将一个字典中的项添加到另一个字典中，如果有相同的键就会将键对应的值覆盖。

2.5 集 合

数学上也有集合的概念，那么 Python 的集合有什么不同呢？

上一节我们介绍了 Python 中的字典，字典是对数学中映射概念支持的直接体现，其实集合是与字典非常类似的一个对象。

我们来看一个例子：

```
>>> student={}
>>> print(f'student 对象的类型为:{type(student)}')
student 对象的类型为:<class 'dict'>
>>> number={1,2,3}
>>> print(f'number 对象的类型为:{type(number)}')
number 对象的类型为:<class 'set'>
```

这里出现了一个新的类型 set。

在 Python 中，用花括号括起一些元素，元素之间直接用逗号分隔，就可以组成集合。集合在 Python 中的特性可以概括为两个字：唯一。例如：

```
>>> numbers={1,2,3,4,5,3,2,1,6}
>>> numbers
```

```
{1, 2, 3, 4, 5, 6}
```

由输出结果可以看出，set 集合中输出的结果自动将重复数据清除了。

需要注意的是，集合是无序的，不能通过索引下标的方式从集合中取得某个元素。例如：

```
>>> numbers={1,2,3,4,5}
>>> numbers[2]
Traceback (most recent call last):
  File "<pyshell#143>", line 1, in <module>
    numbers[2]
TypeError: 'set' object does not support indexing
```

这里在集合中使用索引下标时报错，错误提示为：集合对象不支持索引。

2.5.1 创建集合

创建集合有两种方法：一种是直接把元素用花括号（{}）括起来，花括号中的元素之间用英文模式下的逗号（,）分隔；另一种是用 set(obj)方法定义，其中 obj 为一个元素、列表或元组。

例如：

```
>>> numbers={1,2,3,4,5}
>>> print(f'numbers 变量的类型为:{type(numbers)}')
numbers 变量的类型为:<class 'set'>
>>> numbers
{1, 2, 3, 4, 5}
>>> name=set('abc')  #一个元素，仔细观察输出结果
>>> name
{'a', 'b', 'c'}
>>> print(f'name 变量的类型为:{type(name)}')
name 变量的类型为:<class 'set'>
>>> students=set(['小萌','小智'])   #一个列表
>>> students
{'小萌', '小智'}
>>> print(f'students 变量的类型为:{type(students)}')
students 变量的类型为:<class 'set'>
```

2.5.2 集合方法

集合中提供了一些集合操作的方法，比如添加、删除、是否存在等。

1. add()方法

在集合中，使用 add()方法可以为集合添加元素，示例如下：

```
>>> numbers=set([1,2])
>>> print(f'numbers 变量为:{numbers}')
numbers 变量为:{1, 2}
```

```
>>> numbers.add(3)
>>> print(f'增加元素后，numbers 变量为:{numbers}')
增加元素后，numbers 变量为:{1, 2, 3}
```

2. remove()方法

在集合中，使用 remove()方法可以删除元素，例如：

```
>>> students=set(['小萌','小智','小张'])
>>> print(f'students 变量为:{students}')
students 变量为:{'小萌', '小张', '小智'}
>>> students.remove('小张')
>>> print(f'删除元素小张后，students 变量为:{students}')
删除元素小张后，students 变量为:{'小萌', '小智'}
```

3. in 和 not in

与字典、列表类似，有时也需要判断一个元素是否在集合中。可以使用 in 和 not in 判断一个元素是否在集合中，返回结果是 True 或 False。例如：

```
>>> numbers={1,2,3,4,5}
>>> 2 in numbers
True
>>> 2 not in numbers
False
>>> 'a' in numbers
False
>>> 'a' not in numbers
True
```

2.6 本章小结

本章主要讲解的是列表、元组、字典和集合的一些基本概念和使用方式。

列表和元组在实际应用中是非常广泛的，包含的内容也非常多，这里只是进行了基础介绍，要了解更多的内容，可以在实际应用中根据需求查阅资料或相关书籍。

字典作为一种键值对的对象，在实际应用中有一些特殊用处，使用得当的话可以很好地提升代码的性能。相对来说集合是应用频率不是很高，但是将集合和其他对象（如列表）结合使用可以起到很好的提升效率的效果。

第 3 章

条件、循环和其他语句

前面的章节讲解了 Python 的一些基本概念和数据结构，本章将逐步介绍条件语句、循环语句等一些更深层次的语句。

3.1 使用编辑器

到目前为止，我们都是在 Python 的交互式命令行下操作的，优点是能够很快得到操作结果，缺点是无法保存操作记录。如果下次还想运行已经编写过的程序，就得重新编写一遍。更重要的一点是，稍微复杂的程序使用交互命令行操作起来会很复杂。在实际开发时，可以使用 IDE（集成开发环境）编写复杂的代码，在 IDE 中写完代码后，可以将代码保存为一个文件，程序也可以反复运行。

这里推荐使用 PyCharm。下载 PyCharm 时，可以选择 Professional 版（企业版/收费版）或 Community 版（社区版/免费版）。

PyCharm 是由 JetBrains 打造的一款 Python IDE，具备一般 Python IDE 的功能，比如调试、语法高亮、项目管理、代码跳转、智能提示、自动完成、单元测试、版本控制等。

PyCharm 的安装比较简单，下载好安装包后，直接根据提示进行操作即可使用。

在后续的讲解中，所有涉及以.py 为后缀的文件都是在 PyCharm 中编写的，展示的结果也是在 PyCharm 执行后得到的。

使用也比较简单，这里不进行展开讲解。网上关于怎么使用 PyCharm 的资料非常多，若安装后不知道怎么使用，多查阅资料即可快速掌握。

3.2 import 的使用

import 这个英文是导入的意思，在 Python 中是不是这个意思呢？

是的，如果你想使用 Python 的某个模块，利用 import 导入就可以了！

本节将引入 import 的概念，使用 import，你将进入一个更快捷的编程模式。在讲解 import 语句之前先看一个示例：

```
import math

r=5
print('半径为 5 的圆的面积为：%.2f' %(math.pi*r**2))
```

保存文件名为 import_test.py。在 cmd 命令窗口执行如下命令：

```
D:\python\workspace>python import_test.py
半径为 5 的圆的面积为：78.54
```

上面的程序使用了 import 语句。import math 的意思为从 Python 标准库中引入 math.py 模块，这是在 Python 中定义的引入模块的方法。import 的标准语法如下：

```
import module1[, module2[,...,moduleN]]
```

一个 import 可以导入多个模块，但是各个模块间需要用逗号隔开。

上面我们初步引入了 import 语句，除了用 import 引入模块外，还有一种方式，示例如下：

```
>>> from math import pi
>>> print(pi)
3.141592653589793
```

在 Python 中，from 语句可以从模块中导入指定部分到当前命名空间中，语法如下：

```
from modname import name1[, name2[, ..., nameN]]
```

例如，from math import pi 语句就是从 math 模块中导入 pi 到当前命名空间，该语句不会将 math 整个模块导入。在 math 模块中还有 sin、exp 函数，在这个语句里是使用不了的，而在导入整个 math 模块的语句中可以使用。在交互模式下输入：

```
>>> import math
>>> print(math.pi)          #math.pi 可以被输出
3.141592653589793
```

```
>>> print(math.sin(1))      #math.sin(1)可以被输出
0.8414709848078965
>>> print(math.exp(1))      #math.exp(1)可以被输出
2.718281828459045
>>> from math import pi
>>> print (pi)          #pi 可以被输出
3.141592653589793
>>> print(sin(1))           #sin(1)不可以被输出
Traceback (most recent call last):
  File "<stdin>", line 1, in <module>
NameError: name 'sin' is not defined
>>> print(exp(1))           #exp(1)不可以被输出
Traceback (most recent call last):
  File "<stdin>", line 1, in <module>
NameError: name 'exp' is not defined
```

由以上输出结果可知，如果导入模块，就会得到模块中的所有对象；如果指定导入某个对象，就只能得到该对象。

再看如下示例：

```
>>> import math
>>> print(math.pi)
3.141592653589793
>>> print(pi)
Traceback (most recent call last):
  File "<stdin>", line 1, in <module>
NameError: name 'pi' is not defined
>>> from math import pi
>>> print(pi)
3.141592653589793
```

由上面的输出结果可知，如果在导入 math 模块时访问 pi 对象，就需要使用 math.pi，而直接使用 pi 会报错。使用 import 语句后，可以直接访问 pi 对象，不需要加上模块名进行访问。

可以从一个导入语句导入多个函数，多个函数之间用逗号分隔，示例如下：

```
from math import pi
from math import sin
```

要访问模块中的多个对象，可以直接使用如下语句：

```
from math import *
```

除了上述几种方式外，还可以为模块取别名：在导出模块的语句末尾增加一个 as 子句，as 后面跟上别名名称。例如：

```
>>> import math as m
```

```
>>> m.pi
3.141592653589793
```

除了可以为模块取别名，也可以为函数取别名，方式和为模块取别名的方式类似，也是在语句后面加上 as，as 后跟上别名名称。例如：

```
>>> from math import pi as p
>>> p
3.141592653589793
```

这里我们为 pi 取了别名 p。

3.3 别样的赋值

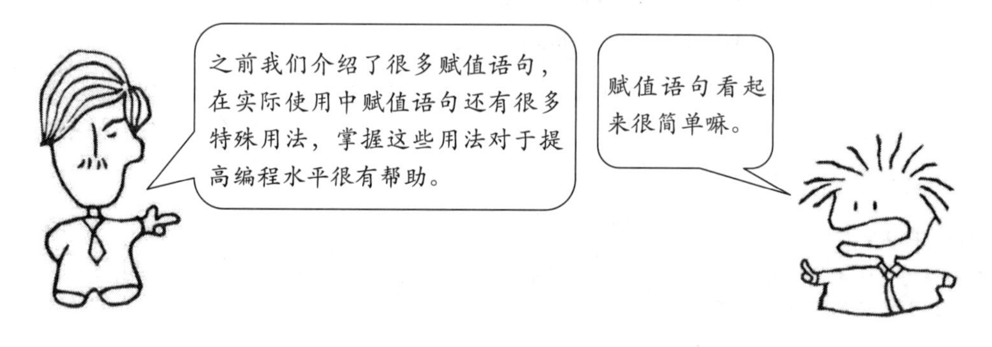

之前我们介绍了很多赋值语句，在实际使用中赋值语句还有很多特殊用法，掌握这些用法对于提高编程水平很有帮助。
赋值语句看起来很简单嘛。

3.3.1 序列解包

前面已经有不少赋值语句的示例，比如变量和数据结构成员的赋值，不过赋值的方法不止这些，例如：

```
>>> x,y,z=1,2,3
>>> print(x,y,z)
1 2 3
```

多个赋值操作可以同时进行，后面遇到对多个变量赋值时，就不需要对一个变量赋值后再对另一个变量赋值了，用一条语句即可搞定，同时还可以交换两个或多个变量的值，例如：

```
>>> x,y,z=1,2,3
>>> x,y=y,x
>>> print(x,y,z)
2 1 3
```

这里将 x 和 y 的值进行了交换。

在 Python 中，交换所做的事情叫作序列解包（sequence unpacking）或可选迭代解包，即将多个值的序列解开，然后放到变量序列中，可以通过下面的示例来理解：

```
>>> nums=1,2,3
```

```
>>> nums
(1, 2, 3)
>>> x,y,z=nums
>>> x              #获得序列解开的值
1
>>> print(x,y,z)
1 2 3
```

由输出结果看出，序列解包后，变量获得了对应的值。

再看一个示例：

```
>>> student={'name':'小萌','number':'000'}
>>> key,value=student.popitem()
>>> key
'number'
>>> value
'000'
```

由输出结果可知，此处作用于元组，使用 popitem 方法将键-值作为元组返回，返回的元组可以直接赋值到两个变量中。

序列解包允许函数返回一个以上的值并打包成元组，然后通过一个赋值语句进行访问。这里有一点要注意，解包序列中的元素数量必须和放置在赋值符号“=”左边的数量完全一致，否则 Python 会在赋值时引发异常，例如：

```
>>> x,y,z=1,2,3
>>> x,y,z
(1, 2, 3)
>>> x,y,z=1,2
Traceback (most recent call last):
  File "<stdin>", line 1, in <module>
ValueError: not enough values to unpack (expected 3, got 2)
>>> x,y,z=1,2,3,4,5
Traceback (most recent call last):
  File "<stdin>", line 1, in <module>
ValueError: too many values to unpack (expected 3)
```

由以上输出结果可知，当右边的元素数量和左边的变量数量不一致时，执行结果就会报错。错误原因是没有足够的值解包（左边变量多于右边元素）或多个值未解包（左边变量少于右边元素）。

3.3.2　链式赋值

序列解包在对不同变量赋不同的值时非常有用，赋相同的值时虽然也可以实现，但是不如采用链式赋值（Chained Assignment）。链式赋值是将同一个值赋给多个变量，示例如下：

```
>>> x=y=z=10
```

```
>>> x
10
```

上面的语句效果和下面的语句效果一样：

```
>>> x=10
>>> y=x
>>> y
10
```

3.3.3 增量赋值

使用赋值运算符时不将表达式写成类似 x=x+1 的形式，而是将表达式放置在赋值运算符（=）的左边（如将 x=x+1 写成 x+=1），这种写法在 Python 中叫作增量赋值（Augemented Assignment）。这种写法对*（乘）、/（除）、%（取模）等标准运算符都适用，例如：

```
>>> x=5
>>> x+=1   #加
>>> x
6
>>> x-=2 #减
>>> x
4
>>> x*=2 #乘
>>> x
8
>>> x/=4  #除
>>> x
2.0
```

增量赋值除了适用于数值类型外，还适用于二元运算符的数据类型，例如：

```
>>> field ='Hello,'
>>> field += 'world'
>>> field
'Hello,world'
>>> field*=2
>>> field
'Hello,worldHello,world'
```

增量赋值可以让代码在很多情况下更易读，也可以帮助我们写出更紧凑、简练的代码。

3.4　条件语句

之前编写的程序都是简单地按语句顺序一条一条执行的顺序语句。条件语句也有印象，在C语言中也会有。
是的，其实是完全一样的。

3.4.1　布尔变量的作用

在前面介绍运算符时多次提到True、False，它们就是布尔变量。布尔变量一般对应的是布尔值（这个名字是根据对真值做过大量研究的George Boole命名的，也称作真值）。

下面的值在作为布尔表达式时会被解释器看作假（False）：

```
False  None 0  "" () [] {}
```

标准值False和None、所有类型的数字0（包括浮点型、长整型和其他类型）、空序列（如空字符串、空元组和空列表）以及空字典都为假。其他值都为真，包括原生的布尔值True。

在Python中，标准的真值有True和False两个。在其他语言中，标准的真值为0（表示假）和1（表示真）。True和False只不过是1和0的另一种表现形式，作用相同，例如：

```
>>> True
True
>>> False
False
>>> True == 1
True
>>> False == 0
True
>>> True+False+2
3
```

布尔值True和False属于布尔类型，bool函数可以用来转换其他值，例如：

```
>>> bool('good good study')
True
>>> bool('')
False
>>> bool(3)
True
>>> bool(0)
```

```
False
>>> bool([1])
True
>>> bool([])
False
>>> bool()
False
```

因为所有值都可以用作布尔值（真值），所以几乎不需要对它们进行显式转换，Python 会自动转换这些值。

3.4.2 if 语句

真值可以联合使用，首先看如下代码：

```
# if 基本用法

if (greeting := 'hello') == 'hello':
    print('hello')
```

该示例的执行结果如下：

```
hello
```

该示例为 if 条件执行语句的一个实现示例。如果条件（在 if 和冒号之间的表达式）判定为真，后面的语句块（本例中是 print 语句）就会被执行；如果条件判定为假，语句块就不会被执行。

上述示例代码的执行过程如图 3-1 所示。

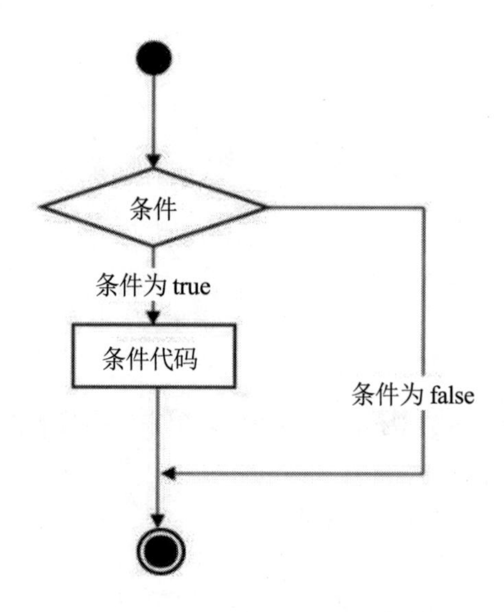

图 3-1　if 条件语句执行过程

从图 3-1 中的小黑点（if 语句的起点）开始，接着执行到条件语句（条件语句如 greeting == 'hello'），如果条件为真，就执行条件代码，然后结束这个 if 条件语句；如果条件为假，就跳过这段条件代码，让这个 if 条件语句直接结束。

在 if 语句块中还可以执行一些复杂操作，例如（文件名为 if_use.py）：

```
# if 基本用法
if (greeting := 'hello') == 'hello':
    student={'小萌': '000', '小智': '001', '小强': '002', '小张': '003'}
    print(f'字典元素个数为：{len(student)}')
    student.clear()
    print(f'字典删除后元素个数为：{len(student)}')
```

以上程序的执行结果为：

```
字典元素个数为：4 个
字典删除后元素个数为：0 个
```

此处的 if 语句块由多条语句组成，编写过程中要注意保持语句的缩进一致，否则在执行时会报错。

if 语句的条件判定除了使用==外，还可以使用>（大于）、<（小于）、>=（大于等于）、<=（小于等于）等条件符表示大小关系。除此之外，还可以使用各个函数或方法返回值作为条件判定。使用条件符的操作和使用==一样，使用函数或表达式的操作在后续章节会逐步介绍。

3.4.3　else 子句

在 if 语句的示例中，当 greeting 的值为 hello 时，if 后面的条件执行结果为 true，进入下面的语句块中执行相关语句。如果 greeting 的值不是 hello，就不能进入语句块，如果想显示相关提示，比如告诉我们 greeting 的值不为 hello 或执行的不是 if 中的语句块，该怎么办呢？例如（文件命名 if_else_use.py）：

```
if (greeting := 'hi') == 'hello':
    print('hello')
else:
    print('该语句块不在 if 中，greeting 的值不是 hello')
```

这段程序加入了一个新条件子句——else 子句。之所以叫子句，是因为 else 不是独立语句，只能作为 if 语句的一部分。使用 else 子句可以增加一种选择。

该程序的输出结果如下：

```
该语句块不在 if 中，greeting 的值不是 hello
```

由输出结果看到，if 语句块没有被执行，执行的是 else 子句中的语句块。同 if 语句一样，else 子句中的语句块也可以编写复杂语句。

提　示
在 else 子句后面没有条件判定。

3.4.4 elif 子句

在 else 子句的示例中，如果除 if 条件外还有多个子条件需要判定，该怎么办呢？

Python 为我们提供了一个 elif 语句，elif 是 else if 的简写，意思为具有条件的 else 子句，例如（文件命名 if_elif_use.py）：

```
if (num := 10) > 10:
    print('num 的值大于 10')
elif 0<=num<=10:
    print('num 的值介于 0 和 10 之间')
else:
    print('num 的值小于 0')
```

由以上程序可知，elif 需要和 if、else 子句联合使用，不能独立使用，并且必须以 if 语句开头，可以选择是否以 else 子句结尾。

程序输出结果如下：

```
num 的值介于 0 和 10 之间
```

由输出结果得知，这段程序执行的是 elif 子句中的语句块，即 elif 子句的条件判定结果为 true，所以执行这个子句后的语句块。

3.4.5 嵌套代码块

我们前面讲述了 if 语句、else 子句和 elif 子句，这几个语句可以进行条件的选择判定，不过在实际项目开发中经常需要一些更复杂的操作，例如（文件命名 if_nesting_use.py）：

```
if (num := 10) % 2 == 0:
    if num % 3 == 0:
        print ("你输入的数字可以整除 2 和 3")
    elif num % 4 == 0:
        print ("你输入的数字可以整除 2 和 4")
    else:
        print ("你输入的数字可以整除 2，但不能整除 3 和 4")
else:
    if num % 3 == 0:
        print ("你输入的数字可以整除 3，但不能整除 2")
    else:
        print  ("你输入的数字不能整除 2 和 3")
```

由上面的程序可知，在 if 语句的语句块中还存在 if 语句、elif 语句块以及 else 子句，else 子句的语句块中也存在 if 语句和 else 子句。

上面的程序输出结果如下：

```
你输入的数字可以整除 2，但不能整除 3 和 4
```

由输出结果可以看出，执行的是 if 语句块中 else 子句的语句块。

在 Python 中，该示例使用的这种结构的代码称作嵌套代码。所谓嵌套代码，是指把 if、else、elif 等条件语句再放入 if、else、elif 条件语句块中，作为深层次的条件判定语句。

3.5 循　环

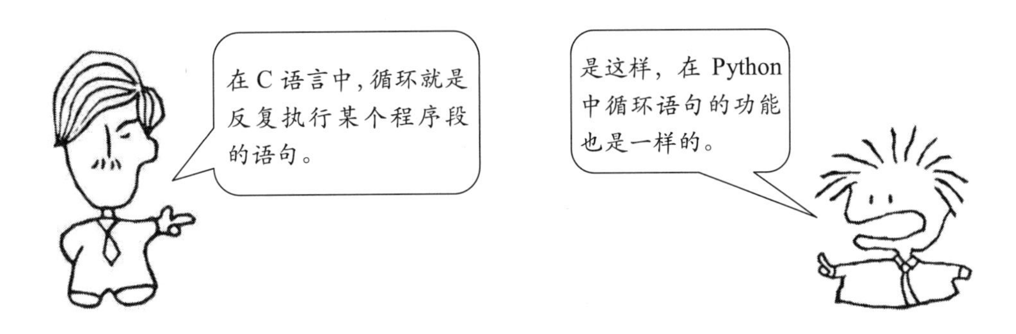

程序在一般情况下是按顺序执行的。编程语言提供了各种控制结构，允许更复杂的执行路径。循环语句就允许我们多次执行一个语句或语句组。图 3-2 所示为大多数编程语言中循环语句的执行流程。

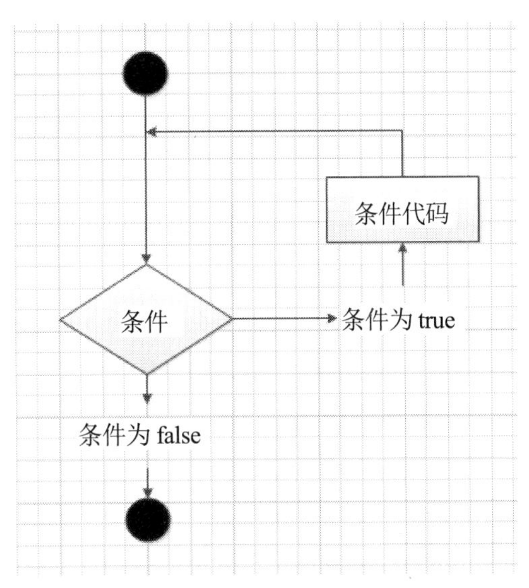

图 3-2　循环语句执行流程

我们已经知道条件为真（或假）时程序如何执行了。若想让程序重复执行，该怎么办呢？比如输出 1～100 的所有整数，是写 100 个输出语句吗？显然不能这样做。接下来我们学习如何解决这个问题。

3.5.1 while 循环

先看如何使用简单的程序输出 1～100 的所有整数，程序如下（文件命名 while_use.py）：

```
n=1
while n<=100:
    print(f'当前数字是：{n}')
    n += 1
```

只需短短几行就可以实现这个功能，输出结果（全部输出会太长，也没有必要，因此此处显示几行输出结果作为展示）如下：

```
当前数字是： 1
当前数字是： 2
当前数字是： 3
当前数字是： 4
当前数字是： 5
……
```

该示例中使用了 while 关键字。在 Python 编程中，while 语句用于循环执行程序，以处理需要重复处理的任务，基本语法形式为：

```
while 判断条件:
    执行语句……
```

执行语句可以是单个语句或语句块。判断条件可以是任何表达式，所有非零、非空（null）的值都为真（true）。当判断条件为假（false）时，循环结束。

while 循环的执行流程如图 3-3 所示。该流程图的意思为：首先对 while 条件进行判定，当条件为 true 时，执行条件语句块，执行完语句块再判定 while 条件，若仍然为 true，则继续执行语句块，直到条件为 false 时结束循环。

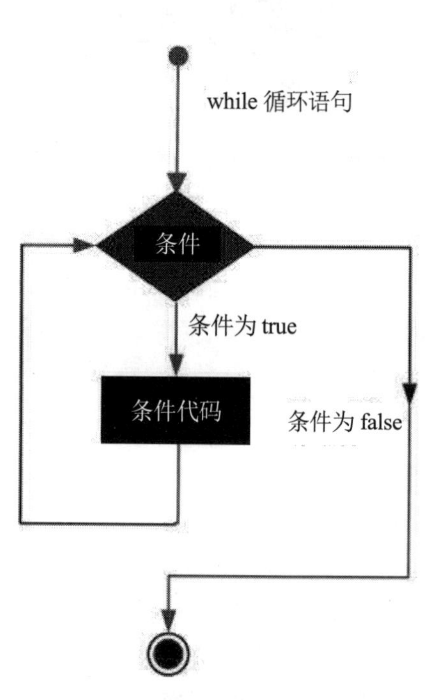

图 3-3 while 循环的执行流程

3.5.2 for 循环

前面讲述了 while 循环，可以看到 while 语句非常灵活，例如（exp_while.py）：

```
n=0
fields=['a','b','c']
while n<len(fields):
    print(f'当前字母是：{fields[n]}')
    n += 1
```

该代码实现的功能是将列表中的元素分别输出，那么是否有更好的方式可以实现这个功能呢？答案是有，例如（for_use.py）：

```
fields=['a','b','c']
for f in fields:
   print(f'当前字母是：{f}')
```

当前代码比前面使用 while 循环时更简洁，代码量更少。程序执行的输出结果如下：

```
当前字母是： a
当前字母是： b
当前字母是： c
```

该示例使用了 for 关键字。在 Python 中，for 关键字叫作 for 循环，for 循环可以遍历任何序列的项目，比如一个列表或字符串。

for 循环的语法格式如下：

```
for iterating_var in sequence:
  statements(s)
```

sequence 是任意序列，iterating_var 是序列中需要遍历的元素，statements 是待执行的语句块。

for 循环的执行流程如图 3-4 所示。该流程图的意思为：首先对 for 条件进行判定，游标（后面会详细讲解这个词）指向第 0 个位置，即指向第一个元素，看序列中是否有元素，若有，则将元素值赋给 iterating_var，接着执行语句块，若语句块中需要获取元素值，则使用 iterating_var 的值，执行完语句块后，将序列的游标往后挪一个位置，再判定该位置是否有元素，若仍然有元素，则继续执行语句块，然后序列的游标再往后挪一个位置，直到下一个位置没有元素时结束循环。

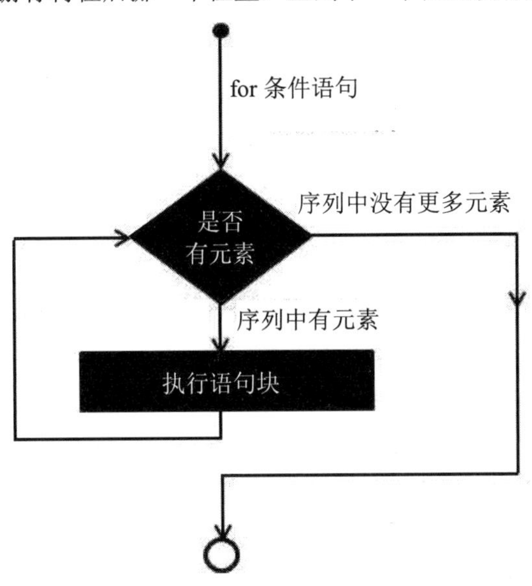

图 3-4　for 循环的执行流程

看以下示例（exp_for.py）：

```
print('-----for 循环字符串-----------')
for letter in 'good':    #for 循环字符串
  print (f'当前字母 :{letter}')
```

```
print('-----for 循环数字序列-----------')
number=[1,2,3]
for num in  number:    #for 循环数字序列
   print(f'当前数字：{num}')

print('-----for 循环字典-----------')
tups={'name':'小智','number':001}
for tup in tups:   #for 循环字典
   print(f'{tup}:{tups[tup]}')
```

输出结果如下：

```
-----for 循环字符串-----------
当前字母 : g
当前字母 : o
当前字母 : o
当前字母 : d
-----for 循环数字序列-----------
当前数字： 1
当前数字： 2
当前数字： 3
-----for 循环字典-----------
number:001
name:小智
```

由上面的输入代码和输出结果可以看到，for 循环的使用还是比较方便的。

提　示
如果能使用 for 循环，就尽量不要使用 while 循环。

3.5.3 循环遍历字典元素

在前面的示例中已经提供了使用 for 循环遍历字典的代码，代码如下（for_in.py）：

```
tups={'name':'小智','number':001}
for tup in tups:   #for 循环字典
   print(f'{ tup }:{ tups[tup]}')
```

可以看到，此处用 for 循环对字典的处理看起来有一些繁杂，是否可以使用更直观的方式处理字典呢？

还记得前面学习的序列解包吗？for 循环的一大好处是可以在循环中使用序列解包，例如（for_items.py）：

```
tups={'name':'小智','number':001}
for key,value in tups.items():
   print(f'{key}:{value}')
```

输出结果如下：

```
number:001
name:小智
```

由输入代码和输出结果可知，可以使用 items 方法将键-值对作为元组返回。

提　示

字典中的元素是没有顺序的，也就是说迭代时字典中的键和值都能保证被处理，但是处理顺序不确定。这也是用 for 循环输出字典中的元素时不按照顺序输出的原因。

3.5.4 跳出循环

在前面的示例中讲过，循环会一直执行，直到条件为假或序列元素用完时才结束。若想提前中断循环，比如已经得到想要的循环结果了，不想让循环继续执行而占用资源，有什么方法可以实现呢？对于这种情形，Python 提供了 break、continue 等语句。

1. break

break 语句用来终止循环语句，即使循环条件中没有 False 条件或者序列还没有遍历完，也会停止执行循环语句。

break 语句用在 while 和 for 循环中。

如果使用嵌套循环，break 语句就会停止执行最深层的循环，并开始执行下一行代码。

break 语句语法如下：

```
break
```

break 语句的执行流程如图 3-5 所示。

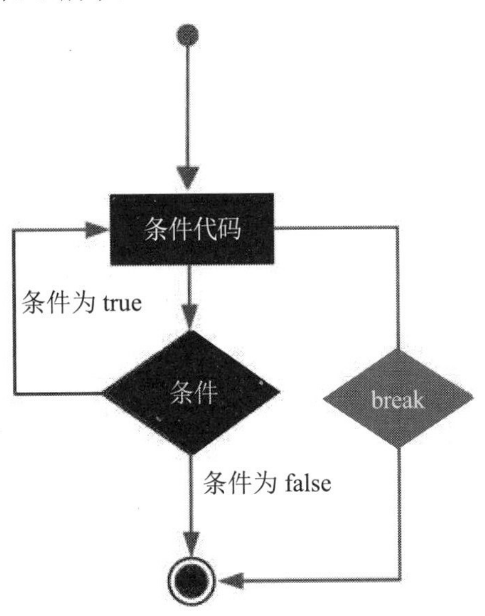

图 3-5　break 执行流程

当遇到 break 语句时，无论执行什么条件都会跳出这个循环，例如（break_use.py）：

```
for letter in 'hello':        #示例 1
  if letter == 'l':
    break
  print (f'当前字母为:{letter}')

num = 10                       #示例 2
while num > 0:
    print (f'输出数字为:{num}'
   num -= 1
   if num == 8:
     break
```

输出结果如下：

```
当前字母为：h
当前字母为：e
输出数字为：10
输出数字为：9
```

在示例 1 中，输出语句输出循环遍历到的字符，当遇到指定字符时跳出 for 循环。在示例 2 中，使用 while 做条件判定，在语句块中输出满足条件的数字，当数字等于 8 时，跳出 while 循环，不再继续遍历。

2. continue

continue 语句用在 while 和 for 循环中，用来告诉 Python 跳过当前循环的剩余语句，然后继续进行下一轮循环，语法格式如下：

```
continue
```

continue 语句的执行流程如图 3-6 所示。

当执行过程中遇到 continue 语句时，无论执行条件是真还是假，都跳过这次循环，进入下一次循环，例如（continue_use.py）：

```
for letter in 'hello':      # 示例 1
  if letter == 'l':
    continue
  print(f'当前字母 :{letter}')

num = 3                     # 示例 2
while num > 0:
  num -= 1
  if num == 2:
    continue
  print (f'当前变量值 :{num}')
```

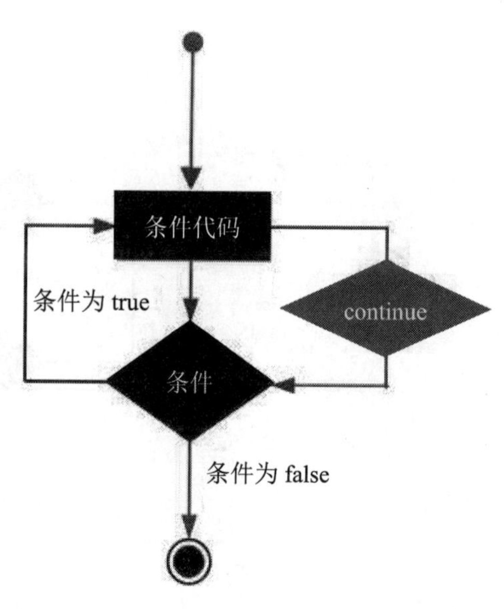

图 3-6 continue 执行流程

输出结果如下：

```
当前字母 : h
当前字母 : e
当前字母 : o
当前变量值 : 1
当前变量值 : 0
```

相比于 break 语句，使用 continue 语句只是跳过一次循环，不会跳出整个循环。

3.6　pass 语句

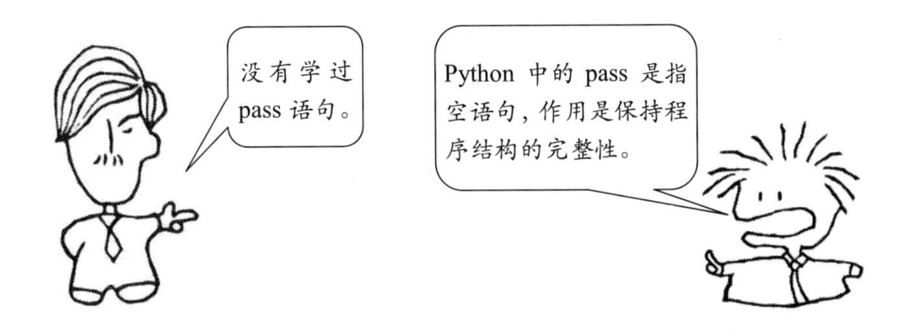

pass 语句的语法格式如下：

```
pass
```

pass 不做任何事情，只是占位语句，例如：

```
>>> pass
>>>
```

输出结果什么都没有做。为什么使用一个什么都不做的语句呢？再来看如下代码（exp_normal.py）：

```
if (name := 'xiaomeng') == 'xiaomeng':
    print('hello')
elif name == 'xiaozhi':
    #预留，先不做任何处理
else:
    print('nothing')
```

执行程序，结果如下：

```
  File "itertor.py", line [illegible]
    else:
       ^
IndentationError: expected an indented block
```

执行报错了，因为程序中有空代码。在 Python 中空代码是非法的，解决办法是在语句块中加一个 pass 语句。上面的代码可更改为如下形式（pass_use.py）：

```
if (name := 'xiaomeng') == 'xiaomeng':
   print('hello')
elif name == 'xiaozhi':
   #预留，先不做任何处理
   pass
else:
   print('nothing')
```

再执行这段代码，得到如下结果：

```
hello
```

3.7 本章小结

本章主要讲解的是条件和循环的一些基础概念及使用方式。

条件和循环是程序编写中不可或缺的组成部分，正因为有条件和循环的存在，一些功能强大、实现功能复杂的代码才可能出现；正因为创造了条件和循环的语法，才使得一些复杂的场景可以通过代码的形式展现出来。

在应用中，条件和循环的使用非常灵活。对条件和循环使用得当，可以让代码以非常优雅的形式展现出来；反之，则可能会使代码显得非常臃肿且晦涩。

第 4 章

函数和文件操作

函数能够提高应用的模块性和代码的重复利用率。Python 提供了许多内建函数，开发者也可以自己创建函数。通过文件的操作，读者将了解如何使用 Python 在硬盘上创建、读取和保存文件。

4.1 调用函数

函数就是可以实现某个功能的多个语句组合，对吗？

有一定道理，在程序设计中函数是指用于进行某种计算的一系列语句的有名称的组合。要想使用函数，必须先定义。定义函数时，需要指定函数的名称并编写一系列程序语句，之后可以使用名称“调用”这个函数。

实际上我们在之前的章节中已经介绍过函数调用，例如：

```
>>> print('hello world')
hello world
>>> type('hello')
<class 'str'>
>>> int(12.1)
12
```

以上代码就是函数的调用。函数括号中的表达式称为函数的参数。函数“接收”参数，并“返回”结果，这个结果称为返回值（return value）。比如上面示例中的 int(12.1)，12.1 就是“接收”的参数，得到的结果是 12，12 就是返回值。

Python 3 内置了很多有用的函数，可以直接调用。要调用一个函数，就需要知道函数的名称和参数，比如求绝对值的函数 abs 只有一个参数。进入 Python 的官方网站，可以看到如图 4-1 所示的页面，这里显示了 Python 3 内置的所有函数，其中 abs()函数在第一个。从左上角可以看到这个函数是 Python 3.7 版本的内置函数。

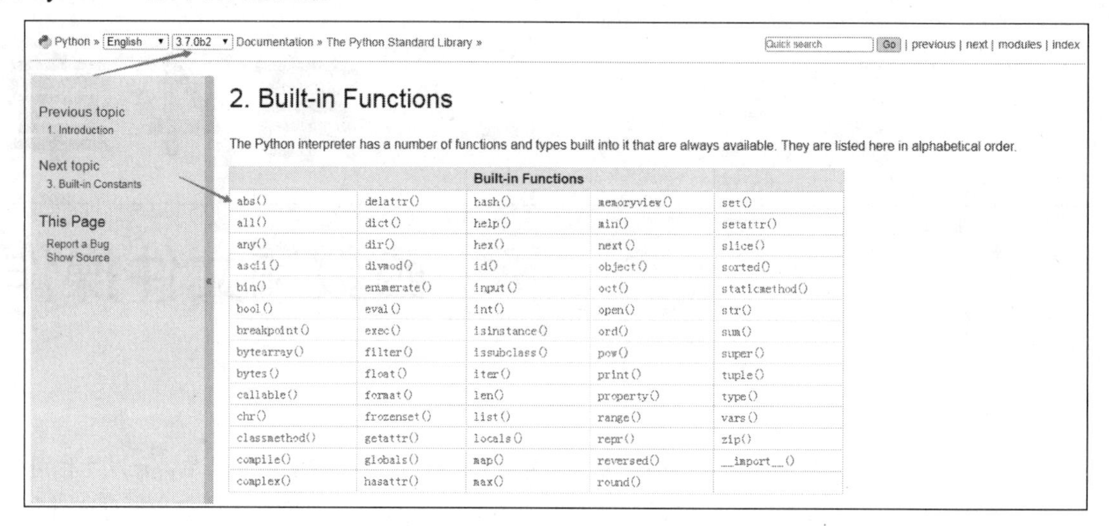

图 4-1　Python 官方网站

单击 abs()函数，页面会跳转到如图 4-2 所示的位置，有对 abs()函数的说明。截图中的意思是：返回一个数的绝对值。参数可能是整数或浮点数。如果参数是一个复数，就返回它的大小。

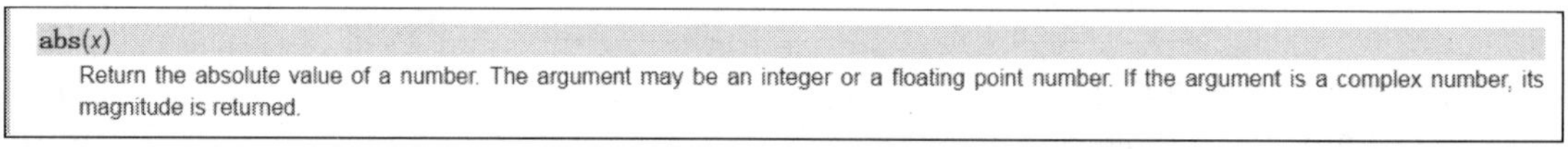

abs(*x*)
Return the absolute value of a number. The argument may be an integer or a floating point number. If the argument is a complex number, its magnitude is returned.

图 4-2　abs()函数帮助说明

除了到 Python 官方网站查看文档外，还可以在交互式命令行通过 help(abs)查看 abs 函数的帮助信息。在交互模式下输入：

```
>>> help(abs)
Help on built-in function abs in module builtins:
abs(x, /)
    Return the absolute value of the argument.
```

可以看到，这里输出了对应的帮助信息，但是没有官方网站的信息。

下面实际操作 abs()函数，在交互模式下输入如下内容：

```
>>> abs(20)
20
>>> abs(-20)
20
>>> abs(3.14)
3.14
>>> abs(-3.14)
3.14
```

从上面的输出结果可以看出，abs 函数用于求绝对值。

调用 abs()函数时，如果传入的参数数量不对，就会报 TypeError 的错误，Python 会明确告诉你：abs()有且只有一个参数，但是这里给出了两个。例如：

```
>>> abs(5,6)
Traceback (most recent call last):
  File "<stdin>", line 1, in <module>
TypeError: abs() takes exactly one argument (2 given)
```

如果传入的参数数量是对的，但是参数类型不能被函数接收，也会报 TypeError 的错误。给出错误信息：str 是错误的参数类型。例如：

```
>>> abs('hello')
Traceback (most recent call last):
  File "<stdin>", line 1, in <module>
TypeError: bad operand type for abs(): 'str'
```

函数名其实是指向一个函数对象的引用，完全可以把函数名赋给一个变量，相当于给这个函数起了一个“别名”。在交互模式下输入如下内容：

```
>>> fun=abs  # 变量 fun 指向 abs 函数
>>> fun(-5)  # 通过 fun 调用 abs 函数
5
>>> fun(-3.14)  # 通过 fun 调用 abs 函数
3.14
>>> fun(3.14)  # 通过 fun 调用 abs 函数
3.14
```

调用 Python 中的函数时，需要根据函数定义传入正确的参数。如果函数调用出错，就要会看错误信息，这时就要考验你的英语水平了。

4.2　定义函数

到目前为止，用的都是 Python 内置函数。这些 Python 内置函数的定义部分是透明的。因此只需关注这些函数的用法，而不必关心函数是如何定义的。Python 支持自定义函数，即由我们自己定义一个实现某个功能的函数。

自定义函数的简单规则如下：

（1）函数代码块以 def 关键词开头，后接函数标识符名称和圆括号“()”。

（2）所有传入的参数和自变量都必须放在圆括号中，可以在圆括号中定义参数。

（3）函数的第一行语句可以选择性使用文档字符串，用于存放函数说明。

（4）函数内容以冒号开始，并且要缩进。

（5）return[表达式]结束函数，选择性返回一个值给调用方。不带表达式的 return 相当于返回 None。

Python 定义函数使用 def 关键字，一般格式如下：

```
def 函数名（参数列表）：
    函数体
```

或者更直观地表示为：

```
def <name>(arg1, arg2,...,argN):
<statements>
```

函数的名字必须以字母开头，可以包括下画线“_”。和定义变量一样，不能把 Python 的关键字定义成函数的名字。函数内的语句数量是任意的，每个语句至少有一个空格的缩进，以表示该语句属于这个函数。函数体必须保持缩进一致，因为在函数中缩进结束就表示函数结束。

定义函数并调用（func_define.py）：

```
def hello():
    print('hello,world')

hello()
```

以上示例中的 hello()就是我们自定义的函数。此处为了看到执行结果，在函数定义完毕后做了函数的自我调用。如果不自我调用，执行该函数就没有任何输出，当然也不会报错（除非代码有问题）。

在 PyCharm 中执行以上.py 文件，执行结果如下：

```
hello,world
```

需要注意以下几点：

（1）没有 return 语句时，函数执行完毕也会返回结果，不过结果为 None。

（2）return None 可以简写为 return。

（3）在 Python 中定义函数时，需要保持函数体中同一层级的代码缩进一致。

在一个函数中可以输出多条语句，并能做相应的运算操作，以及输出运算结果。

例如，定义输出多条语句的函数并执行（print_more.py）：

```
def print_more():
    print('该函数可以输出多条语句，我是第一条。')
    print('我是第二条')
    print('我是第三条')

print_more()  #调用函数
```

执行结果如下：

```
该函数可以输出多条语句，我是第一条。
我是第二条
我是第三条
```

定义输出数字和计算的函数并执行（mix_operation.py）：

```
def mix_operation():
    a=10
    b=20
    print(a)
    print(b)
    print(a+b)
    print(f'a+b 的和等于:{a+b}')

mix_operation()    #调用函数
```

执行结果如下：

```
10
20
30
a+b 的和等于: 30
```

若想定义一个什么都不做的空函数，则可用 pass 语句，定义如下函数并执行（do_nothing.py）：

```
def do_nothing():
        pass

do_nothing()
```

pass 语句什么都不做，pass 可以作为占位符，比如现在还没有想好怎么写函数的代码，就可以先放一个 pass，让代码能运行起来。

函数的目的是把一些复杂操作隐藏起来，用于简化程序的结构，使程序更容易阅读。函数在调用前必须先定义。

4.3　函数的参数

和 C 语言一样，Python 也有带参数的函数?

前面我们讲述了如何定义函数，不过只讲述了定义简单函数，还有一类函数是带参数的，称为带参数的函数。这一节我们来探讨一下如何定义带参数的函数及其使用。

调用函数时可以使用以下参数类型：

（1）必需参数。
（2）关键字参数。
（3）默认参数。
（4）可变参数。
（5）组合参数。

本书将介绍前面三种参数类型，有兴趣的读者可以查阅相关资料了解后面两种参数类型。

4.3.1 必需参数

必需参数必须以正确的顺序传入函数。调用时数量必须和声明时一样。比如需要传入 a、b 两个参数，就必须以 a、b 的顺序传入，不能以 b、a 传入，即使不报错，也会导致结果的错误。

定义如下函数并执行（param_one.py）：

```
def param_one(val_str):
    print(f'the param is:{val_str}')
    print(f'我是一个传入参数，我的值是：{val_str}')


param_one('hello,world')
```

执行结果如下：

```
the param is: hello,world
我是一个传入参数，我的值是： hello,world
```

定义了一个必须传入一个参数的函数 param_one(val_str)，传入的参数为 val_str，结果是将“hello,world”传给 val_str。

对于上例，若不传入参数或传入一个以上的参数，结果会怎样呢？例如：

```
param_one()   #不输入参数
```

执行结果如下：

```
Traceback (most recent call last):
  File "<stdin>", line 1, in <module>
TypeError: param_one() missing 1 required positional argument: 'val_str'
```

执行结果提示函数缺少一个必需的定位参数，参数类型为 val_str。

```
paramone('hello','world')   #输入超过一个参数
```

执行结果如下：

```
Traceback (most recent call last):
  File "<stdin>", line 1, in <module>
TypeError: param_one() takes 1 positional argument but 2 were given
```

执行结果提示函数只需一个位置参数却给了两个。

通过示例可以看到，对于定义的 param_one()函数，不传入参数或传入一个以上的参数都会报错。

所以对于此类函数，必须传递对应正确个数的参数。

4.3.2　关键字参数

关键字参数和函数调用关系紧密，函数调用使用关键字参数确定传入的参数值。

使用关键字参数允许调用函数时参数的顺序与声明时不一致，因为 Python 解释器能够用参数名匹配参数值。

定义如下函数并执行（person_info.py）：

```
def person_info(age,name):
    print(f'年龄：{age}')
    print(f'名称：{name}')
    return


print('-------按参数顺序传入参数-------')
person_info(21,'小萌')
print('-------不按参数顺序传入参数，指定参数名-------')
person_info(name='小萌',age=21)
print('-------按参数顺序传入参数，并指定参数名-------')
person_info(age=21,name='小萌')
```

调用函数执行结果如下：

```
-------按参数顺序传入参数-------
年龄： 21
名称： 小萌
-------不按参数顺序传入参数，指定参数名-------
年龄： 21
名称： 小萌
-------按参数顺序传入参数，并指定参数名-------
年龄： 21
名称： 小萌
```

由以上输出结果可以看出，对于 person_info()函数，只要指定参数名，输入参数的顺序对结果没有影响，都能得到正确的结果。

4.3.3　默认参数

调用函数时，如果没有传递参数，就会使用默认参数。

使用默认参数就是在定义函数时给参数一个默认值。如果没有给调用的函数的参数赋值，调用的函数就会使用这个默认值。

例如，定义如下函数并执行（default_param.py）：

```
def default_param(name, age=23):
    print(f'hi，我叫：{name}')
```

```
    print(f'我今年：{age}')
    return

default_param('小萌')
```

调用函数执行结果如下：

```
hi，我叫： 小萌
我今年： 23
```

在调用函数时没有对 age 赋值，在输出结果中使用了函数定义时的默认值。如果对 age 赋值，那么最后输出的结果会使用哪个值呢？

重新调用上面的函数：

```
default_param('小萌',21)  #函数默认 age=23
```

得到的执行结果如下：

```
hi，我叫： 小萌
我今年： 21
```

执行结果使用的是传入的参数，由此得知：当对默认参数传值时，函数执行时调用的是传入的值。

把函数的默认参数放在前面是否可行呢？定义如下函数并执行（default_param_err.py）：

```
def default_param_err(age=23, name):
    print(f'hi，我叫：{name}')
    print(f'我今年：{age}')
    return

default_param_err(age=21,name='小萌')
```

执行结果如下：

```
SyntaxError: non-default argument follows default argument
```

执行结果是编译不通过，错误信息是：非默认参数跟在默认参数后面了。

这里提示默认参数一定要放在非默认参数后面。需要多个默认参数时该怎么办呢？看下面几个函数定义的示例。

示例 1：默认参数在必需参数前（default_param_try.py）

```
def default_param_1(age=23, name, addr='shanghai'):
    print(f'hi，我叫：{name}')
    print(f'我今年：{age}')
    print(f'我现在在：{addr}')
    return

def default_param_2(age=23, addr='shanghai', name):
    print(f'hi，我叫：{name}')
    print(f'我今年：{age}')
    print(f'我现在在：{addr}')
```

```
    return

default_param_1(age=23, '小萌', addr='shanghai')
default_param_2(age=23, addr='shanghai', '小萌')
```

执行结果如下（报错了）：

```
SyntaxError: non-default argument follows default argument
```

示例 2：更改默认参数值（default_param_test.py）

```
def default_param(name, age=23, addr='shanghai'):
    print(f'hi，我叫：{name}')
    print(f'我今年：{age}')
    print(f'我现在在：{addr}')
    return

print('-------传入必需参数-------')
default_param('小萌')
print('-------传入必需参数，更改第一个默认参数值-------')
default_param('小萌', 21)
print('-------传入必需参数，默认参数值都更改-------')
default_param('小萌', 21, 'beijing')
print('-------传入必需参数，指定默认参数名并更改参数值-------')
default_param('小萌', addr='beijing')
print('-------传入必需参数，指定参数名并更改值-------')
default_param('小萌', addr='beijing', age=23)
print('-------第一个默认参数不带参数名，第二个带-------')
default_param('小萌', 21, addr='beijing')
print('-------两个默认参数都带参数名-------')
default_param('小萌', age=23, addr='beijing')
print('-------第一个默认参数带参数名，第二个不带，报错-------')
default_param('小萌', age=23, 'beijing')
```

执行结果如下：

```
-------传入必需参数-------
hi，我叫： 小萌
我今年： 23
我现在在：shanghai
-------传入必需参数，更改第一个默认参数值-------
hi，我叫： 小萌
我今年： 21
我现在在：shanghai
-------传入必需参数，默认参数值都更改-------
hi，我叫： 小萌
我今年： 21
我现在在：beijing
-------传入必需参数，指定默认参数名并更改参数值-------
hi，我叫： 小萌
我今年： 23
我现在在：beijing
```

```
-------传入必需参数，指定参数名并更改值-------
hi，我叫： 小萌
我今年： 23
我现在在：beijing
-------第一个默认参数不带参数名，第二个带-------
hi，我叫： 小萌
我今年： 21
我现在在：beijing
-------两个默认参数都带参数名-------
hi，我叫： 小萌
我今年： 23
我现在在：beijing
-------第一个默认参数带参数名，第二个不带，报错-------
SyntaxError: positional argument follows keyword argument
```

从以上执行结果可以发现：

（1）无论有多少默认参数，默认参数都不能在必需参数之前。

（2）无论有多少默认参数，若不传入默认参数值，则使用默认值。

（3）若要更改某一个默认参数值，又不想传入其他默认参数，且该默认参数的位置不是第一个，则可以通过参数名更改想要更改的默认参数值。

（4）若有一个默认参数通过传入参数名更改参数值，则其他想要更改的默认参数都需要传入参数名更改参数值，否则报错。

（5）更改默认参数值时，传入默认参数的顺序不需要根据定义的函数中的默认参数的顺序传入，不过最好同时传入参数名，否则容易出现执行结果与预期不一致的情况。

通过以上示例可以看出，默认参数是比较有用的，通过默认参数可以帮助我们少写不少代码，比如使用上面的代码帮助某单位录入人员信息，如果有很多人的 addr 相同，就不需要传入每个人的 addr 值了。不过使用默认参数时需要小心谨慎。

4.4 变量的作用域

变量的作用域是指变量的使用范围吧？

简单来说，作用域就是一个变量的命名空间。在 Python 中，程序的变量并不是在任何位置都可以访问的，访问权限决定于这个变量是在哪里赋值的，代码中变量被赋值的位置决定哪些范围的对象可以访问这个变量，这个范围就是命名空间。变量的作用域决定哪一部分程序可以访问特定的变量名称。Python 中有两种基本的变量作用域：局部变量和全局变量。本节我们分别对两种作用域的变量进行介绍。

4.4.1 局部变量

在函数内定义的变量名只能被函数内部引用，不能在函数外引用，这个变量的作用域是局部的，也称为局部变量。

定义的变量如果是在函数体中第一次出现，就是局部变量，例如（local_var.py）：

```
def local_var():
x = 100
print(x)
```

在 local_var 函数中，x 是在函数体中被定义的，并且是第一次出现，所以 x 是局部变量。

局部变量只能在函数体中被访问，超出函数体的范围访问就会报错，例如（local_func.py）：

```
def local_func():
    x=100
    print(f'变量 x: {x}')
print(f'函数体外访问变量 x: {x}')
local_func()
```

函数执行结果如下：

```
Traceback (most recent call last):
  File "D:/python/workspace/functiondef.py", line 7, in <module>
    print('函数体外访问变量 x: %s' % (x))
NameError: name 'x' is not defined
```

执行结果提示第 7 行的 x 没有定义；由输入代码可知，第 7 行语句没有在函数体中，因而执行时报错了。

如果把 x 作为实参传入函数体中，在函数体中不定义变量 x，x 会被认为是怎样的变量呢？定义如下函数并执行（func_var.py）：

```
def func_var(x):
    print (f'局部变量 x 为:{x}')
func_var(10)
```

函数执行结果如下：

```
局部变量 x 为:10
```

结果输出了局部变量的值。有一个疑问，在函数体中没有定义局部变量，x 只是作为一个实参传入函数体中，怎么变成局部变量了呢？这是因为参数的工作原理类似于局部变量，一旦进入函数体，就成为局部变量了。

如果在函数外定义了变量 x 并赋值，那么在函数体中能否使用 x 呢？定义如下函数并执行（func_eq.py）：

```
x = 50
def func_eq():
    print(f'x 等于:{x}')
```

```
func_eq()
```

执行结果如下：

```
x 等于:50
```

结果表明在函数体中可以直接使用函数体外的变量（全局变量）。

如果在函数外定义了变量 x 并赋值，那么将 x 作为函数的实参，在函数体中更改 x 的值，函数体外 x 的值是否跟着变更呢？定义如下函数并执行（func_outer.py）：

```
x = 50
def func_outer(x):
    print(f'x 等于:{x}')
    x = 2
    print(f'局部变量 x 变为:{x}')
func_outer(x)
print(f'x 一直是:{x}')
```

执行结果如下：

```
x 等于:50
局部变量 x 变为:2
x 一直是:50
```

结果表明在函数体中更改变量的值并不会更改函数体外变量的值。这是因为调用 func 函数时创建了新的命名空间，它作用于 func 函数的代码块。赋值语句 x=2 只在函数体的作用域内起作用，不能影响外部作用域中的 x，在函数外部调用 x 时它的值并没有改变。

4.4.2 全局变量

在函数外，一段代码最开始赋值的变量可以被多个函数引用，这就是全局变量。全局变量可以在整个程序范围内访问。

在前面已经使用过全局变量(x=50 就是全局变量)，下面看一个全局变量的示例(global_var.py)：

```
total_val = 0  # 这是一个全局变量
def sum_num(arg1, arg2):
    total_val = arg1 + arg2  # total_val 在这里是局部变量
    print (f"函数内是局部变量:{total_val}")
    return total_val

def total_print():
    print(f'total 的值是:{total_val}')
    return total_val

print(f'函数求和结果:{sum_num(10, 20)}')
total_print()
print (f"函数外是全局变量:{total_val}")
```

执行结果如下：

```
函数内是局部变量:30
函数求和结果:30
total 的值是:0
函数外是全局变量:0
```

全局变量可在全局使用，在函数体中更改全局变量的值不会影响全局变量在其他函数或语句中的使用。

再看一个函数定义并执行的示例（func_global.py）：

```
num = 100
def func_global():
    num = 200
    print(f'函数体中 num 的值为:{num}')

func_global()
print(f'函数外 num 的值为:{num}',)
```

函数执行结果为：

```
函数体中 num 的值为:200
函数外 num 的值为:100
```

这里在函数体外定义了一个名为 num 的全局变量，在函数体中也定义了一个名为 num 的全局变量，在函数体中使用的是函数体中的 num 变量，在函数体外使用的是全局变量 num 的值。也就是说，在函数中使用某个变量时，如果该变量名既有全局变量又有局部变量，就默认使用局部变量。

要将全局变量变为局部变量，只需在函数体中定义一个和局部变量名称一样的变量即可。能否将函数体中的局部变量变为全局变量呢？定义如下函数并执行（func_glo_1.py）：

```
num = 100
print(f'函数调用前 num 的值为:{num}')
def func_glo_1():
    global num
    num = 200
    print(f'函数体中 num 的值为:{num}')

func_glo_1()
print(f'函数调用结束后 num 的值为:{num}')
```

函数执行结果如下：

```
函数调用前 num 的值为:100
函数体中 num 的值为:200
函数调用结束后 num 的值为:200
```

这里在函数体中的变量 num 前加了一个 global 关键字，函数调用结束后，在函数外使用 num

变量时值变为和函数体中的值一样了。也就是说，要在函数中将某个变量定义为全局变量，在需要被定义的变量前加一个关键字 global 即可。

在函数体中定义 global 变量后，在函数体中对变量做的其他操作也是全局性的。定义如下函数并执行（func_glo_2.py）：

```
num = 100
print(f'函数调用前 num 的值为:{num}')
def func_glo_2():
    global num
    num = 200
    num += 100
    print(f'函数体中 num 的值为:{num}')

func_glo_2()
print(f'函数调用结束后 num 的值为:{num}')
```

函数执行结果如下：

```
函数调用前 num 的值为:100
函数体中 num 的值为:300
函数调用结束后 num 的值为:300
```

这里在函数体中对定义的全局变量 num 做了一次加 100 的操作，num 的值由原来的 200 变为 300，在函数体外获得的 num 值也变为了 300。

4.5 有返回值和无返回值函数

在 C 语言中，之前学过这类函数，现在忘记了，不知道该怎么使用了。

在 Python 中，有的函数会产生结果（如数学函数），称这类函数为有返回值函数（fruitful function）；有的函数执行一些动作后不返回任何值，称这类函数为无返回值函数。

当调用有返回值函数时，可以使用返回的结果做相关操作；当使用无返回值或返回 None 的函数时，只能得到一个 None 值。

比如定义如下函数并执行（func_transfer.py）：

```
def no_return():
    print('no return 函数不写 return 语句')

def just_return():
```

```
    print('just return 函数只写 return，不返回具体内容')
    return

def return_val():
    x=10
    y=20
    z=x+y
    print('return val 函数写 return 语句，并返回求和的结果。')
    return z

print(f'函数 no return 调用结果：{no_return()}')
print(f'函数 just return 调用结果：{just_return()}')
print(f'函数 return val 调用结果：{return_val()}')
```

函数执行结果如下：

```
no return 函数不写 return 语句
函数 no return 调用结果： None
just return 函数只写 return，不返回具体内容
函数 just return 调用结果： None
return val 函数写 return 语句，并返回求和的结果。
函数 return val 调用结果： 30
```

由执行结果可知，定义函数时不写 return 或只写一个 return 语句返回的都是 None。如果写了返回具体内容，调用函数时就可以获取具体内容。

4.6　打开文件

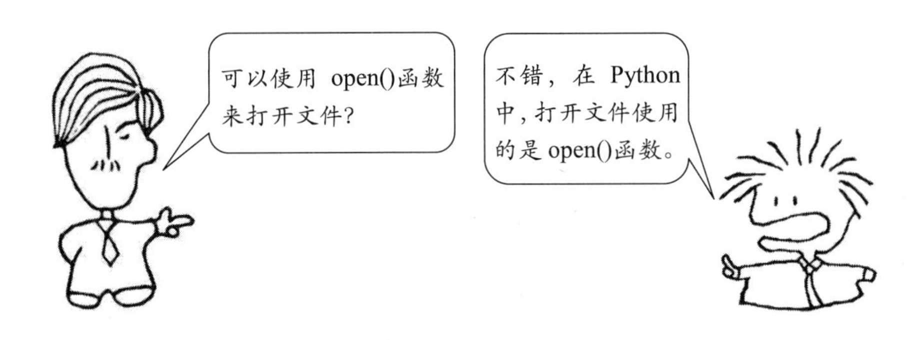

open 函数的基本语法如下：

```
open(file_name [, access_mode][, buffering])
```

【参数解析】

- file_name：一个包含要访问的文件名称的字符串值。
- access_mode：指打开文件的模式，对应有只读、写入、追加等。access_mode 变量值

不是必需的（不带 access_mode 变量时，要求 file_name 存在，否则报异常），默认的文件访问模式为只读（r）。

- buffering：如果 buffering 的值被设为 0，就不会有寄存；如果 buffering 的值取 1，访问文件时就会寄存行；如果将 buffering 的值设为大于 1 的整数，就表示寄存区的缓冲大小；如果 buffering 取负值，寄存区的缓冲大小就是系统默认的值。

open 函数返回一个 File（文件）对象。File 对象代表计算机中的一个文件，是 Python 中另一种类型的值，就像列表和字典。例如（file_open_1.py）：

```
path = 'd:/test.txt'
f_name = open(path)
print(f_name.name)
```

执行结果如下：

```
d:/test.txt
```

打开的是 d 盘下的 test.txt 文件（执行该程序前，已经创建了一个名为 test.txt 的文件）。

这里要清楚文件路径的相关概念：在该程序中，我们定义了一个 path 变量，变量值是一个文件的路径。文件路径是指文件在计算机上的位置，如该程序中的 d:/test.txt 是指文件在 d 盘、文件名为 test.txt。文件路径又可分为绝对路径和相对路径。

- 绝对路径：总是从根文件夹开始。比如在 Windows 环境下，一般从 c 盘、d 盘等开始，c 盘、d 盘被称为根文件夹，在该盘中的文件都得从根文件夹开始往下一级一级查找。在 Linux 环境下，一般从 usr、home 等根文件开始。比如在上面的示例程序中，path 变量值就是一个绝对路径，在文件搜索框中输入绝对路径可以直接找到该文件。
- 相对路径：相对于程序当前工作目录的路径。比如当前工作文件存放的绝对路径是 d:\python\workspace，如果使用相对路径，就可以用一个“.”号代替这个路径值。例如（file_open_2.py）：

  ```
  path = './test.txt'

  f_name = open(path, 'w')
  print(f_name.name)
  ```

  执行结果如下：

  ```
  ./test.txt
  ```

  执行完程序后，到 d:\python\workspace 路径下查看，可以看到创建了一个名为 test.txt 的文件。

  除了单个点（.），还可以使用两个点（..）表示父文件夹（或上一级文件夹）。此处不具体讨论，有兴趣的读者可以自己尝试。

在前面讲到，使用 open 函数时可以选择是否传入 mode 参数。在前面的示例中，mode 传入了一个值为 w 的参数，这个参数是什么意思呢？mode 可以传入哪些值呢？具体信息如表 4-1 所示。

表 4-1　文件模式

模　式	描　述
r	以只读方式打开文件。文件的指针将会放在文件的开头，这是默认模式
rb	以二进制格式打开一个只读文件。文件指针将会放在文件的开头，这是默认模式
r+	以读写方式打开文件。文件指针将会放在文件的开头
rb+	以二进制格式打开一个读写文件。文件指针将会放在文件的开头
w	以只写方式打开一个文件。如果该文件已存在，就将其覆盖；如果该文件不存在，就创建新文件
wb	以二进制格式打开一个文件，只用于写入。如果该文件已存在，就将其覆盖；如果该文件不存在，就创建新文件
w+	打开一个文件，用于读写。如果该文件已存在，就将其覆盖；如果该文件不存在，就创建新文件
wb+	以二进制格式打开一个文件，用于读写。如果该文件已存在，就将其覆盖；如果该文件不存在，就创建新文件
a	打开一个文件，用于追加。如果该文件已存在，文件指针就会放在文件的结尾。也就是说，新内容将会被写入已有内容之后。如果该文件不存在，就创建新文件进行写入
ab	以二进制格式打开一个文件，用于追加。如果该文件已存在，文件指针就会放在文件结尾。也就是说，新内容将会被写入已有内容之后。如果该文件不存在，就创建新文件进行写入
a+	打开一个文件，用于读写。如果该文件已存在，文件指针就会放在文件的结尾。文件打开时是追加模式。如果该文件不存在，就创建新文件用于读写
ab+	以二进制格式打开一个文件，用于追加。如果该文件已存在，文件指针将会放在文件结尾；如果该文件不存在，就创建新文件用于读写和追加

使用 open 函数时，明确指定读模式和什么模式都不指定的效果是一样的，在前面的示例中已经验证。

使用写模式可以向文件写入内容。+参数可以用到其他任何模式中，指明读和写都是允许的。比如 w+可以在打开一个文件时用于文件的读写。

当参数带上字母 b 时，表示可以用来读取一个二进制文件。Python 在一般情况下处理的都是文本文件，有时也不能避免处理其他格式的文件。

4.7　基本文件方法

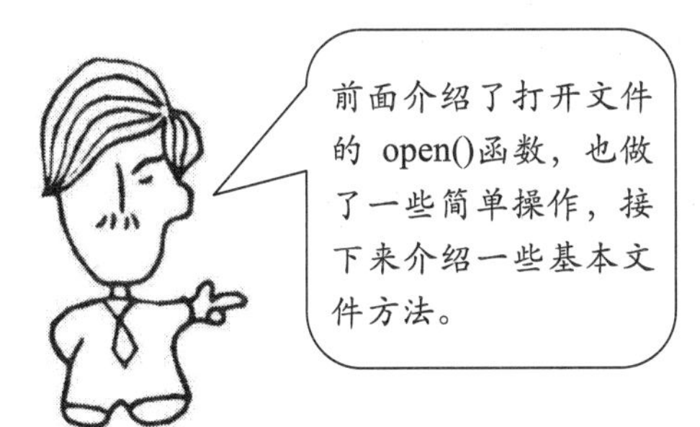
前面介绍了打开文件的 open()函数，也做了一些简单操作，接下来介绍一些基本文件方法。

看来操作文件的方法还不少呢！

4.7.1 读 和 写

1. 读数据

open 函数返回的是一个 File 对象，有了 File 对象，就可以开始读取内容。如果希望将整个文件的内容读取为一个字符串值，可以使用 File 对象的 read()方法。

read()方法从一个打开的文件中读取字符串。需要注意的是，Python 字符串可以是二进制数据，而不仅仅是文字。语法如下：

```
fileObject.read([count]);
```

fileObject 为 open 函数返回的 File 对象，count 参数是从已打开的文件中读取的字节计数。该方法从文件的开头开始读入，如果没有传入 count，就会尝试尽可能多地读取内容，很可能一直读取到文件末尾。

比如，我们在 test.txt 文件中写入“Hello world!Welcome!”，执行如下代码（file_read.py）：

```
path = './test.txt'

f_name = open(path,'r')
print(f'read result:{f_name.read(12)}')
```

执行结果如下：

```
read result: Hello world!
```

这里通过 read 方法读取了文件中从头开始的 12 个字符串。

将 print('read result:', f_name.read(12))更改为 print('read result:', f_name.read())，得到的执行结果如下：

```
read result: Hello world!Welcome!
```

由执行结果看到，没有指定读取字节数时，read 方法会读取打开文件中的所有字节。

2. 写数据

除了读取数据外，还可以向文件中写入数据。在 Python 中，将内容写入文件的方式与 print 函数将字符串输出到屏幕上类似。

如果打开文件时使用读模式，就不能写入文件，即不能用下面这种形式操作文件：

```
open(path, 'rw')
```

在 Python 中，用 write()方法向一个文件中写入数据。write()方法可将任何字符串写入一个打开的文件。注意，Python 字符串也可以是二进制数据，而不仅仅是文字。

write()方法不会在字符串结尾添加换行符（'\n'），语法如下：

```
fileObject.write(string);
```

fileObject 为 open 函数返回的 File 对象，string 参数是需要写入文件中的内容。该方法返回写入文件的字符串的长度。例如（file_write.py）：

```
path = './test.txt'

f_name = open(path, 'w')
print(f"write length:{f_name.write('Hello world!')}")
```

执行结果如下：

```
write length: 12
```

由执行结果可以看到，向 test.txt 文件中写入了 12 个字符。下面验证一下写入的是否是我们指定的字符，在上面的程序中追加两行代码并执行：

```
f_name = open(path,'r')
print('read result:', f_name.read())
```

执行结果如下：

```
write length: 12
read result: Hello world!
```

由执行结果可以看到，写入文件的是指定的内容。不过这里有一个疑问，在这里执行了两次写入操作，得到的结果怎么只写入了一次？

写文件（write）方法的处理方式是：将覆写原有文件，从头开始，每次写入都会覆盖前面所有内容，就像用一个新值覆盖一个变量的值。若需要在当前文件的字符串后追加字符，该怎么办呢？可以将第二个参数 w 更换为 a，即以追加模式打开文件，例如（file_add.py）：

```
path = './test.txt'

f_name = open(path, 'w')
print(f"write length:{f_name.write('Hello world!')}")
f_name = open(path,'r')
print(f'read result:{f_name.read()}')

f_name = open(path, 'a')
print(f"add length:{f_name.write('welcome!')}")
f_name = open(path,'r')
print(f'read result:{f_name.read()}')
```

执行结果如下：

```
write length: 12
read result: Hello world!
add length: 8
read result: Hello world!welcome!
```

由执行结果可以看到，输出结果在文件末尾成功添加了对应字符串。

如果想追加的字符串在下一行，该怎么办呢？在 Python 中，用\n 表示换行。对于上面的示例，若需要追加的内容在下一行，则可如下操作（file_change_line.py）：

```
path = './test.txt'
f_name = open(path, 'w')
print(f"write length:{f_name.write('Hello world!')}")
f_name = open(path,'r')
print(f'read result:{f_name.read()}')

f_name = open(path, 'a')
print("add length:", f_name.write("\nwelcome!"))
f_name = open(path,'r')
print(f'read result:{f_name.read()}')
```

执行结果如下：

```
write length: 13
read result: Hello world!

add length: 8
read result: Hello world!
welcome!
```

4.7.2 读 写 行

目前对文件的读操作是按字节读或整个读取，而写操作是全部覆写或追加，这样的操作在实际应用中很不实用。Python 提供了 readline()、readlines()和 writelines()等方法用于行操作，例如（file_read_write.py）：

```
path = './test.txt'
f_name = open(path, 'w')
f_name.write('Hello world!\n')
f_name = open(path, 'a')
f_name.write('welcome!')
f_name = open(path,'r')
print(f'readline result:{f_name.readline()}')
```

执行结果为：

```
readline result: Hello world!
```

由执行结果得知，readline 方法会从文件中读取单独一行，换行符为\n。readline 方法如果返回一个空字符串，就说明已经读取到最后一行了。

readline 方法也可以像 read 方法一样传入数值读取对应的字符数，传入小于 0 的数值就表示整行都输出。

如果将上面示例的最后一行更改为如下内容：

```
print(f'readline result:{f_name.readlines()}')
```

那么得到的输出结果为：

```
readline result: ['Hello world!\n', 'welcome!']
```

结果为一个字符串的列表，列表中的每个字符串就是文本中的一行，并且换行符也被输出了。

readlines 方法可以传入数值参数，当传入的数值小于等于列表中一个字符串的长度值时，该字符串会被读取；当传入小于等于 0 的数值时，所有字符都会被读取。例如（file_read_lines.py）：

```
path = './test.txt'
f_name = open(path, 'w')
str_list = ['Hello world!\n', 'welcome!\n', 'welcome!\n']
print(f'write length:{f_name.writelines(str_list)}')
f_name = open(path,'r')
print(f'read result:{f_name.read()}')
f_name = open(path,'r')
print(f'readline result:{f_name.readlines()}')
```

执行结果如下：

```
write length: None
read result: Hello world!
welcome!
welcome!

readline result: ['Hello world!\n', 'welcome!\n', 'welcome!\n']
```

writelines 方法和 readlines 方法相反，传给它一个字符串列表（任何序列或可迭代对象），它会把所有字符串写入文件。如果没有 writeline 方法，那么可以使用 write 方法代替这个方法的功能。

4.7.3　关闭文件

前面介绍了很多读取和写入文件的内容，但是没有提到在读或写文件的过程中出现异常时该怎么处理。在读或写文件的过程中，出现异常的概率还是挺高的，特别是对于大文件的读取和写入，出现异常更是家常便饭。

一般情况下，一个文件对象在退出程序后会自动关闭。为了安全起见，最好显式地写一个 close 方法关闭文件。一般显式关闭文件读或写的操作如下（file_close.py）：

```
path = './test.txt'
f_name = open(path, 'w')
print(f"write length:{f_name.write('Hello world!')}")
f_name.close()
```

这段代码和没有加 close 方法的执行结果一样。这样处理后的函数比没有加 close 方法时更安全，可以避免在某些操作系统或设置中进行无用的修改，也可以避免用完系统中所打开文件的配额。

对内容更改过的文件一定要记得关闭，因为写入的数据可能被缓存，如果程序或系统因为某些原因而崩溃，被缓存部分的数据就不会写入文件了。为了安全起见，在使用完文件后一定要记得关闭。

上面的示例可以更改成更安全的形式（file_safe_close.py）：

```
path = './test.txt'
try:
    f_name = open(path, 'w')
    print(f"write length:{f_name.write('Hello world!')}")
finally:
    if f_name:
        f_name.close()
```

如果每次都要这么写，就会很烦琐，Python 中引入了 with 语句自动调用 close 方法。使用 with 语句将上面的程序更改为如下内容（file_safer_close.py）：

```
path = './test.txt'
with open(path, 'w') as f:
    f_name = open(path, 'w')
    print(f"write length:{f_name.write('Hello world!')}")
```

这段代码和上面使用 try/finally 的效果一样，并且会自动调用 close 方法，不用显式地写该方法。可以发现，代码比前面简洁多了，后面可以多用这种方式编写。

4.7.4 重命名文件

在应用程序的过程中，可能需要通过程序重命名某个文件的名字。Python 的 os 模块提供了一个 rename 方法，可以重命名文件，语法如下：

```
os.rename(current_file_name, new_file_name)
```

使用这个方法需要导入 os 模块，其中 current_file_name 为当前文件名、new_file_name 为新文件名。若文件不在当前目录下，则文件名需要带上绝对路径。

该方法没有返回值，使用示例如下（file_rename.py）：

```
import os

open('./test1.txt', 'w')
os.rename('test1.txt','test2.txt')
```

执行结果可以到对应目录下查看，若之前已经创建了名为 test1.txt 的文件，则将文件名更改为 test2.txt；若之前没有创建 test1.txt 文件，则先创建 test1.txt 文件，然后将文件名更改为 test2.txt。

4.7.5 删除文件

Python 的 os 模块提供了一个 remove 方法，可以删除文件，语法如下：

```
os.remove(file_name)
```

其中，os 为导入的 os 模块，file_name 为需要删除的文件名。若文件不在当前目录下，则文件名需要使用绝对路径。

该方法没有返回值，使用示例如下（file_remove.py）：

```
import os

try:
    print(f"remove result:{os.remove('test2.txt')}")
except Exception:
    print('file not found')
```

执行该方法会把前面示例中重命名的 test2.txt 文件删除。该方法只能删除已经存在的文件，文件不存在时会抛出异常。

4.8　本章小结

本章主要讲解的是函数的基本概念和使用方式，以及文件操作的一些基本方式及基本文件方法。

在实际应用中，函数多以封装的方式存在。通过函数，可以让更多可共用的代码得以封装，从而避免重复编写可共用的代码；还可以更好地组织代码结构，编写更为精美的代码。

文件的操作在实际应用中是比较普遍的。本章主要是通过编程方式来操作文件，并没有过多讲解文件的处理内容，有需要的读者可以查阅相关资料进行更深入的了解。

第 5 章

数据处理模块

本章将简单介绍数据处理中会经常遇到的一些数据处理的模块，如 NumPy、Pandas、Matplotlib 等。

5.1 NumPy 介绍及简单使用

前些时日，单位要求我做数据处理，我刚开始接触了一些 NumPy，感觉 NumPy 很强大，但对一些概念和用法还是很陌生。

NumPy（Numerical Python）是 Python 语言的一个扩展程序库，支持大量的维度数组与矩阵运算，还针对数组运算提供了大量的数学函数库。要学习数据处理，NumPy 这个工具应该是必须掌握的。

我们先来看看如何安装 NumPy 工具。

Python 官网上的发行版是不包含 NumPy 模块的。要使用 NumPy，可以使用以下两种方法自行安装。

1. 使用 pip 安装

安装 NumPy 最简单的方式就是使用 pip 工具安装，这也是当前最为流行的安装方式，在 Windows、Linux 和 Mac 下都适用。

使用 pip 安装 NumPy 的语句如下：

```
pip install numpy
```

2. 使用已有的发行版本

对于许多用户，尤其是在 Windows 上，最简单的方法是下载已有的 Python 发行版，其中包含了所有的关键包（包括 NumPy、SciPy、Matplotlib、IPython、SymPy 以及 Python 核心自带的其他包）。

5.1.1 NumPy 基础

NumPy 最重要的一个特点是其 N 维数组对象 ndarray。ndarray 是一系列同类型数据的集合，以 0 下标为开始进行集合中元素的索引。ndarray 对象用于存放同类型元素的多维数组，其中的每个元素在内存中都有相同存储大小的区域。

创建一个 ndarray 只需调用 NumPy 的 array 函数即可，语法如下：

```
numpy.array(object, dtype=None, copy=True, order=None, subok=False, ndmin=0)
```

对该语法中的参数解释如表 5-1 所示。

表5-1　array函数参数解释

名　称	描　述
object	数组或嵌套的数列
dtype	数组元素的数据类型，可选
copy	对象是否需要复制，可选
order	创建数组的样式，C 为行方向，F 为列方向，A 为任意方向（默认）
subok	默认返回一个与基类类型一致的数组
ndmin	指定生成数组的最小维度

下面通过具体的示例来加深 ndarray 的理解。

将一维列表转换为一维数组，示例如下（ndarray_use_1.py）：

```
import numpy as np


v_list = [1, 2, 3]
# 一维列表转一维数组
v_list_np = np.array(v_list)
print(f'列表对象 v_list: {v_list}')
print(f'v_list 的数据类型为: {type(v_list)}')
print(f'数组对象 v_list_np: {v_list_np}')
print(f'v_list_np 的数据类型为: {type(v_list_np)}')
```

执行 py 文件，得到如下输出结果：

```
列表对象 v_list: [1, 2, 3]
v_list 的数据类型为: <class 'list'>
数组对象 v_list_np: [1 2 3]
v_list_np 的数据类型为: <class 'numpy.ndarray'>
```

将多维列表转换为多维数组，示例如下（ndarray_use_2.py）：

```
import numpy as np


# 多于一个维度
multiple_channel = [[1, 2], [3, 4]]
```

```
mc_np = np.array(multiple_channel)
print(f'列表对象 multiple_channel: {multiple_channel}')
# 将输出结果换行 \n 为换行符
print(f'数组对象 mc_np 如下: \n{mc_np}')
```

执行 py 文件，得到如下输出结果：

```
列表对象 multiple_channel: [[1, 2], [3, 4]]
数组对象 mc_np 如下:
[[1 2]
 [3 4]]
```

5.1.2 NumPy 创建数组

ndarray 数组除了可以使用底层 ndarray 构造器来创建外，也可以通过 numpy.arange，numpy.ones 等方式创建。

numpy.arange 方法的语法如下：

```
numpy.arange(start, stop, step, dtype)
```

参数说明：

- start：起始值，默认为 0。
- stop：终止值（不包含）。
- step：步长，默认为 1。
- dtype：返回 ndarray 的数据类型，如果没有提供，就会使用输入数据的类型。

使用 NumPy 包中的 arange 函数创建数值范围并返回 ndarray 对象，根据 start 与 stop 指定的范围以及 step 设定的步长生成一个 ndarray。该方法用于从指定范围创建数组。

使用 arange 函数可以创建指定长度的数组，示例如下（use_arange_1.py）：

```
import numpy as np

# 生成指定长度数组
ar_np = np.arange(5)
print(ar_np)
```

执行 py 文件，得到如下执行结果：

```
[0 1 2 3 4]
```

还可以设置起始值、终止值及步长，示例如下（use_arange_2.py）：

```
# 设置起始值、终止值及步长，生成指定长度数组
import numpy as np

# 设置步长为 2，终止值不包括在内
step_ar = np.arange(10, 20, 2)
```

```
print(step_ar)

# 设置步长为 5，终止值不包括在内
step_ar = np.arange(10, 50, 5)
print(step_ar)
```

执行 py 文件，得到如下结果：

```
[10 12 14 16 18]
[10 15 20 25 30 35 40 45]
```

由以上几个示例及输出结果可知，使用 arange 函数生成指定终止值的数组时，终止值不包含在创建的数组内。

numpy.ones 的语法如下：

```
numpy.ones(shape, dtype = None, order = 'C')
```

参数说明：

- shape：数组形状。
- dtype：数据类型，可选。
- order：'C'用于 C 的行数组，'F'用于 FORTRAN 的列数组。

numpy.ones 创建指定形状的数组，数组元素以 1 来填充，使用示例如下（use_ones_1.py）：

```
import numpy as np

# 默认为浮点数
one_df = np.ones(5)
print('默认为 float 类型：\n{}'.format(one_df))

# 自定义为 int 类型
one_int = np.ones((5,), dtype=np.int)
print('自定义为 int 类型：\n{}'.format(one_int))
```

执行 py 文件，得到如下结果：

```
默认为 float 类型：
[1. 1. 1. 1. 1.]
自定义为 int 类型：
[1 1 1 1 1]
```

5.1.3 NumPy 切片和索引

NumPy 中的 ndarray 对象的内容可以通过索引或切片来访问和修改，与 Python 中 list 的切片操作一样。ndarray 数组可以基于 0~n 的下标进行索引。切片对象可以通过内置的 slice 函数以及 start、stop、step 参数从原数组中切割出一个新数组。

先看如下示例（slice_1.py）：

```
import numpy as np

# 创建ndarray对象
ar_np = np.arange(10)
# 从索引 2 开始到索引 7 停止，间隔为2
s = slice(2, 7, 2)
print(ar_np[s])
```

执行 py 文件，得到如下结果：

```
[2 4 6]
```

在该示例中，首先通过 arange()函数创建 ndarray 对象；然后分别设置起始、终止和步长的参数为 2、7 和 2。

对于上面的示例，也可以通过冒号分隔切片参数 start:stop:step 来进行切片操作，例如(slice_2.py)：

```
import numpy as np

# 创建ndarray对象
ar_np = np.arange(10)
print('数组ar_np为：{}'.format(ar_np))

s_rs = ar_np[2]
print('数组ar_np索引2：{}'.format(s_rs))

# 从索引2开始
s_rs = ar_np[2:]
print('数组ar_np从索引2开始：{}'.format(s_rs))

# 从索引2开始，到索引7停止
s_rs = ar_np[2:7]
print('数组ar_np从索引2开始，到索引7停止：\n{}'.format(s_rs))

# 从索引2开始，到索引7停止，间隔为2
s_rs = ar_np[2: 7: 2]
print('数组ar_np从索引2开始，到索引7停止，间隔为2：\n{}'.format(s_rs))
```

执行 py 文件，得到如下结果：

```
数组ar_np为：[0 1 2 3 4 5 6 7 8 9]
数组ar_np索引2：2
数组ar_np从索引2开始：[2 3 4 5 6 7 8 9]
数组ar_np从索引2开始，到索引7停止：
[2 3 4 5 6]
```

数组 ar_np 从索引 2 开始，到索引 7 停止，间隔为 2：

```
[2 4 6]
```

对示例中冒号（:）的解释：如果只放置一个参数，如[2]，将返回与该索引相对应的单个元素；如果为[2:]，表示从该索引开始以后的所有项都将被提取；如果使用了两个参数，如[2:7]，那么提取两个索引（不包括停止索引）之间的项。

对于多维数组，上述索引提取方法同样适用，示例如下（slice_3.py）：

```
import numpy as np

ar_np = np.array([[1, 2, 3], [3, 4, 5], [4, 5, 6]])
print('初始数组：\n{}'.format(ar_np))

# 从某个索引处开始切割
print('从数组索引 ar_np[1:]处开始切割:\n{}'.format(ar_np[1:]))

print('从数组索引 ar_np[1:]处开始切割,到 ar_np[2]处结束:\n{}'.format(ar_np[1:2]))

print('从数组索引ar_np[0:]处开始切割,到ar_np[2]处结束,步长为2:\n{}'.format(ar_np[0:3:2]))
```

执行 py 文件，得到执行结果如下：

```
初始数组：
[[1 2 3]
 [3 4 5]
 [4 5 6]]
从数组索引 ar_np[1:]处开始切割:
[[3 4 5]
 [4 5 6]]
从数组索引 ar_np[1:]处开始切割,到 ar_np[2]处结束:
[[3 4 5]]
从数组索引 ar_np[0:]处开始切割,到 ar_np[2]处结束，步长为 2:
[[1 2 3]
 [4 5 6]]
```

5.2 Pandas 介绍及简单使用

据说Pandas可以清理杂乱的数据，是真的吗?

Pandas是一款开放源码的BSD许可的Python库，为Python编程语言提供了高性能、易于使用的数据结构和数据分析工具，是数据清洗中的重要工具。

我们先来看看如何安装 Pandas。

标准的 Python 发行版并没有将 Pandas 模块捆绑在一起发布。安装 Pandas 模块的一个轻量级的替代方法是使用流行的 Python 包安装程序 pip 来完成。

使用 pip 安装 Pandas 的语句如下：

```
pip install pandas
```

使用 pip 安装 Pandas 是目前最简单、最流行的，本书只介绍这种安装方式。有一些用户喜欢使用 Anaconda，有需要的可以自己查找相关资料进行安装，包括在 Linux 和 Mac 等操作系统下的安装。

Pandas 处理包含三个主要的数据结构：系列（Series）、数据帧（DataFrame）和面板（Panel）。这些数据结构都是构建在 NumPy 数组之上的，所以它们都很快。

在 Pandas 中，较高维数据结构是较低维数据结构的容器。例如，DataFrame 是 Series 的容器，Panel 是 DataFrame 的容器。

注 意
面板在实际应用中的应用场景较少，本书不展开讲解，只讲解系列和数据帧。

5.2.1 系 列

系列是能够保存任何类型数据（整数、字符串、浮点数、Python 对象等）的一维标记数组。轴标签统称为索引。

Pandas 系列的创建语法如下：

```
pandas.Series( data, index, dtype, copy)
```

参数说明：

- data：数据采取各种形式，如 ndarray、list、constants。
- index：索引值必须是唯一、散列的，与数据的长度相同。如果没有索引被传递就默认为 np.arange(n)。
- dtype：用于指定数据类型。如果没有，就自动推断数据类型。
- copy：是否复制数据，默认为 False。

在实际使用中，可以使用数组、字典、标量值或常数等各种输入创建一个系列。创建系列的一个基本操作就是创建一个空系列，示例代码如下（empty_sr_1.py）：

```
import pandas as pd


empty_s = pd.Series()
print('创建空系列：{}'.format(empty_s))
```

执行 py 文件，得到如下结果：

```
创建空系列：Series([], dtype: float64)
```

如果数据是 ndarray，那么传递的索引必须具有相同的长度。如果没有传递索引值，那么默认的索引将是 range(n)，其中 n 是数组长度，形如[0,1,2,3,…. range(len(array))-1] - 1]。使用示例如下（ndarray_sr_1.py）：

```
import pandas as pd
import numpy as np

data = np.array(['a', 'b', 'c', 'd'])
nd_s = pd.Series(data)
print('ndarray创建不指定索引系列示例：\n{}'.format(nd_s))
```

执行 py 文件，得到如下结果：

```
ndarray创建不指定索引系列示例：
0    a
1    b
2    c
3    d
dtype: object
```

上述示例代码中没有传递任何索引，默认情况下分配了从 0 到 len(data)-1 的索引，即 0 到 3。

由前面系列的语法可知，可以自定义 index 参数值，不自定义的话就使用默认索引。使用指定 index 参数的示例如下（ndarray_sr_2.py）：

```
import pandas as pd
import numpy as np

data = np.array(['a', 'b', 'c', 'd'])
nd_s = pd.Series(data, index=[1001, 1002, 1003, 1004])
print('ndarray创建指定索引系列示例：\n{}'.format(nd_s))
```

执行 py 文件，得到如下结果：

```
ndarray创建指定索引系列示例：
1001    a
1002    b
1003    c
1004    d
dtype: object
```

上面的示例在代码里指定了自定义索引值，并输出了自定义的索引值。

5.2.2 数据帧

数据帧是二维数据结构，即数据以行和列的表格方式排列，功能特点如下：

- 潜在的列是不同的类型。
- 大小可变。

- 标记轴（行和列）。
- 可以对行和列执行算术运算。

Pandas 数据帧的创建语法如下：

```
pandas.DataFrame( data, index, columns, dtype, copy)
```

参数说明：

- data：数据采取各种形式，如 ndarray、list、constants。
- index：索引值必须是唯一、散列的，与数据的长度相同。如果没有索引被传递就默认为 np.arange(n)。
- columns：查看列名。
- dtype：用于指定数据类型。如果没有指定，就自动推断数据类型。
- copy：是否复制数据，默认为 False。

Pandas 数据帧可以使用各种输入创建，如列表、字典、系列、NumPy ndarrays 另一个数据帧等。下面具体讲解数据帧的创建方式。

1. 创建空 DataFrame

创建数据帧的一个基本操作就是创建一个空的数据帧，示例代码如下（empty_df_1.py）：

```
import pandas as pd

df = pd.DataFrame()
print('创建空 DataFrame：\n{}'.format(df))
```

执行 py 文件，得到如下结果：

```
创建空 DataFrame:
Empty DataFrame
Columns: []
Index: []
```

2. 使用列表创建 DataFrame

可以使用单个列表或嵌套列表创建数据帧，示例代码如下（list_df_1.py）：

```
import pandas as pd

data = [1, 2, 3, 4, 5]
df = pd.DataFrame(data)
print(df)
```

执行 py 文件，得到如下结果：

```
   0
0  1
```

```
1  2
2  3
3  4
4  5
```

也可以利用嵌套列表创建数据帧，示例代码如下（list_df_2.py）：

```
import pandas as pd

data = [['xiao meng', 20], ['xiao zhi', 21], ['xiao qiang', 23]]
df = pd.DataFrame(data, columns=['Name', 'Age'])
print(df)
```

执行 py 文件，得到如下结果：

```
        Name  Age
0   xiao meng   20
1    xiao zhi   21
2  xiao qiang   23
```

还可以嵌套列表并指定 dtype 类型创建数据帧，示例代码如下（list_df_3.py）：

```
import pandas as pd

data = [['xiao meng', 20], ['xiao zhi', 21], ['xiao qiang', 23]]
df = pd.DataFrame(data, columns=['Name', 'Age'], dtype=float)
print(df)
```

执行 py 文件，得到如下结果：

```
        Name   Age
0   xiao meng  20.0
1    xiao zhi  21.0
2  xiao qiang  23.0
```

指定 dtype 参数后，输出结果中将 Age 列的类型更改为浮点了。

3. 使用 ndarrays/Lists 的字典创建 DataFrame

所有的 ndarrays 必须具有相同的长度。如果传递了索引，则索引的长度应等于数组的长度。如果没有传递索引，则默认情况下索引将为 range(n)，其中 n 为数组长度。示例代码如下（nd_ls_df_1.py）：

```
import pandas as pd

data = {'Name': ['xiao meng', 'xiao zhi', 'xiao qiang', 'xiao wang'], 'Age':
[20, 21, 23, 22]}
df = pd.DataFrame(data)
print(df)
```

执行 py 文件，得到如下结果：

```
   Age        Name
0   20   xiao meng
1   21    xiao zhi
2   23  xiao qiang
3   22   xiao wang
```

其中，0、1、2、3 是分配给每个使用函数 range(n)的默认索引。

也可以使用数组创建自定义索引的数据帧，示例代码如下（nd_ls_df_2.py）：

```
import pandas as pd

data = {'Name': ['xiao meng', 'xiao zhi', 'xiao qiang', 'xiao wang'], 'Age':
[20, 21, 23, 22]}
df = pd.DataFrame(data, index=['rank1', 'rank2', 'rank3', 'rank4'])
print(df)
```

执行 py 文件，得到如下结果：

```
       Age        Name
rank1   20   xiao meng
rank2   21    xiao zhi
rank3   23  xiao qiang
rank4   22   xiao wang
```

其中，index 参数为每行分配了一个索引。

4. 使用字典列表创建 DataFrame

字典列表可作为输入数据传递以用来创建数据帧，其中字典键默认为列名。

（1）通过传递字典列表来创建数据帧的示例代码如下（dict_list_df_1.py）：

```
import pandas as pd

data = [{'a': 1, 'b': 2}, {'a': 5, 'b': 10, 'c': 20}]
df = pd.DataFrame(data)
print(df)
```

执行 py 文件，得到如下结果：

```
   a   b     c
0  1   2   NaN
1  5  10  20.0
```

在输出结果中，NaN（不是数字）被附加在缺失的区域。

（2）通过传递字典列表和行索引来创建数据帧，示例代码如下（dict_list_df_2.py）：

```
import pandas as pd

data = [{'a': 1, 'b': 2}, {'a': 5, 'b': 10, 'c': 20}]
df = pd.DataFrame(data, index=['first', 'second'])
print(df)
```

执行 py 文件，得到如下结果：

```
       a   b     c
first   1   2   NaN
second  5  10  20.0
```

（3）使用字典、行索引和列索引列表创建数据帧，示例代码如下（dict_list_df_3.py）：

```
import pandas as pd

data = [{'a': 1, 'b': 2}, {'a': 5, 'b': 10, 'c': 20}]

df_1 = pd.DataFrame(data, index=['first', 'second'], columns=['a', 'b'])
print(df_1)

df_2 = pd.DataFrame(data, index=['first', 'second'], columns=['a', 'b1'])
print(df_2)
```

执行 py 文件，得到如下结果：

```
       a   b
first   1   2
second  5  10
       a  b1
first   1 NaN
second  5 NaN
```

df_2 使用字典键以外的列索引创建 DataFrame，所以附加 NaN 到对应位置上。

5. 使用系列的字典创建 DataFrame

字典的系列可以传递以形成一个数据帧，所得到的索引是通过的所有系列索引的并集。示例代码如下（sr_dict_df_1.py）：

```
import pandas as pd

dict_v = {'one': pd.Series([1, 2, 3], index=['a', 'b', 'c']),
          'two': pd.Series([1, 2, 3, 4], index=['a', 'b', 'c', 'd'])}

df = pd.DataFrame(dict_v)
print(df)
```

执行 py 文件，得到如下结果：

```
   one  two
a  1.0    1
b  2.0    2
c  3.0    3
d  NaN    4
```

第一个系列没有传递标签'd'，但是在结果中对于 d 标签附加了 NaN。

6. 列选择

从数据帧中选择一列的示例代码如下（choice_df_1.py）：

```
import pandas as pd

dict_v = {'one' : pd.Series([1, 2, 3], index=['a', 'b', 'c']),
          'two' : pd.Series([1, 2, 3, 4], index=['a', 'b', 'c', 'd'])}

df = pd.DataFrame(dict_v)
print(df['one'])
```

执行 py 文件，得到如下结果：

```
a    1.0
b    2.0
c    3.0
d    NaN
Name: one, dtype: float64
```

7. 列添加

可以向现有数据框添加一个新列，示例代码如下（add_df_1.py）：

```
import pandas as pd

dict_v = {'one': pd.Series([1, 2, 3], index=['a', 'b', 'c']),
          'two': pd.Series([1, 2, 3, 4], index=['a', 'b', 'c', 'd'])}
df = pd.DataFrame(dict_v)

df['three'] = pd.Series([10, 20, 30], index=['a', 'b', 'c'])
print("根据传递的系列添加新列:\n{}".format(df))

df['four'] = df['one'] + df['three']
print("使用存在的数据帧添加新列:\n{}".format(df))
```

执行 py 文件，得到如下结果：

```
根据传递的系列添加新列:
```

```
   one  two  three
a  1.0    1   10.0
b  2.0    2   20.0
c  3.0    3   30.0
d  NaN    4    NaN
使用存在的数据帧添加新列:
   one  two  three  four
a  1.0    1   10.0  11.0
b  2.0    2   20.0  22.0
c  3.0    3   30.0  33.0
d  NaN    4    NaN   NaN
```

8. 列删除

列可以删除或弹出，示例代码如下（delete_df_1.py）：

```
import pandas as pd

dict_v = {'one': pd.Series([1, 2, 3], index=['a', 'b', 'c']),
          'two': pd.Series([1, 2, 3, 4], index=['a', 'b', 'c', 'd']),
          'three': pd.Series([10, 20, 30], index=['a', 'b', 'c'])}
df = pd.DataFrame(dict_v)
print("初始数据帧:\n{}".format(df))

del df['one']
print("使用删除函数删除第一列:\n{}".format(df))

df.pop('two')
print("使用 POP 函数删除一列:\n{}".format(df))
```

执行 py 文件，得到如下结果：

```
初始数据帧:
   one  three  two
a  1.0   10.0    1
b  2.0   20.0    2
c  3.0   30.0    3
d  NaN    NaN    4
使用删除函数删除第一列:
   three  two
a   10.0    1
b   20.0    2
c   30.0    3
d    NaN    4
使用 POP 函数删除一列:
   three
```

```
a   10.0
b   20.0
c   30.0
d    NaN
```

9. 行选择、添加和删除

可以通过将行标签传递给 loc()函数来选择行，示例代码如下（row_df_1.py）：

```
import pandas as pd

dict_v = {'one': pd.Series([1, 2, 3], index=['a', 'b', 'c']),
          'two': pd.Series([1, 2, 3, 4], index=['a', 'b', 'c', 'd'])}
df = pd.DataFrame(dict_v)
print(df.loc['b'])
```

执行 py 文件，得到如下结果：

```
one    2.0
two    2.0
Name: b, dtype: float64
```

由输出结果可以得知，一系列标签作为数据帧的列名称，并且系列的名称是检索的标签。
可以通过将整数位置传递给 iloc()函数来选择行，示例代码如下（row_df_2.py）：

```
import pandas as pd

dict_v = {'one': pd.Series([1, 2, 3], index=['a', 'b', 'c']),
          'two': pd.Series([1, 2, 3, 4], index=['a', 'b', 'c', 'd'])}
df = pd.DataFrame(dict_v)
print(df.iloc[2])
```

执行 py 文件，得到如下结果：

```
one    3.0
two    3.0
Name: c, dtype: float64
```

10. 行切片

可以使用:运算符选择多行，示例代码如下（row_slice_df_1.py）：

```
import pandas as pd

dict_v = {'one': pd.Series([1, 2, 3], index=['a', 'b', 'c']),
          'two': pd.Series([1, 2, 3, 4], index=['a', 'b', 'c', 'd'])}
df = pd.DataFrame(dict_v)
print(df[2:4])
```

执行 py 文件，得到如下结果：

```
   one  two
c  3.0    3
d  NaN    4
```

可以使用 append()函数将新行添加到 DataFrame，示例代码如下（row_slice_df_2.py）：

```
import pandas as pd

df = pd.DataFrame([[1, 2], [3, 4]], columns=['a', 'b'])
print('初始数据帧：\n{}'.format(df))
df2 = pd.DataFrame([[5, 6], [7, 8]], columns=['a', 'b'])
df = df.append(df2)
print('添加新行后的数据帧：\n{}'.format(df))
```

执行 py 文件，得到如下结果：

```
初始数据帧：
   a  b
0  1  2
1  3  4
添加新行后的数据帧：
   a  b
0  1  2
1  3  4
0  5  6
1  7  8
```

可以使用索引标签从 DataFrame 中删除或删除行。如果标签重复，就会删除多行。示例代码如下（row_slice_df_3.py）：

```
import pandas as pd

df = pd.DataFrame([[1, 2], [3, 4]], columns=['a', 'b'])
df2 = pd.DataFrame([[5, 6], [7, 8]], columns=['a', 'b'])
df = df.append(df2)
print('初始数据帧：\n{}'.format(df))

df = df.drop(0)
print('删除包含标签 0 后的数据帧：\n{}'.format(df))
```

执行 py 文件，得到如下结果：

```
初始数据帧：
   a  b
0  1  2
```

```
1  3  4
0  5  6
1  7  8
删除包含标签 0 后的数据帧：
   a  b
1  3  4
1  7  8
```

从示例输出结果可以得知，一共有两行被删除（因为这两行包含相同的标签 0）。

5.2.3 表格函数

可以通过将函数和适当数量的参数作为管道参数来执行自定义操作，从而对整个 DataFrame 执行操作。例如，为 DataFrame 中的所有元素相加一个值 2 的操作如下：

首先定义一个函数，将两个参数数值相加并返回总和：

```
def add_num(ele1, ele2):
    return ele1 + ele2
```

接着使用自定义函数对 DataFrame 进行操作：

```
df = pd.DataFrame(np.random.randn(5, 3), columns=['col1', 'col2', 'col3'])
df.pipe(add_num, 2)
```

完整示例代码如下（fun_pipe_1.py）：

```
import pandas as pd
import numpy as np


def add_num(ele1, ele2):
    return ele1 + ele2


df = pd.DataFrame(np.random.randn(5, 3), columns=['col1', 'col2', 'col3'])
print('初始数组：\n{}'.format(df))
print('调用函数后的数组：\n{}'.format(df.pipe(add_num, 2)))
```

执行 py 文件，得到如下结果：

```
初始数组：
       col1      col2      col3
0  1.392575  1.087258  1.081433
1  0.550510  0.079232  2.147157
2  0.665983  0.095287  1.685808
3  1.217459 -1.671464 -0.272779
4 -0.772414 -1.165476  0.363439
```

调用函数后的数组：

```
       col1      col2      col3
0  3.392575  3.087258  3.081433
1  2.550510  2.079232  4.147157
2  2.665983  2.095287  3.685808
3  3.217459  0.328536  1.727221
4  1.227586  0.834524  2.363439
```

5.2.4 排　序

Pandas 有两种排序方式，分别是按标签排序和按值排序。下面分别进行讨论。

1. 按标签排序

使用 sort_index()方法，通过传递 axis 参数和排序顺序可以对 DataFrame 进行排序。默认情况下，按照升序对行标签进行排序。示例代码如下（sort_index_1.py）：

```
import pandas as pd
import numpy as np

un_sorted_df = pd.DataFrame(np.random.randn(10, 2), index=[1, 4, 6, 2, 3, 5,
9, 8, 0, 7], columns=['col2', 'col1'])
print('排序前：\n{}'.format(un_sorted_df))

sorted_df = un_sorted_df.sort_index()
print('排序后：\n{}'.format(sorted_df))
```

执行 py 文件，得到如下结果：

```
排序前：
       col2      col1
1 -0.265526 -0.909469
4  1.012574 -0.973220
6  1.142370  0.976928
2 -0.517948 -1.577665
3  1.952430 -0.005693
5 -0.225149  1.453280
9  0.198330  1.442888
8 -0.076415 -0.509040
0 -0.332180 -0.935152
7  0.843483  2.087693
排序后：
       col2      col1
0 -0.332180 -0.935152
1 -0.265526 -0.909469
2 -0.517948 -1.577665
```

```
3  1.952430 -0.005693
4  1.012574 -0.973220
5 -0.225149  1.453280
6  1.142370  0.976928
7  0.843483  2.087693
8 -0.076415 -0.509040
9  0.198330  1.442888
```

2. 按值排序

像索引排序一样，sort_values()是按值排序的方法。它接受一个 by 参数，参数值需要与待排序值的 DataFrame 的列名称一致。示例代码如下（sort_index_2.py）：

```
import pandas as pd

un_sorted_df = pd.DataFrame({'col1': [2, 1, 1, 1], 'col2': [1, 3, 2, 4]})
sorted_df = un_sorted_df.sort_values(by='col1')
print(sorted_df)
```

执行 py 文件，得到如下结果：

```
   col1  col2
1     1     3
2     1     2
3     1     4
0     2     1
```

可以通过 by 参数指定需要的列值，示例代码如下（sort_index_3.py）：

```
import pandas as pd

un_sorted_df = pd.DataFrame({'col1': [2, 1, 1, 1], 'col2': [1, 3, 2, 4]})
sorted_df = un_sorted_df.sort_values(by=['col1', 'col2'])
print(sorted_df)
```

执行 py 文件，得到如下结果：

```
   col1  col2
2     1     2
1     1     3
3     1     4
0     2     1
```

5.2.5 数据表的处理

Pandas 支持功能全面的高性能内存中的连接操作，与 SQL 等关系数据库非常相似。其中，数据合并与重塑功能为两个数据表的拼接提供了极大的便利，主要涉及 merge()、concat()和 append()函数。

1. merge()函数

Pandas 提供了一个单独的 merge()函数，作为 DataFrame 对象之间所有标准数据库连接操作的入口。merge()函数语法如下：

```
pd.merge(left, right, how='inner', on=None, left_on=None, right_on=None,
left_index=False, right_index=False, sort=True)
```

参数说明：

- left：一个 DataFrame 对象。
- right：另一个 DataFrame 对象。
- on：列（名称）连接，必须在左和右 DataFrame 对象中存在（找到）。
- left_on：左侧 DataFrame 中的列作为键，可以是列名或长度等于 DataFrame 长度的数组。
- right_on：来自右侧 DataFrame 的列作为键，可以是列名或长度等于 DataFrame 长度的数组。
- left_index：如果为 True，就使用左侧 DataFrame 中的索引（行标签）作为其连接键。在具有 MultiIndex（分层）的 DataFrame 的情况下，级别的数量必须与来自右侧 DataFrame 的连接键的数量相匹配。
- right_index：与右侧 DataFrame 的 left_index 具有相同的用法。
- how：left、right、outer 和 inner 之中的一个，默认为 inner。
- sort：按照字典顺序通过连接键对结果 DataFrame 进行排序，默认为 True，设置为 False 时在很多情况下能大大提高性能。

在一个键上合并两个数据帧，示例代码如下（merge_exp_1.py）：

```
import pandas as pd

left = pd.DataFrame({'id': [1, 2, 3],
                    'Name': ['meng', 'zhi', 'wang'],
                    'number': ['1001', '1002', '1003']})
right = pd.DataFrame({'id': [1, 2, 3],
                     'Name': ['li', 'zhang', 'ming'],
                     'number': ['1002', '1003', '1005']})
print('左数据帧：\n{}'.format(left))
print('右数据帧：\n{}'.format(right))
rs = pd.merge(left, right, on='id')
print('由 id 合并数据帧：\n{}'.format(rs))
```

执行 py 文件，得到如下结果：

```
左数据帧：
   Name  id number
```

```
0  meng   1   1001
1   zhi   2   1002
2  wang   3   1003
右数据帧：
    Name  id number
0     li   1   1002
1  zhang   2   1003
2   ming   3   1005
由 id 合并数据帧：
  Name_x  id number_x Name_y number_y
0   meng   1     1001     li     1002
1    zhi   2     1002  zhang     1003
2   wang   3     1003   ming     1005
```

合并多个键上的两个数据帧，示例代码如下（merge_exp_2.py）：

```
import pandas as pd

left = pd.DataFrame({'id': [1, 2, 3],
                  'Name': ['meng', 'zhi', 'wang'],
                  'number': ['1001', '1002', '1003']})
right = pd.DataFrame({'id': [1, 2, 3],
                  'Name': ['li', 'zhang', 'ming'],
                  'number': ['1001', '1002', '1005']})
rs = pd.merge(left, right, on=['id', 'number'])
print('由多个键合并数据帧：\n{}'.format(rs))
```

执行 py 文件，得到如下结果：

```
由多个键合并数据帧：
  Name_x  id number Name_y
0   meng   1   1001     li
1    zhi   2   1002  zhang
```

2. concat()函数

concat()的语法如下：

```
pd.concat(objs,axis=0,join='outer',join_axes=None,ignore_index=False)
```

参数说明：

- objs：Series、DataFrame 或 Panel 对象的序列或映射。
- axis：{0，1，...}，默认为 0，是连接的轴。
- join：{'inner', 'outer'}，默认为 inner，联合外部和交叉的内部来处理其他轴上的索引。
- ignore_index：布尔值，默认为 False。若指定为 True，则不使用连接轴上的索引值。结果轴将被标记为：0，...，n-1。

- join_axes：Index 对象的列表，用于其他（n-1）轴的特定索引，而不是执行内部/外部逻辑。

concat()函数完成了沿轴执行级联操作的所有重要工作，示例代码如下（concat_exp.py）：

```
import pandas as pd

first = pd.DataFrame({
        'Name': ['meng', 'zhi', 'wang'],
        'number': ['1001', '1002', '1003'],
        'score': [98, 95, 91]},
        index=[1, 2, 3])
second = pd.DataFrame({
        'Name': ['li', 'zhang', 'ming'],
        'number': ['1001', '1002', '1005'],
        'score': [93, 100, 97]},
        index=[1, 2, 3])
rs = pd.concat([first, second])
print('对象连接：\n{}'.format(rs))

# 通过键参数把特定的键与每个碎片的 DataFrame 关联起来
rs = pd.concat([first, second], keys=['x', 'y'])
print('使用键参数关联碎片：\n{}'.format(rs))

#想要让生成的对象遵循自己的索引，请将 ignore_index 设置为 True
rs = pd.concat([first, second], keys=['x', 'y'], ignore_index=True)
print('使生成对象遵循自己的索引：\n{}'.format(rs))

# 需要沿 axis=1 添加两个对象
rs = pd.concat([first, second], axis=1)
print('沿 axis 设置值添加对象：\n{}'.format(rs))
```

执行 py 文件，得到如下结果：

```
对象连接：
    Name number  score
1   meng   1001     98
2    zhi   1002     95
3   wang   1003     91
1     li   1001     93
2  zhang   1002    100
3   ming   1005     97
使用键参数关联碎片：
      Name number  score
x 1   meng   1001     98
```

```
  2    zhi   1002     95
  3   wang   1003     91
y 1     li   1001     93
  2  zhang   1002    100
  3   ming   1005     97
```

使生成对象遵循自己的索引：

```
    Name number  score
0   meng   1001     98
1    zhi   1002     95
2   wang   1003     91
3     li   1001     93
4  zhang   1002    100
5   ming   1005     97
```

沿 axis 设置值添加对象：

```
   Name number  score   Name number  score
1  meng   1001     98     li   1001     93
2   zhi   1002     95  zhang   1002    100
3  wang   1003     91   ming   1005     97
```

3. append()函数

在连接中，一个有用且快捷的方式是使用 Series 和 DataFrame 实例的 append()方法。append()方法实际上早于 concat()方法，沿 axis=0 连接。示例代码如下（append_exp.py）：

```
import pandas as pd

first = pd.DataFrame({
        'Name': ['meng', 'zhi', 'wang'],
        'number': ['1001', '1002', '1003'],
        'score': [98, 95, 91]},
        index=[1, 2, 3])
second = pd.DataFrame({
        'Name': ['li', 'zhang', 'ming'],
        'number': ['1001', '1002', '1005'],
        'score': [93, 100, 97]},
        index=[1, 2, 3])
rs = first.append(second)
print('append 函数带一个对象：\n{}'.format(rs))

rs = first.append([second, first])
print('append 函数带多个对象：\n{}'.format(rs))
```

执行 py 文件，得到如下结果：

append 函数带一个对象：

```
    Name number  score
1   meng   1001     98
2    zhi   1002     95
```

```
3   wang   1003     91
1     li   1001     93
2  zhang   1002    100
3   ming   1005     97
```

append 函数带多个对象：

```
    Name number  score
1   meng   1001     98
2    zhi   1002     95
3   wang   1003     91
1     li   1001     93
2  zhang   1002    100
3   ming   1005     97
1   meng   1001     98
2    zhi   1002     95
3   wang   1003     91
```

5.3　Matplotlib 介绍及简单使用

前些时日已经学会使用 Matplotlib 进行数据可视化了，感觉 Matplotlib 很强大、很方便。

Matplotlib 确实是数据可视化的强大工具，一个用于在 Python 中绘制数组的 2D 图形库。

安装 Matplotlib 的方法有很多种，标准安装是使用 pip。在 Mac OSX 和 Windows 操作系统下，安装 Matplotlib 的建议语句如下：

```
pip install matplotlib
```

matplotlib.pyplot 是一个命令风格函数的集合，使 Matplotlib 的机制更像 MATLAB。每个绘图函数都可以对图形进行一些更改比如创建图形、在图形中创建绘图区域、在绘图区域绘制一些线条、使用标签装饰绘图等。

在 matplotlib.pyplot 中，各种状态跨函数调用保存，以便跟踪当前图形和绘图区域等，并且绘图函数始终指向当前轴域。

示例代码如下（pyplot_exp_1.py）：

```
import matplotlib.pyplot as plt

plt.plot([1, 2, 3, 4])
plt.ylabel('numbers series')
plt.show()
```

执行 py 文件，得到的结果如图 5-1 所示。

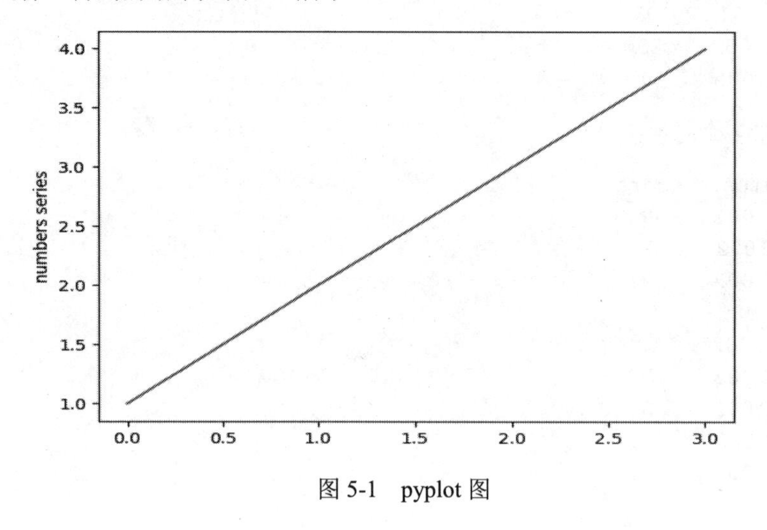

图 5-1　pyplot 图

其中，x 轴打印的范围为 0~3，y 轴打印的范围为 1~4。对此，你可能会有一些疑问：为什么 x 轴的范围为 0~3，y 轴的范围为 1~4？答案是：若向 plot()命令提供单个列表或数组，则 Matplotlib 假定它是一个 y 值序列，并自动生成 x 值。由于 Python 范围从 0 开始的，默认 x 向量从 0 开始、具有与 y 相同的长度，因此 x 数据是[0,1,2,3]。

plot()是一个通用命令，可接受任意数量的参数。

（1）绘制 x 和 y，示例代码如下（pyplot_exp_2.py）：

```
import matplotlib.pyplot as plt

plt.plot([1, 2, 3, 4], [1, 4, 9, 16])
plt.ylabel('numbers series')
plt.show()
```

执行 py 文件，得到的执行结果如图 5-2 所示。

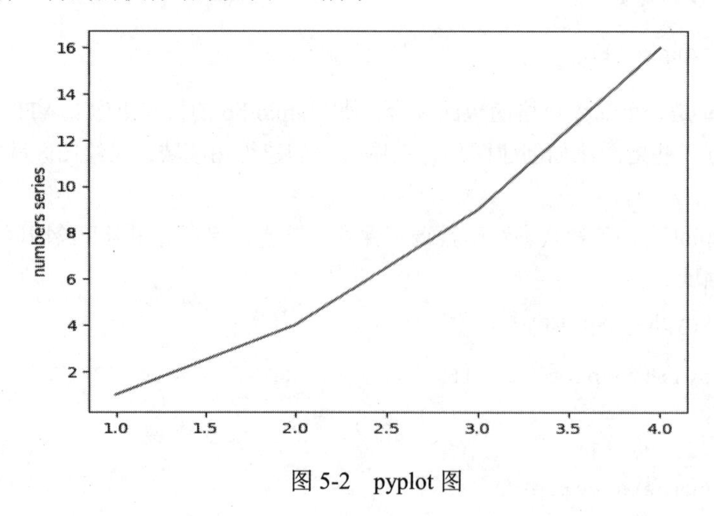

图 5-2　pyplot 图

对于每个 x、y 参数对，有一个可选的参数，它是指示图形颜色和线条类型的格式字符串。格式字符串的字母和符号来自 MATLAB，并且将颜色字符串与线性字符串连接在一起。默认颜色的格式字符串为"b-"，是一条蓝色实线。

（2）绘制红色圆圈，示例如下（pyplot_exp_3.py）：

```
import matplotlib.pyplot as plt

plt.plot([1, 2, 3, 4], [1, 4, 9, 16], 'ro')
plt.axis([0, 6, 0, 20])
plt.show()
```

执行 py 文件，得到的执行结果如图 5-3 所示。

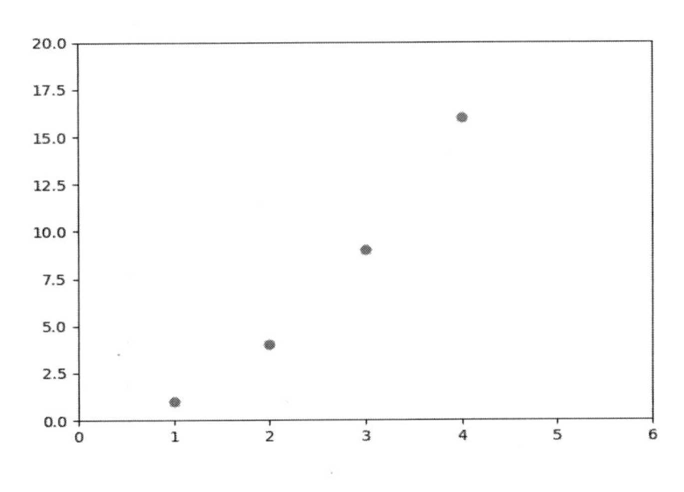

图 5-3 红色圆圈图

在该示例中，axis()命令接收[xmin，xmax，ymin，ymax]的列表，表示指定轴域的可视区域。

（3）构建柱形图，示例代码如下（pyplot_exp_4.py）：

```
import matplotlib.pyplot as plt

x = [1, 2, 3, 4, 5, 6]
y = [7, 8, 18, 11, 15, 9]
plt.bar(x, y)
plt.show()
```

执行 py 文件，得到的执行结果如图 5-4 所示。

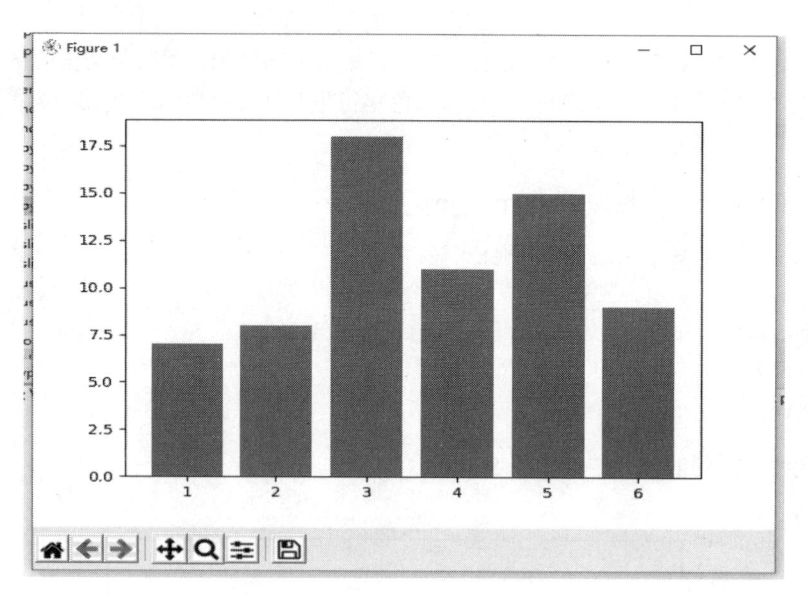

图 5-4 柱形图

5.4 Python 与 Excel 的交互入门

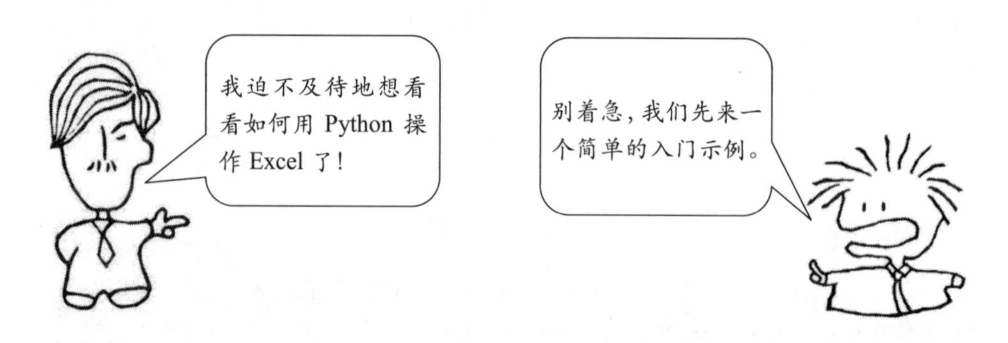

我迫不及待地想看看如何用 Python 操作 Excel 了！
别着急，我们先来一个简单的入门示例。

本节作为后续章节的“开胃菜”，简单演示如何通过 Python 创建 Excel 工作簿以及如何向 Excel 中写入数据。

在 Python 中可以操作 Excel 的模块有很多，此处以 xlwings 模块（下一章详细介绍）作为使用示例。通过 xlwings 模块创建一个工作簿的示例代码如下（excel_try.py）：

```
import xlwings as xw

# 在当前 App 下新建一个 Book
app = xw.App(visible=True, add_book=False)
# 新建工作簿
workbook = app.books.add()
# 保存新建的工作簿
workbook.save('创建测试.xlsx')
# 关闭工作簿
workbook.close()
```

```
# 退出 Excel 程序
app.quit()
```

执行 py 文件，在当前文件夹中创建一个名为“创建测试.xlsx”的空 Excel 工作簿。若要向工作簿中写入文本，可以执行如下操作（excel_try_2.py）：

```
import xlwings as xw

# 在当前 App 下新建一个 Book
app = xw.App(visible=True, add_book=False)
# 打开指定工作簿
wb = app.books.open('创建测试.xlsx')
# 实例化一个工作表对象
sheet_1 = wb.sheets["sheet1"]
# 在 A1 单元格中写入值
sheet_1.range('A1').value = 'Hello, world'
# 保存工作簿
wb.save()
# 关闭工作簿
wb.close()
# 退出 Excel 程序
app.quit()
```

执行 py 文件，在名为“创建测试.xlsx”的工作簿的第一个工作表的第一行第一列插入一个文本，文本内容为“Hello, world”，如图 5-5 所示。

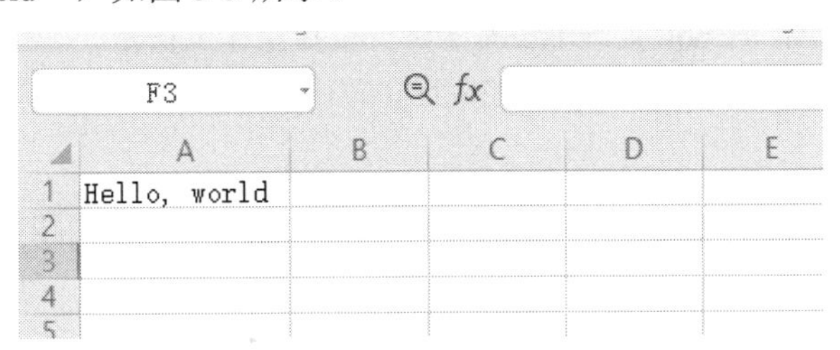

图 5-5 向 Excel 中插入文本

5.5 本章小结

本章主要讲解 Python 数据处理中比较常用的几个模块。

对于数据处理，使用 NumPy 和 Pandas 是非常好的选择，特别是在一些大型的 Excel 文件处理中。Pandas 模块提供了很多函数用于对 Excel 数据的处理，并会在后续的章节中大量使用。

进行图标展示的话，使用 Matplotlib 模块是很好的选择。Matplotlib 模块和 Python 及 Pandas 结合使用，可以绘制出多种多样的图标。

第二部分　Python 与 Excel 的实战操作

第 6 章

使用 Python 处理 Excel 文件

在工作中处理 Excel 文件时，在遇到大批量的文件需要处理时，经常会需要执行一些重复性的操作，在手动执行这些重复性操作时，不但浪费时间，而且很容易出错；通过编写 Python 程序来完成这些重复操作，不但快速高效，而且不易出错。

本章主要讲解怎么使用 Python 处理 Excel 文件，包括操作工作簿、工作表、工作簿和工作表的混合操作等内容。

6.1　Python 处理 Excel 模块介绍

Excel 是当今最流行的电子表格处理软件，支持丰富的计算函数及图表，在系统运营方面广泛用于运营数据报表，如业务质量、资源利用、安全扫描等，同时也是应用系统常见的文件导出格式，以便数据使用人员做进一步加工处理。

Python 中已经有大量支持处理 Excel 的第三方库，主流代表有：

（1）xlwings：简单强大，可替代 VBA。

（2）openpyxl：简单易用，功能广泛。

（3）Pandas：使用时需要结合其他库，数据处理是 Pandas 立身之本。

（4）win32com：不仅仅是 Excel，可以处理 Office。不过它相当于是 Windows COM 的封装，新手使用起来略有些痛苦。

（5）Xlsxwriter：具体丰富多样的特性，缺点是不能打开/修改已有文件，也就意味着使用 xlsxwriter 需要从零开始。

（6）DataNitro：作为插件内嵌到 Excel 中，可替代 VBA，在 Excel 中优雅地使用 Python。

（7）xlutils：结合 xlrd/xlwt，老牌 Python 包。

（8）xlrd：一个从 Excel 文档读取数据和格式化信息的库，支持.xls 以及.xlsx 文档。

（9）xlwt：一个用于将数据和格式化信息写入旧 Excel 文档的库。

可以处理 Excel 文件的 Python 模块很多，具体功能说明如表 6-1 所示。

表6-1　Python处理Excel模块比对

模块功能	读	写	修改	xls 格式	xlsx 格式	批量操作
xlrd	√	×	×	√	√	×
xlwt	×	√	√	√	×	×
xlutils	×	×	√	√	×	×
xlwings	√	√	√	√	√	√
openpyxl	√	√	√	×	√	×
Xlswriter	×	√	×	×	√	×
win32com	√	√	√	√	√	×
DataNitro	×	×	×	√	√	×
pandas	√	√	×	√	√	√

补充：xls 格式与 xlsx 格式的区别

xls 是版本之前使用的文件格式，是二进制的文件保存方式。xls 文件可以直接插入宏，存在一定的安全隐患。xls 文件的功能性比 xlsx 差：xls 文件支持的最大行数是 65536 行，xlsx 支持的最大行数是 1048576 行；xls 支持的最大列数是 256 列，xlsx 是 16384 列，这个行数和列数的限制不是来自 Excel 的版本而是文件类型的版本。

xlsx 与 xls 就差异了一个字母 x，这个 x 表示的是 XML。相对于 xls，xlsx 支持更多的 Excel 2007 后支持的功能，因为 XML 中的 X 表示的是 eXtensible，也就是可扩展的，所以以后有新功能增加也会继续使用 XLSX 格式，因为它是扩展的。

通过表 6-1 的对比可以发现，xlwings 模块的功能是最齐全的。xlwings 不仅能读、写、修改 xls 和 xlsx 两种格式的文件，还可以批量处理 Excel 文件。xlwings 模块能与 Excel VBA 结合使用，实现更强大的数据输入和分析功能。

接下来主要讲解如何使用 xlwings 模块操作 Excel，包括与 os、Pandas、NumPy、Matplotlib 等模块的结合使用。

6.2　xlwings 模块介绍及使用

在第 5 章中通过简单的示例演示了 xlwings 模块的使用，但是没有详细展开讲解，本节对 xlwings 模块做一些更详细的介绍。

xlwings 模块并非 Python 自带模块，是第三方模块，需要手动安装，安装方式如下：

```
pip install xlwings
```

为便于后续创建文件的统一管理，在当前目录下创建一个名为 files 的文件夹，用于存放后续创建的 Excel 文件。

安装好后，使用 xlwings 模块创建新的 Excel 文件的方式如下（create_excel_1.py）：

```
import xlwings as xw

# 创建一个新的 App，并在新 App 中新建一个 Book
wb = xw.Book()
# 保存工作簿
wb.save('files\\1.xlsx')
# 关闭工作簿
wb.close()
```

执行 py 文件，可以在 files 文件夹下看到一个名为 1.xlsx 的文件。

也可以使用另外一种方式创建新的 Excel 文件，具体如下（create_excel_2.py）：

```
import xlwings as xw

# 在当前 App 下新建一个 Book，visible 参数控制创建文件时可见的属性
# visible 参数用于设置 Excel 程序窗口的可见性，True 表示显示 Excel 窗口，False 表示隐藏
# add_book 参数用于设置启动 Excel 窗口后是否新建工作簿，True 表示新建，False 表示不新建
app = xw.App(visible=False, add_book=False)
wb = app.books.add()
# 保存工作簿
wb.save('files\\1.xlsx')
# 关闭工作簿
wb.close()
# 结束进程，退出 Excel 程序
app.quit()
```

通过以上代码生成对应的 Excel 工作簿后，接下来再通过代码打开工作簿，示例代码如下（open_excel_1.py）：

```
import xlwings as xw

# 在当前 App 下新建一个 Book，visible 参数控制创建文件时可见的属性
# visible 参数用于设置 Excel 程序窗口的可见性，True 表示显示 Excel 窗口，False 表示隐藏
# add_book 参数用于设置启动 Excel 窗口后是否新建工作簿，True 表示新建，False 表示不新建
app = xw.App(visible=True, add_book=False)
# 打开当前目录中 files 文件夹下的 1.xlsx 工作簿
wb = app.books.open('files\\1.xlsx')
# 保存工作簿
wb.save()
# 关闭工作簿
wb.close()
# 退出 Excel 程序
```

```
app.quit()
```

执行以上 py 文件，程序首先打开已经存在的 1.xlsx 文件，随后将打开的文件关闭。示例代码中有编写关闭工作簿和退出 Excel 程序的代码，若将该两行代码注释或删除再执行，则会看到工作簿打开后不会自动关闭，需要手动关闭。

> **注　意**
>
> 通过代码打开工作簿时，需要指定的工作簿是真实存在的，并且不能处于已打开状态，否则程序会报异常。

除了创建和打开工作簿，还可以通过 xlwings 模块操控工作表和单元格。示例如下（oper_excel_1.py）：

```
import xlwings as xw

# 在当前 App 下新建一个 Book
app = xw.App(visible=True, add_book=False)
# 打开当前目录中 files 文件夹下的 1.xlsx 工作簿
wb = app.books.open('files\\1.xlsx')
# 实例化一个工作表对象
sheet_1 = wb.sheets["sheet1"]
# 在 A1 单元格写入值
sheet_1.range('A1').value = 'python 操作 excel'
# 保存工作簿
wb.save()
# 关闭工作簿
wb.close()
# 退出 Excel 程序
app.quit()
```

执行 py 文件，手动打开 1.xlsx 文件，可以看到 1.xlsx 文件中的内容，如图 6-1 所示。

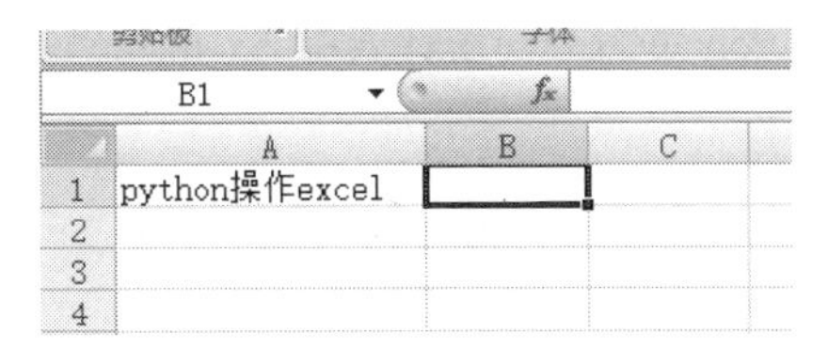

图 6-1　插入文本

可以根据自己的需要插入不同的内容。

该示例涉及 sheets、range 等对象，这是 xlwings 中的不同对象层次结构。在 xlwings 中的对象层次结构如下：

```
apps->books->sheets->range
```

即从 apps 往后都是一个一对多的对应关系，如图 6-2 所示。

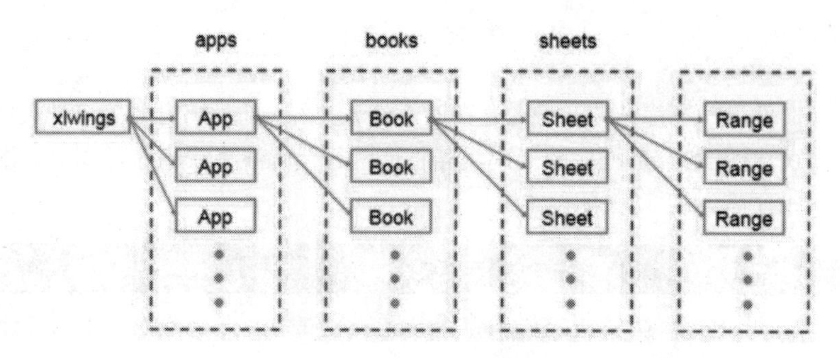

图 6-2 xlwings 对象层次结构

也可以通过如下示例方式新建一个工作簿，在工作簿中新建工作表，再在工作表中插入内容（oper_excel_2.py）：

```
import xlwings as xw

# 在当前 App 下新建一个 Book
app = xw.App(visible=False)
# 新建工作簿
workbook = app.books.add()
# 新增一个名为“公司统计”的工作表
worksheet = workbook.sheets.add('公司统计')
# 在 A1 单元格中写入值
worksheet.range('A1').value = '公司名称'
# 保存工作簿
workbook.save('files\\公司.xlsx')
# 关闭工作簿
workbook.close()
# 退出 Excel 程序
app.quit()
```

执行 py 文件，在 files 文件夹下新增加一个名为公司.xlsx 的 Excel 文件。打开该 Excel 文件，可以看到名为“公司统计”的工作表，并且公司统计表中 A1 单元格的内容为“公司名称”。

6.3 操作工作簿

之所以选择使用 Python 操作 Excel 文件，是为了在一些重复的操作上节省更多时间，对于那些单次或不具有重复性的操作，就没有必要花费时间来编写一段 Python 代码进行处理了。接下来以批量操作 Excel 工作簿做相关介绍。

6.3.1 批量新建工作簿

我在工作中经常需要一次性建立好多工作簿，比如每个月都需要创建一个统计报表，而新统计报表的命名只有月份是不同的，其他都相同，我之前的做法是先创建一个 Excel 工作簿，然后复制多次，再逐一修改各个文件名。是否有更好的方式能一次性创建？

这个问题很好，若是批量创建少量文件并更改文件名时，以你的操作方式进行不会有太大问题，若是需要批量创建成百上千的工作簿，以这种方式进行就非常低效了。可以使用 Python 中的 xlwings 模块非常快速地创建大量的工作簿，具体看如下操作示例。

批量新建并保存工作簿（batch_books_create_1.py）：

```
import xlwings as xw

# 在当前 App 下新建一个 Book
# visible 参数用于设置 Excel 程序窗口的可见性，True 表示显示 Excel 窗口，False 表示隐藏
# add_book 参数用于设置启动 Excel 窗口后是否新建工作簿，True 表示新建，False 表示不新建
app = xw.App(visible=True, add_book=False)
for i in range(1, 13):
    # 新建工作簿
    wb = app.books.add()
    # 保存新建的工作簿
    wb.save(f'files\\2021 年{i}月统计报表.xlsx')
```

执行 py 文件，在指定的目录下创建了指定量的工作簿，如图 6-3 所示。

图 6-3 批量创建工作簿

太棒了，通过这种方式可以非常快速地创建大量工作簿，但是以这种方式创建的工作簿都自动打开了，可以一次性打开很多工作簿，甚至电脑都会被卡住，有更好的处理办法吗？

不错，这样会把此次所有创建的工作簿都打开，这样在操作体验上不是很友好，可以在每创建完一个工作簿后就关闭，当所有工作簿创建完成后退出 Excel 程序，就可以解决这个问题了。

批量新建并关闭工作簿（batch_books_create_2.py）：

```
import xlwings as xw

# 在当前 App 下新建一个 Book
# visible 参数用于设置 Excel 程序窗口的可见性，True 表示显示 Excel 窗口，False 表示隐藏
# add_book 参数用于设置启动 Excel 窗口后是否新建工作簿，True 表示新建，False 表示不新建
app = xw.App(visible=True, add_book=False)
for i in range(1, 13):
    # 新建工作簿
    wb = app.books.add()
    # 保存新建的工作簿
    wb.save(f'files\\2021年{i}月统计报表.xlsx')
    # 关闭当前工作簿
    wb.close()
# 退出 Excel 程序
app.quit()
```

这么操作就更为方便了，如果要批量创建含有各个城市名字的工作簿，比如 2021 年上海一季度销售报、2021 年北京一季度销售报等，用这种方式好像不行，又该怎么操作呢？

其实也可以这样操作的，不过要用到之前学习的列表，可以将所有城市的名字放到列表中，再遍历列表，将各个城市的名字填充到文件名的指定位置即可。

根据城市名批量新建并保存工作簿（batch_books_create_1.py）：

```
import xlwings as xw

# 将城市名存放在一个列表中
city_list = ['北京', '上海', '广州', '深圳', '杭州', '武汉', '成都']
# 在当前 App 下新建一个 Book，visible 参数控制创建文件时可见的属性
app = xw.App(visible=True, add_book=False)
for city_name in city_list:
```

```
    # 新建工作簿
    wb = app.books.add()
    # 保存新建的工作簿
    wb.save(f'files\\2021 年{city_name}一季度销售报表.xlsx')
    # 关闭当前工作簿
    wb.close()
# 退出 Excel 程序
app.quit()
```

执行 py 文件，可以看到如图 6-4 所示的执行结果。

2021年上海一季度销售报表.xlsx
2021年北京一季度销售报表.xlsx
2021年广州一季度销售报表.xlsx
2021年成都一季度销售报表.xlsx
2021年杭州一季度销售报表.xlsx
2021年武汉一季度销售报表.xlsx
2021年深圳一季度销售报表.xlsx

图 6-4　创建与城市名对应的工作簿

6.3.2　批量打开工作簿

我在工作中经常需要打开大量的工作簿，只是在命名上有一些差别，有办法批量打开指定的工作簿吗？
有办法的，找到需要批量打开的文件后，可以使用 xlwings 模块逐个打开。

找到所有文件的示例如下（find_all_files.py）：

```
import os

# 全路径
full_path = 'd:\\workspace\\pythonoperexcel\\chapter6\\files'
# 取得全路径下的所有文件列表
file_list = os.listdir(full_path)
# 遍历文件列表
for i in file_list:
    # 如果当前文件不是以 .xlsx 后缀结尾，则继续查找，这里使用字符串中的 endswith 方法
    if not i.endswith('.xlsx'):
        continue
```

```
    # 打印以 .xlsx 后缀结尾的文件名
    print(f'找到的文件名：{i}')
```

执行 py 文件，就可以找到指定的文件了。

将找到指定文件的代码和打开工作簿的代码相结合，就可以批量打开工作簿了。批量打开工作簿的示例如下（batch_open_books.py）：

```
import os
import xlwings as xw

# 全路径
full_path = 'd:\\workspace\\pythonoperexcel\\chapter6\\files'
# 取得全路径下的所有文件列表
file_list = os.listdir(full_path)
# 启动 Excel 程序
app = xw.App(visible=True, add_book=False)
# 遍历文件列表
for i in file_list:
    # 如果当前文件不是以 .xlsx 后缀结尾，则继续查找
    if not i.endswith('.xlsx'):
        continue

    # 打开当前工作簿，需要全路径加上当前文件名
    app.books.open(full_path + '\\' + i)
```

6.3.3 重命名工作簿

在工作中，经常会需要对某些已经命名好的工作簿修改名称，如把名称中的某些字或词更改为另外的字词，在工作簿不多时，手动修改的工作量不大，当工作簿的量比较大时，手动修改就会很费时，也不容易保证全部都正确修改，是否可以通过程序做批量修改呢？

但凡涉及大量重复的工作，就可以往编写程序来批量操作的方向考虑。对于重命名的问题，就是大量重复的操作问题，使用程序来完成再合适不过了。只要找到重新命名的规则，编写好程序，就可以放心交给程序来完成，完全不用担心遗漏或修改错误。

批量重命名工作簿的示例如下（batch_books_rename.py）：

```
import os

# 全路径
full_path = 'd:\\workspace\\pythonoperexcel\\chapter6\\files'
```

```
# 取得全路径下的所有文件列表
file_list = os.listdir(full_path)
# 工作簿中需要替换的旧关键字
old_book_name = '统计'
# 工作簿中需要替换的新关键字
new_book_name = '销量统计'
# 遍历找到的文件列表
for file_name in file_list:
    # 如果 file_name 中没有找到指定的旧关键字，则不做替换
    if not file_name.find(old_book_name):
        continue

    # 如果 file_name 不以 .xlsx 结尾，则不做替换
    if not file_name.endswith('.xlsx'):
        continue

    # 构建新的文件名
    new_file_name = file_name.replace(old_book_name, new_book_name)
    # 构建原工作簿的完整路径
    old_file_path = os.path.join(full_path, file_name)
    # 构建新工作簿的完整路径
    new_file_path = os.path.join(full_path, new_file_name)
    # 执行重命名
    os.rename(old_file_path, new_file_path)
```

若在上面修改的基础上想要对部分工作簿重命名，比如将 6 月份的工作簿重命名为 2021 年 6 月年中销量统计报表.xlsx、12 月份的重命名为 2021 年 12 月年终销量统计报表.xlsx，通过代码操作有比较好的方式吗？

可以结合字典进行部分工作簿的重命名。

部分重命名工作簿的示例如下（part_books_rename.py）：

```
import os

# 全路径
full_path = 'd:\\workspace\\pythonoperexcel\\chapter6\\files'
# 取得全路径下的所有文件列表
file_list = os.listdir(full_path)
# 定义重命名文本字典，其中，key 为工作簿名称关键字、value 为工作簿中需要重命名的新关键字
```

```
rename_file_dict = {'6月': '年中销量统计', '12月': '年终销量统计'}
# 工作簿中需要替换的旧关键字
old_book_name = '销量统计'
# 遍历找到的文件列表
for file_name in file_list:
    # 遍历字典，同时取得 key 和 value 的值
    for key_v, value_v in rename_file_dict.items():
        # 如果 file_name 中没有找到指定的旧关键字，就不做替换
        if file_name.find(key_v) <= 0:
            continue

        # 如果 file_name 不以 .xlsx 结尾，就不做替换
        if not file_name.endswith('.xlsx'):
            continue

        # 构建新的文件名
        new_file_name = file_name.replace(old_book_name, value_v)
        # 构建原工作簿的完整路径
        old_file_path = os.path.join(full_path, file_name)
        # 构建新工作簿的完整路径
        new_file_path = os.path.join(full_path, new_file_name)
        # 执行重命名
        os.rename(old_file_path, new_file_path)
```

6.3.4 删除工作簿

在工作中经常需要删除具有某些特定关键字的工作簿，工作簿的量比较大时，通过手动删除非常耗时，也不容易删除干净，是否有便捷的方式可以简单又快捷地删除指定工作簿呢?

使用 Python 删除工作簿的方式和第 4 章中删除文件的方式差不多，而批量删除的关键是找到需要批量删除的文件。可以通过遍历文件找到待批量删除的文件，然后循环遍历删除即可。

批量删除工作簿的示例如下（batch_books_remove.py）：

```
import os

# 全路径
full_path = 'd:\\workspace\\pythonoperexcel\\chapter6\\files'
# 取得全路径下的所有文件列表
file_list = os.listdir(full_path)
# 需要删除的工作簿名称的关键字
```

```
remove_key = '销量统计'
# 遍历工作簿
for file in file_list:
    # 工作簿名称中是否找到指定关键字
    if file.find(remove_key) < 0:
        continue

    # 根据路径删除指定文件
    os.remove(os.path.join(full_path, file))
```

6.3.5　在工作簿中批量新增工作表

有时需要在一个工作簿中创建多个工作表，是否可以通过 Python 程序来实现批量工作表的创建?

可以的，使用 Python 中的 xlwings 模块对工作簿批量创建工作表是非常快捷的。

在工作簿中增加工作表的示例如下（books_batch_sheets_add.py）：

```
import xlwings as xw

# 在当前 App 下新建一个 Book
app = xw.App(visible=False)
# 新建工作簿
workbook = app.books.add()
# 数字字符串集合
num_list = ['一', '二', '三', '四', '五', '六']
# 遍历数字字符串集合
for num_str in num_list:
    # 新增一个名为“销售{num_str}部”的工作表
    worksheet = workbook.sheets.add(f'销售{num_str}部')
# 保存工作簿
workbook.save('files\\销售情况.xlsx')
# 关闭工作簿
workbook.close()
# 退出 Excel 程序
app.quit()
```

执行 py 文件，打开工作簿销售情况.xlsx，可以看到如图 6-5 所示的工作表。

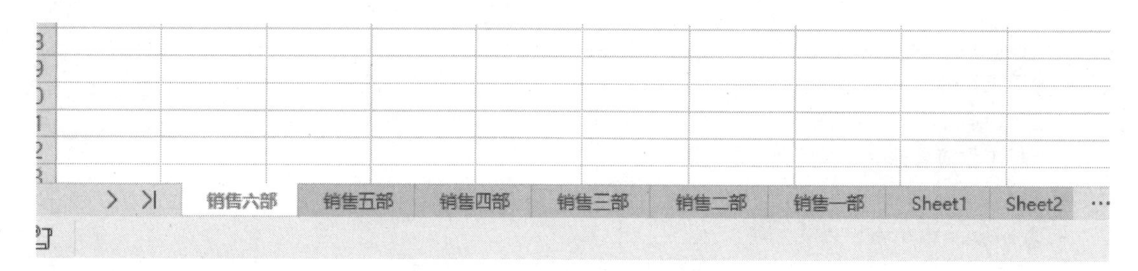

图 6-5　工作簿批量添加工作表结果

6.4　操作工作表

将工作簿再往下分是工作表。工作表的操作是不能离开工作簿的，但有一些是属于工作表的操作，比如重命名、删除等，下面进行具体的讲解。

6.4.1　重命名工作表

在工作中经常需要对工作表重命名，若是少数几个工作表的重命名，手动修改即可，若涉及大量工作表的重名时，手动修改就比较费劲了，可以通过 Python 编程实现批量修改吗？

用 Python 代码做批量工作表的重命名是非常简单且快速的，比如将 6.3.5 节中创建的工作表中的“部”批量更改为“分部”。

批量工作表重命名的示例如下（sheets_rename.py）：

```
import xlwings as xw

# 全路径
full_file_path = 'd:\\workspace\\pythonoperexcel\\chapter6\\files\\销售情况.xlsx'
# 启动 Excel 程序
app = xw.App(visible=False, add_book=False)
# 打开工作簿
wb = app.books.open(full_file_path)
# 获取工作簿中所有工作表
worksheets = wb.sheets
# 遍历获取的工作表
for i in range(len(worksheets)):
    # 重命名工作表，将工作表中的“部”重命名为“分部”
    worksheets[i].name = worksheets[i].name.replace('部', '分部')

# 另存重命名工作表后的工作簿
wb.save(full_file_path)
```

```
# 退出 Excel 程序
app.quit()
```

若只需要对其中部分工作表重命名，则只需增加一些过滤条件。示例如下（part_sheets_rename.py）：

```
import xlwings as xw

# 全路径
full_file_path = 'd:\\workspace\\pythonoperexcel\\chapter6\\files\\销售情况.xlsx'
# 启动 Excel 程序
app = xw.App(visible=False, add_book=False)
# 打开工作簿
wb = app.books.open(full_file_path)
# 获取工作簿中所有工作表
worksheets = wb.sheets
# 需要更改的工作表的关键字
rename_list = ['二', '五']
# 遍历获取的工作表
for i in range(len(worksheets)):
    # 遍历工作表关键字
    for num_str in rename_list:
        # 在工作表中是否找到指定的关键字，若找到，则进行修改
        if worksheets[i].name.find(num_str) > 0:
            # 重命名工作表，将工作表中的“部”重命名为“分部”
            worksheets[i].name = worksheets[i].name.replace('分部', '部')

# 另存重命名工作表后的工作簿
wb.save(full_file_path)
# 退出 Excel 程序
app.quit()
```

6.4.2　删除工作表

既然工作表可以支持增加，那么是否支持通过xlwings模块删除呢？
xlwings 模块是可以支持对工作簿中的工作表删除的。

工作表删除示例（remove_sheets.py）：

```
import xlwings as xw

# 全路径
full_file_path = 'd:\\workspace\\pythonoperexcel\\chapter6\\files\\销售情况.xlsx'
# 启动 Excel 程序
app = xw.App(visible=False, add_book=False)
# 打开工作簿
wb = app.books.open(full_file_path)
# 获取工作簿中所有工作表
worksheets = wb.sheets
# 需要删除的工作表关键字
key_name = '二'
# 遍历获取的工作表
for i in worksheets:
    # 若工作表名中包含删除关键字
    if i.name.find(key_name) > 0:
        # 删除工作表
        i.delete()

# 另存重命名工作表后的工作簿
wb.save()
# 退出 Excel 程序
app.quit()
```

6.5 工作簿与工作表的混合操作

在应用中，对 Excel 的重复操作更多的是体现在工作簿与工作表的混合操作中，如将工作表拆分为工作簿或将工作簿所有工作表复制到其他工作簿等。

6.5.1 将一个工作簿中的工作表复制到其他工作簿

在处理 Excel 的工作中，经常会需要将一个工作簿中的工作表复制到其他工作簿中。当工作簿中的工作表比较少并且只需要复制到少数几个工作簿中时手动操作不会有太大问题，当工作簿中工作表比较多或者需要复制到多个工作簿时则容易出错，而且有大量的重复工作，是否可以通过编写程序来完成这些事情呢？

在工作中，遇到需要大量重复操作的事情时，应该想办法“偷懒”。对于这种涉及大量复制的操作，通过编写 Python 代码来完成是非常明智的选择。在编写代码完成复制操作时，选对来源文件和目标文件，然后从来源文件中取出需要复制的工作表及数据内容，再在目标工作簿中新增得到的工作表，并把取出的数据内容插入新增的工作表中。

将一个工作簿中的工作表复制到其他多个工作簿的示例如下（books_copy_to_books_1.py）：

```
import os
import xlwings as xw

# 启动 Excel 程序
app = xw.App(visible=False, add_book=False)
# 全路径
full_path = 'd:\\workspace\\pythonoperexcel\\chapter6\\files'
# 取得全路径下的所有文件列表（目标工作簿）
file_list = os.listdir(full_path)

# 打开指定工作簿（来源工作簿）
wb = app.books.open('d:\\workspace\\pythonoperexcel\\chapter6\\files\\公
司.xlsx')
# 获得来源工作簿中的所有工作表
worksheet_list = wb.sheets
# 遍历目标工作簿
for file_name in file_list:
    # 判断 file_name 是否是工作簿，不是则跳过；是来源工作簿，也跳过
    if not file_name.endswith('.xlsx') or file_name.startswith('公司'):
        continue

    # 打开目标工作簿
    workbooks = app.books.open(os.path.join(full_path, file_name))
    # 遍历来源工作簿中的工作表
    for worksheet in worksheet_list:
        # 取得来源工作簿中要复制的工作表数据
        contents = worksheet.range('A1').expand('table').value
        # 获取来源工作簿中的工作表名称
        sheet_name = worksheet.name
        # 在目标工作簿中新增工作表
        workbooks.sheets.add(name=sheet_name, after=len(workbooks.sheets))
        # 将来源工作表中读取的数据写入新增工作表
        workbooks.sheets[sheet_name].range('A1').value = contents
    # 保存目标工作簿
    workbooks.save()
# 退出 Excel 程序
app.quit()
```

将一个工作簿中的工作表复制到其他多个工作簿的示例如下（books_copy_to_books_2.py）：

```
import os
import xlwings as xw

# 启动 Excel 程序
app = xw.App(visible=False, add_book=False)
# 全路径
full_path = 'd:\\workspace\\pythonoperexcel\\chapter6\\files'
# 取得全路径下的所有文件列表（目标工作簿）
file_list = os.listdir(full_path)

# 打开指定工作簿（来源工作簿）
source_wb = app.books.open('d:\\workspace\\pythonoperexcel\\chapter6\\files\\
公司.xlsx')
# 获得来源工作簿中的所有工作表
s_worksheet_list = source_wb.sheets
# 遍历目标工作簿
for file_name in file_list:
    # 判断 file_name 是否是工作簿，不是则跳过；是来源工作簿，也跳过
    if not file_name.endswith('.xlsx') or file_name.startswith('公司'):
        continue

    # 打开目标工作簿
    target_wb = app.books.open(os.path.join(full_path, file_name))
    # 取得目标工作簿的所有工作表
```

```
        target_wt_list = target_wb.sheets
        # 遍历来源工作簿中的工作表
        for s_worksheet in s_worksheet_list:
            # 取得来源工作簿中要复制的工作表数据
            s_contents = s_worksheet.range('A1').expand('table').value
            # 获取来源工作簿中的工作表名称
            s_sheet_name = s_worksheet.name
            # 是否存在同名工作簿
            is_exists_sheet_name = False
            # 遍历目标工作表
            for t_worksheet in target_wt_list:
                # 取得工作表名称
                t_sheet_name = t_worksheet.name
                # 判断来源工作表名和目标工作表名是否相同，若相同，则终止循环
                if s_sheet_name == t_sheet_name:
                    # is_exists_sheet_name 变量赋值 True
                    is_exists_sheet_name = True
                    break

            # 如果来源工作表名称不在目标工作表列表中，则在目标工作簿中新增加工作表
            if not is_exists_sheet_name:
                # 在目标工作簿中新增工作表
                target_wb.sheets.add(name=s_sheet_name,
after=len(target_wb.sheets))
            # 将来源工作表中读取的数据写入新增工作表
            target_wb.sheets[s_sheet_name].range('A1').value = s_contents
        # 保存目标工作簿
        target_wb.save()
    # 退出 Excel 程序
    app.quit()
```

再执行这段程序代码，就不会出现工作表名相同的问题了。

在示例中用到了 xlwings 模块中的 expand()函数，语法格式如下：

```
expand(mode)
```

其中，mode 的可选值有 table、down、right：table 为默认值，表示向整个工作表扩展；down 表示向工作表的下方扩展；right 表示向工作表的右方扩展。

6.5.2　将工作表拆分为工作簿

在工作中，有时需要将一个工作簿中的一个工作表根据指定条件拆分为多个工作簿。例如，对于类似图 6-6 所示的工作表，需要根据商品名称做拆分，将商品名称为“笔记本”的商品信息都拆分到一个名为“笔记本.xlsx”的工作簿中，并将工作簿中的工作表命名为“笔记本”。对于这种操

作，小数据量可以直接在 Excel 中通过筛选功能完成，但是大数据量就不怎么方便了，是否可以通过编程的方式实现自动化的拆分操作呢？

序号	商品sku	商品名称	库存量	销售单价	商品产地	商品编号	生产日期
343	SKU009955	铅笔	100	10.00	中国	6978501944	2021/1/11
685	SKU009956	笔记本	215	13.00	英国	6978503592	2021/1/1
689	SKU009957	装饰品	300	12.00	美国	6978504148	2020/6/1
757	SKU009958	文件夹	500	9.90	中国	6978582823	2021/1/14
758	SKU009959	铅笔	600	6.60	中国	6978582821	2020/3/15
759	SKU009960	文件夹	255	15.00	德国	6978582824	2021/1/16
760	SKU009961	装饰品	395	16.00	意大利	6978582835	2020/10/17
761	SKU009962	笔记本	410	10.30	法国	6978582836	2020/5/18
762	SKU009963	文件夹	600	18.00	西班牙	6978582838	2021/1/19
763	SKU009964	笔记本	700	6.80	葡萄牙	6978506612	2020/10/20
764	SKU009965	装饰品	800	8.80	俄罗斯	6978582822	2020/2/21
765	SKU009966	文件夹	900	21.00	加拿大	6978582820	2021/1/22
766	SKU009967	铅笔	500	7.90	巴西	6978582837	2020/11/2
769	SKU009968	装饰品	300	9.90	韩国	6978507185	2021/1/24
770	SKU009969	文件夹	1000	15.15	朝鲜	6978510719	2020/11/25
771	SKU009970	笔记本	150	25.00	埃及	6978507186	2021/1/26
772	SKU009971	装饰品	300	7.60	泰国	6978507184	2020/1/5
773	SKU009972	文件夹	405	27.00	菲律宾	6978510720	2021/1/2
774	SKU009973	铅笔	505	6.50	阿根廷	6978507183	2021/1/29
775	SKU009974	笔记本	710	8.20	荷兰	6978507706	2020/6/3
776	SKU009975	文件夹	630	5.80	印度	6978507702	2021/1/31
777	SKU009976	装饰品	200	22.55	日本	6978507705	2020/12/1

基本信息 Sheet2 Sheet3

图 6-6　商品信息表

对于这种会涉及大量重复的操作，通过编程的方式来完成是非常明智的。若想将图 6-6 中的表格信息拆分为类似图 6-7 和图 6-8 所示的工作簿的信息，则可实现这种操作的时候，先区分来源表（需要拆分的表）和目标表（待生成的新工作簿）再将来源表中的数据根据指定条件（如这里的商品名称）分好类别，用分类条件创建对应的工作簿和工作表，接着将对应数据插入新的工作表，将新工作簿保存后即可得到想要的工作簿。

序号	商品sku	商品名称	库存量	销售单价	商品产地	商品编号	生产日期
757	SKU009958	文件夹	500	9.9	中国	6.98E+09	2021/1/14
759	SKU009960	文件夹	255	15	德国	6.98E+09	2021/1/16
762	SKU009963	文件夹	600	18	西班牙	6.98E+09	2021/1/19
765	SKU009966	文件夹	900	21	加拿大	6.98E+09	2021/1/22
770	SKU009969	文件夹	1000	15.15	朝鲜	6.98E+09	2020/11/25
773	SKU009972	文件夹	405	27	菲律宾	6.98E+09	2021/1/2
776	SKU009975	文件夹	630	5.8	印度	6.98E+09	2021/1/31

图 6-7　创建名为“文件夹.xlsx”的工作簿和名为“文件夹”的工作表

序号	商品sku	商品名称	库存量	销售单价	商品产地	商品编号	生产日期
685	SKU009956	笔记本	215	13	英国	6.98E+09	2021/1/1
761	SKU009962	笔记本	410	10.3	法国	6.98E+09	2020/5/18
763	SKU009964	笔记本	700	6.8	葡萄牙	6.98E+09	2020/10/20
771	SKU009970	笔记本	150	25	埃及	6.98E+09	2021/1/26
775	SKU009974	笔记本	710	8.2	荷兰	6.98E+09	2020/6/3

图 6-8　创建名为“笔记本.xlsx”的工作簿和名为“笔记本”的工作表

将一个工作表拆分为多个工作簿的示例如下（sheet_split_to_many_books.py）：

```
import xlwings as xw
import os

# 全路径
full_path = 'd:\\workspace\\pythonoperexcel\\chapter6\\files'
s_books = os.path.join(full_path, '商品信息.xlsx')
# 要拆分的工作表名称
s_sheet_name = '基本信息'

# 启动 Excel 程序
app = xw.App(visible=True, add_book=False)
# 打开来源工作簿
s_workbook = app.books.open(s_books)
# 选中需要拆分的工作表
s_worksheet = s_workbook.sheets[s_sheet_name]
# 读取要拆分的工作表中的所有数据
s_data_v = s_worksheet.range('A2').expand('table').value
# 创建一个空字典
data_dict = dict()
# 按行遍历工作表数据
for i in range(len(s_data_v)):
    # 获取当前行的商品名称，用于数据分类
    product_name = s_data_v[i][2]
    # 判断字典中是否有对应的商品名称
    if product_name not in data_dict:
        # 如果指定商品名称不存在，则创建一个空列表，用于存放当前商品名称对应的行数据
        data_dict[product_name] = list()
    # 将当前行的数据追加到当前商品名称对应的列表中
    data_dict[product_name].append(s_data_v[i])

# 按商品名称遍历分类后的数据
for key_v, value_v in data_dict.items():
    # 新建工作簿
    new_workbook = xw.books.add()
    # 在工作簿中新建工作表，工作表名称为当前商品名称
    new_worksheet = new_workbook.sheets.add(key_v)
    # 将要拆分的工作表的列标题复制到新建的工作表中
    new_worksheet['A1'].value = s_worksheet['A1:H1'].value
    # 将当前商品名称下的数据复制到新建工作表中
    new_worksheet['A2'].value = value_v
    # 以当前商品名称命名新建的工作簿
```

```
        new_books_full_path_name = os.path.join(full_path, f'{key_v}.xlsx')
        # 保存新工作簿
        new_workbook.save(new_books_full_path_name)
# 退出 Excel 程序
app.quit()
```

执行 py 文件，以“商品信息.xlsx”工作簿作为操作示例，可以得到类似图 6-9 所示的新建工作簿。

文件夹.xlsx
笔记本.xlsx
装饰品.xlsx
铅笔.xlsx

图 6-9　拆分后的新工作簿

对于上述示例，若更改为在当前工作簿中将指定工作表拆分为多个工作表，并将拆分的多个工作表增加到当前工作簿，是否可以实现？

这种需求就是将一个工作簿中的一个工作表根据指定条件拆分为多个工作表，只需要在上面操作的基础上稍加修改即可实现。

将一个工作表拆分为多个工作表的示例（sheet_split_to_many_sheets.py）：

```
import xlwings as xw

# 全路径
full_path_file = 'd:\\workspace\\pythonoperexcel\\chapter6\\files\\商品信息.xlsx'
# 要拆分的工作表名称
sheet_name = '基本信息'

# 启动 Excel 程序
app = xw.App(visible=True, add_book=False)
# 打开工作簿
workbook = app.books.open(full_path_file)
# 选中需要拆分的工作表
worksheet = workbook.sheets[sheet_name]
# 读取要拆分的工作表中的所有数据
data_v = worksheet.range('A2').expand('table').value
# 创建一个空字典
data_dict = dict()
# 按行遍历工作表数据
```

```
for i in range(len(data_v)):
    # 获取当前行的商品名称，用于数据分类
    product_name = data_v[i][2]
    # 判断字典中是否有对应的商品名称
    if product_name not in data_dict:
        # 如果指定商品名称不存在，则创建一个空列表，用于存放当前商品名称对应的行数据
        data_dict[product_name] = list()
    # 将当前行的数据追加到当前商品名称对应的列表中
    data_dict[product_name].append(data_v[i])

# 按商品名称遍历分类后的数据
for key_v, value_v in data_dict.items():
    # 在工作簿中新建工作表，工作表名称为当前商品名称
    new_worksheet = workbook.sheets.add(key_v)
    # 将要拆分的工作表的列标题复制到新建的工作表中
    new_worksheet['A1'].value = worksheet['A1:H1'].value
    # 将当前商品名称下的数据复制到新建工作表中
    new_worksheet['A2'].value = value_v

# 保存工作簿
workbook.save()
# 关闭工作簿
workbook.close()
# 退出 Excel 程序
app.quit()
```

执行 py 文件，以“商品信息.xlsx”工作簿作为操作示例，可以得到类似图 6-10 所示的操作结果。

A	B	C	D	E	F	G	H	I
序号	商品sku	商品名称	库存量	销售单价	商品产地	商品编号	生产日期	
757	SKU00995E	文件夹	500	9.9	中国	6.98E+09	2021/1/14	
759	SKU00996C	文件夹	255	15	德国	6.98E+09	2021/1/16	
762	SKU00996:	文件夹	600	18	西班牙	6.98E+09	2021/1/19	
765	SKU00996E	文件夹	900	21	加拿大	6.98E+09	2021/1/22	
770	SKU00996S	文件夹	1000	15.15	朝鲜	6.98E+09	2020/11/25	
773	SKU009972	文件夹	405	27	菲律宾	6.98E+09	2021/1/2	
776	SKU00997E	文件夹	630	5.8	印度	6.98E+09	2021/1/31	

图 6-10　将一个工作表拆分为多个工作表

6.5.3　工作表合并

在工作中，有时会因为一些原因在多个工作簿中建立一个名字相同的工作表，虽然标题相同，但是存放的表格数据是不一样的，即将一个完整的表格数据分散存放到了多个工作簿中。需要将这些分散的表格数据合并到一个新的工作簿时，如果工作簿不多，那么手动处理也不怎么麻烦，一旦工作簿的数量达到几十上百，光打开关闭这么多工作簿都是烦人的，数据合并就更头疼了，并且出错的概率很大，是否可以通过编程来实现呢？

遇见类似问题首选使用程序来实现就没错了。使用程序处理这种问题是非常便捷的，把需要合并的工作簿及工作表找到后，提取需要的数据内容并保存到一个新的工作簿中即可。

示例如下（merge_sheet_from_books.py）：

```
import os
import xlwings as xw

# 全路径
full_path = 'd:\\workspace\\pythonoperexcel\\chapter6\\files'
# 取得指定路径下的全部文件
file_list = os.listdir(full_path)
# 指定工作表名
sheet_name = '基本信息'
# 启动 Excel 程序
app = xw.App(visible=False, add_book=False)
# 定义一个空对象，用于存放工作表中的列标题
header = None
# 定义一个空列表对象
all_data = list()
# 遍历文件列表
for i in file_list:
    # 以指定条件进行过滤
    if not i.startswith('2021'):
        continue

    # 构建文件全路径
    file_path = os.path.join(full_path, i)
    # 打开要合并的工作簿
    workbook = app.books.open(file_path)
    # 遍历要合并的工作簿中的工作表
    for j in workbook.sheets:
        # 工作表的名称是否和指定的工作表名称相同，若不同，则继续遍历
        if j.name != sheet_name:
            continue

        # 若 header 对象为空
        if header is None:
            # header 对象赋值读取的列标题
            header = j['A1:H1'].value

        # 读取要合并的工作表中的数据
        values = j['A2'].expand('table').value
        # 将多个工作簿中同名工作表的数据合并
        all_data += values

# 新建工作簿
new_workbook = xw.Book()
# 在新建工作簿中添加名为指定的 sheet_name 的工作表
new_worksheet = new_workbook.sheets.add(sheet_name)
# 将工作表的列标题复制到新增工作表中
```

```
new_worksheet['A1'].value = header
# 将合并的工作表数据复制到新增工作表中
new_worksheet['A2'].value = all_data
# 自动调整新增工作表的行高和列宽
new_worksheet.autofit()
# 构建新工作簿的全路径
new_file_full_path = os.path.join(full_path, '信息合计表.xlsx')
# 根据指定路径及名称新建工作簿并保存
new_workbook.save(new_file_full_path)
# 关闭新工作簿
new_workbook.close()
# 退出 Excel 程序
app.quit()
```

执行 py 文件，在指定目录下生成一个名为“信息合计表.xlsx”的工作簿。

对于类似图 6-11 和图 6-12 的工作表内容，合并后希望得到类似图 6-13 所示的结果。

	A	B	C	D	E	F	G	H	I
1	序号	商品sku	商品名称	库存量	销售单价	商品产地	商品编号	生产日期	
2	343	SKU009955	铅笔	100	10.00	中国	6.98E+09	2021/1/11	
3	685	SKU009956	笔记本	215	13.00	英国	6.98E+09	2021/1/1	
4	689	SKU009957	装饰品	300	12.00	美国	6.98E+09	2020/6/1	
5	757	SKU009958	文件夹	500	9.90	中国	6.98E+09	2021/1/14	
6									
7									

图 6-11　工作簿中工作表部分数据

A	B	C	D	E	F	G	H	I
序号	商品sku	商品名称	库存量	销售单价	商品产地	商品编号	生产日期	
758	SKU009959	铅笔	600	6.60	中国	6.98E+09	2020/3/15	
759	SKU009960	文件夹	255	15.00	德国	6.98E+09	2021/1/16	
760	SKU009961	装饰品	395	16.00	意大利	6.98E+09	2020/10/17	
761	SKU009962	笔记本	410	10.30	法国	6.98E+09	2020/5/18	
762	SKU009963	文件夹	600	18.00	西班牙	6.98E+09	2021/1/19	
763	SKU009964	笔记本	700	6.80	葡萄牙	6.98E+09	2020/10/20	

图 6-12　工作簿中工作表部分数据

	A	B	C	D	E	F	G	H	I
1	序号	商品sku	商品名称	库存量	销售单价	商品产地	商品编号	生产日期	
2	343	SKU009955	铅笔	100	10	中国	6978501944	2021/1/11	
3	685	SKU009956	笔记本	215	13	英国	6978503592	2021/1/1	
4	689	SKU009957	装饰品	300	12	美国	6978504148	2020/6/1	
5	757	SKU009958	文件夹	500	9.9	中国	6978582823	2021/1/14	
6	758	SKU009959	铅笔	600	6.6	中国	6978582821	2020/3/15	
7	759	SKU009960	文件夹	255	15	德国	6978582824	2021/1/16	
8	760	SKU009961	装饰品	395	16	意大利	6978582835	2020/10/17	
9	761	SKU009962	笔记本	410	10.3	法国	6978582836	2020/5/18	
10	762	SKU009963	文件夹	600	18	西班牙	6978582838	2021/1/19	
11	763	SKU009964	笔记本	700	6.8	葡萄牙	6978506612	2020/10/20	
12	764	SKU009965	装饰品	800	8.8	俄罗斯	6978582822	2020/2/21	
13	765	SKU009966	文件夹	900	21	加拿大	6978582820	2021/1/22	
14	766	SKU009967	铅笔	500	7.9	巴西	6978582837	2020/11/2	
15	769	SKU009968	装饰品	300	9.9	韩国	6978507185	2021/1/24	
16	770	SKU009969	文件夹	1000	15.15	朝鲜	6978510719	2020/11/25	
17									

图 6-13　新建工作簿中的工作表内容

示例中使用到了 xlwings 模块中的 autofit()函数，语法格式如下：

```
autofit(axis=None)
```

autofit()函数的作用是自动适应调整整个工作表的列宽和行高。若省略其中的参数，则表示同时自动适应调整列宽和行高；若设置为“rows”或“r”，则表示自动适应调整行高；若设置为“columns”或“c”，则表示自动适应调整列宽。

在工作中经常需要将一个工作簿中的多个工作表合并到该工作簿中的一个新工作表中，是否也可以通过编程方式实现呢？
这种操作有点类似于将一个工作表拆分为多个工作表的逆操作。操作方式大致是：找到需要合并的多个工作表，然后取得列标题和表格数据，在工作簿中新增指定的工作表后将取得的列标题和表格数据复制到新工作表中。

将工作簿中的多个工作表合并到一个工作表（sheets_to_one_sheet.py）：

```
import os
import xlwings as xw

# 全路径
full_path = 'd:\\workspace\\pythonoperexcel\\chapter6\\files\\商品信息.xlsx'
# 指定需要合并的工作表名称
sheet_name_list = ['文件夹', '笔记本', '装饰品', '铅笔']
new_sheet_name = '信息合计'
# 启动 Excel 程序
app = xw.App(visible=False, add_book=False)
# 打开要合并的工作簿
workbook = app.books.open(full_path)
# 遍历工作表
for i in workbook.sheets:
    # 判断工作簿中是否已经存在名为 new_sheet_name 的工作表
    if new_sheet_name == i.name:
        i.delete()

# 在工作簿中新增一个名为 new_sheet_name 的工作表
new_worksheet = workbook.sheets.add(new_sheet_name)
# 定义一个空对象，用于存放工作表中的列标题
header = None
# 定义一个空列表对象
all_data = list()
# 遍历工作簿中的工作表
for j in workbook.sheets:
    # 如果当前工作表表名不是在需要合并的工作表列表中，则继续查找
    if j.name not in sheet_name_list:
        continue

    # 若 header 对象为空
    if header is None:
        # header 对象赋值读取的列标题
```

```
            header = j['A1:H1'].value

        # 读取要合并的工作表中的数据
        values = j['A2'].expand('table').value
        # 将多个工作表的数据合并
        all_data += values

    # 将工作表的列标题复制到新增工作表中
    new_worksheet['A1'].value = header
    # 将合并的工作表数据复制到新增工作表中
    new_worksheet['A2'].value = all_data
    # 自动调整新增工作表的行高和列宽
    new_worksheet.autofit()
    # 保存工作簿
    workbook.save()
    # 关闭工作簿
    workbook.close()
    # 退出 Excel 程序
    app.quit()
```

执行 py 文件，以“商品信息.xlsx”工作簿作为操作示例，可以得到类似图 6-14 所示的结果。

序号	商品sku	商品名称	库存量	销售单价	商品产地	商品编号	生产日期
757	SKU009958	文件夹	500	9.9	中国	6978582823	2021/1/14
759	SKU009960	文件夹	255	15	德国	6978582824	2021/1/16
762	SKU009963	文件夹	600	18	西班牙	6978582838	2021/1/19
765	SKU009966	文件夹	900	21	加拿大	6978582820	2021/1/22
770	SKU009969	文件夹	1000	15.15	朝鲜	6978510719	2020/11/25
773	SKU009972	文件夹	405	27	菲律宾	6978510720	2021/1/2
776	SKU009975	文件夹	630	5.8	印度	6978507702	2021/1/31
689	SKU009957	装饰品	300	12	美国	6978504148	2020/6/1
760	SKU009961	装饰品	395	16	意大利	6978582835	2020/10/17
764	SKU009965	装饰品	800	8.8	俄罗斯	6978582822	2020/2/21
769	SKU009968	装饰品	300	9.9	韩国	6978507185	2021/1/24
772	SKU009971	装饰品	300	7.6	泰国	6978507184	2020/1/5
777	SKU009976	装饰品	200	22.55	日本	6978507705	2020/12/1
685	SKU009956	笔记本	215	13	英国	6978503592	2021/1/1
761	SKU009962	笔记本	410	10.3	法国	6978582836	2020/5/18
763	SKU009964	笔记本	700	6.8	葡萄牙	6978506612	2020/10/20
771	SKU009970	笔记本	150	25	埃及	6978507186	2021/1/26
775	SKU009974	笔记本	710	8.2	荷兰	6978507706	2020/6/3
343	SKU009955	铅笔	100	10	中国	6978501944	2021/1/11
758	SKU009959	铅笔	600	6.6	中国	6978582821	2020/3/15
766	SKU009967	铅笔	500	7.9	巴西	6978582837	2020/11/2
774	SKU009973	铅笔	505	6.5	阿根廷	6978507183	2021/1/29

信息合计　文件夹　装饰品　笔记本　铅笔　基本信息　Sheet2　Sheet

图 6-14　多个工作表合并为一个工作表

这里将“文件夹”“装饰品”“笔记本”“铅笔”4 个工作表的数据都合并到了新命名的“信息合计”工作表中。

6.6　本章小结

本章主要讲解的是如何通过 Python 代码处理 Excel 中的工作簿和工作表。

在 Python 库中有大量可以处理 Excel 的第三方模块，这里以 xlwings 模块为例讲解 Excel 中工作簿和工作表的不同操作与处理。

第 7 章

Excel 中行、列和单元格的处理

上一章讲解了如何通过 Python 操作 Excel，涉及的 Excel 粒度相对比较大，如操作的都是工作簿或工作表，少部分涉及操作 Excel 文件中行和列的内容。本章将讲解 Excel 中更细粒度的处理——Excel 中行、列和单元格的相关处理。

7.1 工作簿格式调整

在实际应用中，除了工作簿和工作表的处理，还经常需要操作工作表中的单元格，如对某些列加宽、对某些行加高、将某些行字体变粗、为某些列指定格式等。

7.1.1 调整行高和列宽

在工作中，经常需要将一个工作簿中的所有工作表都调整为统一的行高和列宽，当工作簿中的工作表数量比较少时手动调整比较方便，当工作表数量较多时手动调整就比较费力了，是否可以通过编写程序来实现批量调整？

大量重复的工作都可以考虑，以程序自动化方式来实现。对于这种批量调整行高和列宽的问题，编写 Python 代码来实现是非常简单的。

对一个工作簿中多个工作表的行高和列宽进行调整，示例如下（book_sheets_adjust.py）：

```
import xlwings as xw

# 全路径
```

```
full_file = 'd:\\workspace\\pythonoperexcel\\chapter7\\files\\商品信息.xlsx'
# 启动 Excel 程序
app = xw.App(visible=False, add_book=False)
# 打开指定工作簿
workbook = app.books.open(full_file)
# 遍历工作簿中所有工作表
for i in workbook.sheets:
    # 在工作表中选择要调整的单元格区域
    value = i.range('A1').expand('table')
    # 对选中单元格的列宽进行调整
    value.column_width = 15
    # 对选中单元格的行高进行调整
    value.row_height = 25
# 保存当前工作簿
workbook.save()
# 关闭当前工作簿
workbook.close()
# 退出 Excel 程序
app.quit()
```

执行 py 文件，以 files 文件夹下的“商品信息.xlsx”工作簿作为操作示例，可以得到类似图 7-1 所示的结果。

	A	B	C	D	E	F	G	H
1	序号	商品sku	商品名称	库存量	销售单价	商品产地	商品编号	生产日期
2	343	SKU009955	铅笔	100	10.00	中国	6978501944	2021/1/11
3	685	SKU009956	笔记本	215	13.00	英国	6978503592	2021/1/1
4	689	SKU009957	装饰品	300	12.00	美国	6978504148	2020/6/1
5	757	SKU009958	文件夹	500	9.90	中国	6978582823	2021/1/14
6	758	SKU009959	铅笔	600	6.60	中国	6978582821	2020/3/15
7	759	SKU009960	文件夹	255	15.00	德国	6978582824	2021/1/16
8	760	SKU009961	装饰品	395	16.00	意大利	6978582835	2020/10/17
9	761	SKU009962	笔记本	410	10.30	法国	6978582836	2020/5/18
10	762	SKU009963	文件夹	600	18.00	西班牙	6978582838	2021/1/19
11	763	SKU009964	笔记本	700	6.80	葡萄牙	6978506612	2020/10/20

图 7-1 调整工作簿中的工作表

对多个工作簿进行工作表中的行高和列宽调整是不是也可以采用类似的操作?

对多个工作簿的操作和上面的示例类似，只需要将需要调整的工作簿找到，再遍历循环打开，逐一进行类似的操作即可。

多个工作簿中工作表的行高和列宽变更（books_sheets_row_column_adjust.py）：

```
import os
```

```
import xlwings as xw

# 全路径
full_path = 'd:\\workspace\\pythonoperexcel\\chapter7\\files'
# 取得指定路径下的所有文件
file_list = os.listdir(full_path)
# 启动 Excel 程序
app = xw.App(visible=False, add_book=False)
# 遍历所有文件
for i in file_list:
    # 若是非 xlsx 文件或是以~$（已打开）开头的文件，则继续循环
    if not i.endswith('.xlsx') or i.startswith('~$'):
        continue

    # 文件全路径及名称
    file_full_path_name = os.path.join(full_path, i)
    # 打开工作簿
    workbook = app.books.open(file_full_path_name)
    # 遍历当前工作簿中的工作表
    for j in workbook.sheets:
        # 在工作表中选择要调整的单元格区域
        value = j.range('A1').expand('table')
        # 对选中单元格的列宽进行调整
        value.column_width = 15
        # 对选中单元格的行高进行调整
        value.row_height = 25
    # 保存当前工作簿
    workbook.save()
    # 关闭当前工作簿
    workbook.close()
# 退出 Excel 程序
app.quit()
```

7.1.2 更改数据格式

工作中时常会需要对工作表中某些列的格式进行更改，比如将某列的日期格式由年/月/日的形式变更为年-月-日的形式，或是将价格形式变更为带货币单位的形式。在工作表比较少时直接在 Excel 中设置单元格的格式即可操作完成，当有大量的工作簿或工作表时会比较麻烦，通过编程应该会有更好的解决方式吧？

不错，首先可以通过 xlwings 的 Python API 中的 current_region.last_cell.row 方式取得最后一行的行号，之后可以对指定列做格式设置。比如可以使用 xlwings 模块中的 number_format 属性对单元格区域中的数据格式进行设置。

工作簿数据格式变更（books_data_style_change.py）：

```
import os
import xlwings as xw

# 全路径
full_path = 'd:\\workspace\\pythonoperexcel\\chapter7\\files'
# 取得指定路径下的所有文件
file_list = os.listdir(full_path)
# 启动 Excel 程序
app = xw.App(visible=False, add_book=False)
# 遍历所有文件
for i in file_list:
    # 若是非 xlsx 文件或是以~$（已打开）开头的文件，则继续循环
    if not i.endswith('.xlsx') or i.startswith('~$'):
        continue

    # 文件全路径及名称
    file_full_path_name = os.path.join(full_path, i)
    # 打开工作簿
    workbook = app.books.open(file_full_path_name)
    # 遍历当前工作簿中的工作表
    for j in workbook.sheets:
        # 获取工作表中数据区域最后一行的行号
        row_num = j['A1'].current_region.last_cell.row
        # 将 E 列“销售单价”的格式更改为带货币符号的两位小数格式
        j[f'E2:E{row_num}'].number_format = '¥#,##0.00'
        # 将 H 列“生产日期”的格式更改为“年-月-日”的格式
        j[f'H2:H{row_num}'].number_format = 'yyyy-mm-dd'
    # 保存当前工作簿
    workbook.save()
    # 关闭当前工作簿
    workbook.close()
# 退出 Excel 程序
app.quit()
```

执行 py 文件，以 files 文件夹下的“商品信息.xlsx”工作簿作为操作示例，可以得到类似图 7-2 所示的结果。

	A	B	C	D	E	F	G	H
1	序号	商品sku	商品名称	库存量	销售单价	商品产地	商品编号	生产日期
2	343	SKU009955	铅笔	100	¥10.00	中国	6978501944	2021-01-11
3	685	SKU009956	笔记本	215	¥13.00	英国	6978503592	2021-01-01
4	689	SKU009957	装饰品	300	¥12.00	美国	6978504148	2020-06-01
5	757	SKU009958	文件夹	500	¥9.90	中国	6978582823	2021-01-14
6	758	SKU009959	铅笔	600	¥6.60	中国	6978582821	2020-03-15
7	759	SKU009960	文件夹	255	¥15.00	德国	6978582824	2021-01-16
8	760	SKU009961	装饰品	395	¥16.00	意大利	6978582835	2020-10-17
9	761	SKU009962	笔记本	410	¥10.30	法国	6978582836	2020-05-18
10	762	SKU009963	文件夹	600	¥18.00	西班牙	6978582838	2021-01-19
11	763	SKU009964	笔记本	700	¥6.80	葡萄牙	6978506612	2020-10-20
12	764	SKU009965	装饰品	800	¥8.80	俄罗斯	6978582822	2020-02-21
13	765	SKU009966	文件夹	900	¥21.00	加拿大	6978582820	2021-01-22
14	766	SKU009967	铅笔	500	¥7.90	巴西	6978582837	2020-11-02

图 7-2　工作簿数据格式变更

对比图 7-2 和图 7-1，发现两张图中的销售单价和生产日期格式是不同的。

上文有提到 xlwings 的 Python API 的概念，这是使用 Python 操作 xlwings 模块的使用文档，文档中对很多 xlwings 模块中的函数有做详细具体的讲解，包括使用方式等，有兴趣的读者可以通过 xlwings 的官网了解更多使用 Python 操作 xlwings 模块的细节。

7.1.3　更改外观格式

在工作中，为了美化一些工作表，需要对工作表中的数据做指定的格式调整，比如可能需要对标题行设置指定的字体、背景色、加边框等，而对非标题行的数据统一设置成另外一种字体，以达到可以和标题明显区分开的效果，是否可以通过编程方式做批量设置呢？

类似这种工作，通过编程的方式来处理再合适不过了。在操作过程中需要使用一些 xlwings 模块的属性、工作簿的属性和单元格的属性。

多个工作簿中工作表的外观格式修改（appearance_style_modify.py）：

```
import os
import xlwings as xw

# 全路径
full_path = 'd:\\workspace\\pythonoperexcel\\chapter7\\files'
# 取得指定路径下的所有文件
file_list = os.listdir(full_path)
# 启动 Excel 程序
app = xw.App(visible=False, add_book=False)
# 遍历所有文件
for i in file_list:
    # 若是非 xlsx 文件或是以~$（已打开）开头的文件，则继续循环
    if not i.endswith('.xlsx') or i.startswith('~$'):
        continue

    # 文件全路径及名称
    file_full_path_name = os.path.join(full_path, i)
```

```
    # 打开工作簿
    workbook = app.books.open(file_full_path_name)
    # 遍历当前工作簿中的工作表
    for j in workbook.sheets:
        # 设置工作表标题行的字体为“楷体”
        j['A1:H1'].api.Font.Name = '楷体'
        # 设置工作表标题的字号为 12 磅
        j['A1:H1'].api.Font.Size = 12
        # 加粗工作表标题行
        j['A1:H1'].api.Font.Bold = True
        # 设置工作表标题行的字体颜色为白色
        j['A1:H1'].api.Font.Color = xw.utils.rgb_to_int((255, 255, 255))
        # 设置工作表标题行的单元格填充颜色为黑色
        j['A1:H1'].color = xw.utils.rgb_to_int((0, 0, 0))
        # 设置工作表标题行的水平对齐方式为“居中”
        j['A1:H1'].api.HorizontalAlignment =
xw.constants.HAlign.xlHAlignCenter
        # 设置工作表标题行的垂直对齐方式为“居中”
        j['A1:H1'].api.VerticalAlignment = xw.constants.VAlign.xlVAlignCenter
        # 设置工作表正文的字体为“宋体”
        j['A2'].expand('table').api.Font.Name = '宋体'
        # 设置工作表正文的字号为 10 磅
        j['A2'].expand('table').api.Font.Size = 10
        # 设置工作表正文的水平对齐方式为“靠左”
        j['A2'].expand('table').api.HorizontalAlignment =
xw.constants.HAlign.xlHAlignLeft
        # 设置工作表正文的垂直对齐方式为“居中”
        j['A2'].expand('table').api.VerticalAlignment =
xw.constants.VAlign.xlVAlignCenter
        # 从单元格 A1 开始为工作表添加边框
        for cell in j['A1'].expand('table'):
            for b in range(7, 12):
                # 设置单元格的边框线型
                cell.api.Borders(b).LineStyle = 1
                # 设置单元格的边框粗细
                cell.api.Borders(b).Weight = 2
    # 保存当前工作簿
    workbook.save()
    # 关闭当前工作簿
    workbook.close()
# 退出 Excel 程序
app.quit()
```

执行 py 文件，以 files 文件夹下的“商品信息.xlsx”工作簿作为操作示例，可以得到类似图 7-3 所示的结果。

序号	商品sku	商品名称	库存量	销售单价	商品产地	商品编号	生产日期
343	SKU009955	铅笔	100	¥10.00	中国	6978501944	2021-01-11
685	SKU009956	笔记本	215	¥13.00	英国	6978503592	2021-01-01
689	SKU009957	装饰品	300	¥12.00	美国	6978504148	2020-06-01
757	SKU009958	文件夹	500	¥9.90	中国	6978582823	2021-01-14
758	SKU009959	铅笔	600	¥6.60	中国	6978582821	2020-03-15
759	SKU009960	文件夹	255	¥15.00	德国	6978582824	2021-01-16
760	SKU009961	装饰品	395	¥16.00	意大利	6978582835	2020-10-17
761	SKU009962	笔记本	410	¥10.30	法国	6978582836	2020-05-18
762	SKU009963	文件夹	600	¥18.00	西班牙	6978582838	2021-01-19
763	SKU009964	笔记本	700	¥6.80	葡萄牙	6978506612	2020-10-20
764	SKU009965	装饰品	800	¥8.80	俄罗斯	6978582822	2020-02-21
765	SKU009966	文件夹	900	¥21.00	加拿大	6978582820	2021-01-22
766	SKU009967	铅笔	500	¥7.90	巴西	6978582837	2020-11-02
769	SKU009968	装饰品	300	¥9.90	韩国	6978507185	2021-01-24
770	SKU009969	文件夹	1000	¥15.15	朝鲜	6978510719	2020-11-25
771	SKU009970	笔记本	150	¥25.00	埃及	6978507186	2021-01-26
772	SKU009971	装饰品	300	¥7.60	泰国	6978507184	2020-01-05
773	SKU009972	文件夹	405	¥27.00	菲律宾	6978510720	2021-01-02
774	SKU009973	铅笔	505	¥6.50	阿根廷	6978507183	2021-01-29
775	SKU009974	笔记本	710	¥8.20	荷兰	6978507706	2020-06-03
776	SKU009975	文件夹	630	¥5.80	印度	6978507702	2021-01-31
777	SKU009976	装饰品	200	¥22.55	日本	6978507705	2020-12-01

图 7-3　工作表外观格式更改

7.2　工作簿数据修改和提取

在工作中，有时需要对某个工作表中某列的部分数据进行修改，对于少量工作簿及少量工作表，手动修改数据问题不大，直接使用 Excel 筛选方式找到需要修改的数据即可，但是工作簿比较多、工作表比较多或者数据量比较大时手动操作就比较费力，不但容易遗漏，而且容易出错，这类问题应该也可以通过编程很好地解决吧？

对于在 Excel 中修改指定数据的这种细粒度问题，使用 Python 编程操作的优势也是非常明显的，通过编程处理，基本不会有数据遗漏的问题出现，只要路径指引正确，指定的数据都是可以被正确修改的。

工作簿数据修改（books_data_modify.py）：

```
import os
import xlwings as xw

# 全路径
full_path = 'd:\\workspace\\pythonoperexcel\\chapter7\\files'
# 取得指定路径下所有文件
file_list = os.listdir(full_path)
```

```
# 启动 Excel 程序
app = xw.App(visible=False, add_book=False)
# 遍历所有文件
for i in file_list:
    # 若是非 xlsx 文件或是以~$（已打开）开头的文件，则继续循环
    if not i.endswith('.xlsx') or i.startswith('~$'):
        continue

    # 文件全路径及名称
    file_full_path_name = os.path.join(full_path, i)
    # 打开工作簿
    workbook = app.books.open(file_full_path_name)
    # 遍历当前工作簿中的工作表
    for j in workbook.sheets:
        # 读取工作表数据
        table_values = j['A2'].expand('table').value
        # 若读取的工作表数据是 None，则继续下一个循环
        if not table_values:
            continue

        # 按行遍历工作表数据
        for index_num, value_v in enumerate(table_values):
            # 判断当前行的第三列数据中的商品名称是否为“铅笔”
            if value_v[2] == '铅笔':
                # 将名称为“铅笔”的列修改为“文具盒”
                table_values[index_num][2] = '文具盒'
        # 将替换后的数据写入工作表
        j['A2'].expand('table').value = table_values
    # 保存当前工作簿
    workbook.save()
    # 关闭当前工作簿
    workbook.close()
# 退出 Excel 程序
app.quit()
```

执行 py 文件，以 files 文件夹下的“商品信息.xlsx”工作簿作为操作示例，可以得到类似图 7-4 所示的结果。

序号	商品sku	商品名称	库存量	销售单价	商品产地	商品编号	生产日期
343	SKU009955	文具盒	100	¥10.00	中国	6978501944	2021-01-11
685	SKU009956	笔记本	215	¥13.00	英国	6978503592	2021-01-01
689	SKU009957	装饰品	300	¥12.00	美国	6978504148	2020-06-01
757	SKU009958	文件夹	500	¥9.90	中国	6978582823	2021-01-14
758	SKU009959	文具盒	600	¥6.60	中国	6978582821	2020-03-15
759	SKU009960	文件夹	255	¥15.00	德国	6978582824	2021-01-16
760	SKU009961	装饰品	395	¥16.00	意大利	6978582835	2020-10-17
761	SKU009962	笔记本	410	¥10.30	法国	6978582836	2020-05-18
762	SKU009963	文件夹	600	¥18.00	西班牙	6978582838	2021-01-19
763	SKU009964	笔记本	700	¥6.80	葡萄牙	6978506612	2020-10-20
764	SKU009965	装饰品	800	¥8.80	俄罗斯	6978582822	2020-02-21
765	SKU009966	文件夹	900	¥21.00	加拿大	6978582820	2021-01-22
766	SKU009967	文具盒	500	¥7.90	巴西	6978582837	2020-11-02
769	SKU009968	装饰品	300	¥9.90	韩国	6978507185	2021-01-24
770	SKU009969	文件夹	1000	¥15.15	朝鲜	6978510719	2020-11-25
771	SKU009970	笔记本	150	¥25.00	埃及	6978507186	2021-01-26
772	SKU009971	装饰品	300	¥7.60	泰国	6978507184	2020-01-05
773	SKU009972	文件夹	405	¥27.00	菲律宾	6978510720	2021-01-02
774	SKU009973	文具盒	505	¥6.50	阿根廷	6978507183	2021-01-29
775	SKU009974	笔记本	710	¥8.20	荷兰	6978507706	2020-06-03
776	SKU009975	文件夹	630	¥5.80	印度	6978507702	2021-01-31
777	SKU009976	装饰品	200	¥22.55	日本	6978507705	2020-12-01

图 7-4　工作簿数据修改

原来工作表中商品名称为“铅笔”的数据都更改为“文具盒”了，得到了期望的结果。该示例既支持单个工作簿的修改，也支持批量工作簿的修改。

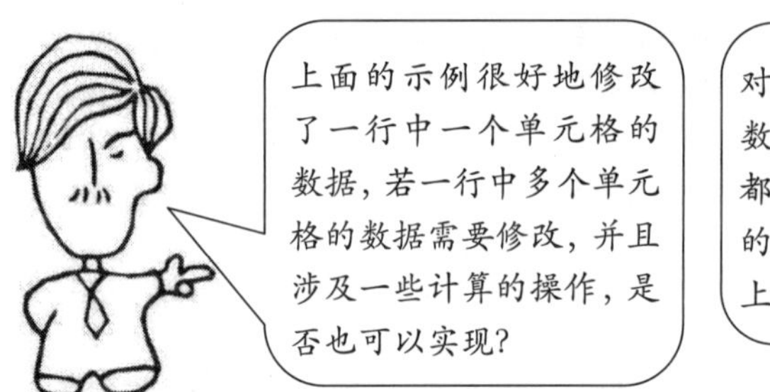

上面的示例很好地修改了一行中一个单元格的数据，若一行中多个单元格的数据需要修改，并且涉及一些计算的操作，是否也可以实现？
对于修改多个单元格数据和做计算的操作都是可以很好地支持的，在上面的示例基础上做一些修改即可。

工作表多个单元格数据修改（cells_data_modify.py）：

```
import os
import xlwings as xw

# 全路径
full_path = 'd:\\workspace\\pythonoperexcel\\chapter7\\files'
# 取得指定路径下的所有文件
file_list = os.listdir(full_path)
# 启动 Excel 程序
app = xw.App(visible=False, add_book=False)
# 遍历所有文件
for i in file_list:
    # 若是非 xlsx 文件或是以~$（已打开）开头的文件，则继续循环
    if not i.endswith('.xlsx') or i.startswith('~$'):
        continue
```

```
    # 文件全路径及名称
    file_full_path_name = os.path.join(full_path, i)
    # 打开工作簿
    workbook = app.books.open(file_full_path_name)
    # 遍历当前工作簿中的工作表
    for j in workbook.sheets:
        # 读取工作表数据
        table_values = j['A2'].expand('table').value
        # 若读取的工作表数据是 None，则继续下一个循环
        if not table_values:
            continue

        # 按行遍历工作表数据
        for index_num, value_v in enumerate(table_values):
            # 判断当前行的第三列数据中的商品名称是否为“笔记本”
            if value_v[2] == '笔记本':
                # 将名称为笔记本的列、库存量都增加 100
                table_values[index_num][3] = table_values[index_num][3] + 100
                # 将名称为笔记本的列、销售单价都打 9.5 折
                table_values[index_num][4] = table_values[index_num][4] * 0.95
        # 将替换后的数据写入工作表
        j['A2'].expand('table').value = table_values
    # 保存当前工作簿
    workbook.save()
    # 关闭当前工作簿
    workbook.close()
# 退出 Excel 程序
app.quit()
```

执行 py 文件，以 files 文件夹下的“商品信息.xlsx”工作簿作为操作示例，可以得到类似图 7-5 所示的结果。

序号	商品sku	商品名称	库存量	销售单价	商品产地	商品编号	生产日期
343	SKU009955	文具盒	100	¥10.00	中国	6978501944	2021-01-11
685	SKU009956	笔记本	315	¥12.35	英国	6978503592	2021-01-01
689	SKU009957	装饰品	300	¥12.00	美国	6978504148	2020-06-01
757	SKU009958	文件夹	500	¥9.90	中国	6978582823	2021-01-14
758	SKU009959	文具盒	600	¥6.60	中国	6978582821	2020-03-15
759	SKU009960	文件夹	255	¥15.00	德国	6978582824	2021-01-16
760	SKU009961	装饰品	395	¥16.00	意大利	6978582835	2020-10-17
761	SKU009962	笔记本	510	¥9.79	法国	6978582836	2020-05-18
762	SKU009963	文件夹	600	¥18.00	西班牙	6978582838	2021-01-19
763	SKU009964	笔记本	800	¥6.46	葡萄牙	6978506612	2020-10-20
764	SKU009965	装饰品	800	¥8.80	俄罗斯	6978582822	2020-02-21
765	SKU009966	文件夹	900	¥21.00	加拿大	6978582820	2021-01-22
766	SKU009967	文具盒	500	¥7.90	巴西	6978582837	2020-11-02
769	SKU009968	装饰品	300	¥9.90	韩国	6978507185	2021-01-24
770	SKU009969	文件夹	1000	¥15.15	朝鲜	6978510719	2020-11-25
771	SKU009970	笔记本	250	¥23.75	埃及	6978507186	2021-01-26
772	SKU009971	装饰品	300	¥7.60	泰国	6978507184	2020-01-05
773	SKU009972	文件夹	405	¥27.00	菲律宾	6978510720	2021-01-02
774	SKU009973	文具盒	505	¥6.50	阿根廷	6978507183	2021-01-29
775	SKU009974	笔记本	810	¥7.79	荷兰	6978507706	2020-06-03
776	SKU009975	文件夹	630	¥5.80	印度	6978507702	2021-01-31
777	SKU009976	装饰品	200	¥22.55	日本	6978507705	2020-12-01

图 7-5　多个单元格数据修改

在应用中有时需要将工作表中指定的列提取到一个新的工作表或工作簿中，涉及的工作表多或数据量大时，是否可以通过程序实现？

将工作表中指定列提取到一个新的工作簿，使用 Python 程序来实现是比较简单的。利用 xlwings 和 Pandas 模块来完成非常方便。

提取工作表中指定数据（sheets_data_extract.py）：

```
import os
import xlwings as xw
import pandas as pd

# 启动 Excel 程序
app = xw.App(visible=False, add_book=False)
# 全路径
full_path = 'd:\\workspace\\pythonoperexcel\\chapter7\\files'
# 文件全路径及名称
full_file_name = os.path.join(full_path, '商品信息.xlsx')
# 打开工作簿
workbook = app.books.open(full_file_name)
# 取得工作簿中的所有工作表
worksheet_list = workbook.sheets
# 创建一个空的列表，用于存放列表数据
data_list = list()
extract_columns = ['商品 sku', '商品名称', '库存量']
# 遍历工作表
for i in worksheet_list:
    # 读取当前工作表的所有数据
    table_values = i.range('A1').expand().options(pd.DataFrame).value
    # 若读取的工作表数据是 None，则继续下一个循环
    if table_values.empty:
        continue

    # 根据指定条件提取数据
    filter_data = table_values[extract_columns]
    # 提取的数据若不为空
    if not filter_data.empty:
        # 提取的数据追加到列表中
        data_list.append(filter_data)
# 新建工作簿
new_workbook = xw.books.add()
# 在新工作簿中新增名为“数据提取”的工作表
new_worksheet = new_workbook.sheets.add('数据提取')
# 将提取出的行数据写入工作表“数据提取”中
new_worksheet.range('A1').value = pd.concat(data_list, ignore_index=False)
# 保存新工作簿并命名
```

```
new_workbook.save(os.path.join(full_path, '商品信息提取表.xlsx'))
# 关闭新工作簿
new_workbook.close()
# 关闭工作簿
workbook.close()
# 退出 Excel 程序
app.quit()
```

执行 py 文件，以 files 文件夹下的“商品信息.xlsx”工作簿作为操作示例，在 files 文件夹下会生成一个名为“商品信息提取表.xlsx”的文件，该文件中的数据如图 7-6 所示。

	A	B	C	D
1	序号	商品sku	商品名称	库存量
2	343	SKU009955	文具盒	100
3	685	SKU009956	笔记本	315
4	689	SKU009957	装饰品	300
5	757	SKU009958	文件夹	500
6	758	SKU009959	文具盒	600
7	759	SKU009960	文件夹	255
8	760	SKU009961	装饰品	395
9	761	SKU009962	笔记本	510
10	762	SKU009963	文件夹	600
11	763	SKU009964	笔记本	800
12	764	SKU009965	装饰品	800
13	765	SKU009966	文件夹	900
14	766	SKU009967	文具盒	500
15	769	SKU009968	装饰品	300
16	770	SKU009969	文件夹	1000
17	771	SKU009970	笔记本	250
18	772	SKU009971	装饰品	300
19	773	SKU009972	文件夹	405
20	774	SKU009973	文具盒	505
21	775	SKU009974	笔记本	810
22	776	SKU009975	文件夹	630
23	777	SKU009976	装饰品	200

数据提取　Sheet1　Sheet2

图 7-6　提取指定数据

上面示例中有使用到 Pandas 模块和 Pandas 模块中的 concat()函数，读者若不清楚 concat()函数的使用方式，可以再看看第 5 章中对 concat()函数的介绍。

既然可以通过代码提取数据，是否可以通过代码追加数据？

通过代码向工作表追加数据是很平常的操作，将需要追加的数据顺序和当前工作表中数据顺序保持一致，再将这部分数据写入有效数据区域最后一行的下一行即可。

工作表中追加指定数据（books_data_add.py）：

```
import os
import xlwings as xw

# 启动 Excel 程序
app = xw.apps.add()
```

```
    # 全路径
    full_path = 'd:\\workspace\\pythonoperexcel\\chapter7\\files'
    # 文件全路径及名称
    full_file_name = os.path.join(full_path, '商品信息提取表.xlsx')
    # 打开工作簿
    workbook = app.books.open(full_file_name)
    # 从工作簿中取得指定工作表
    worksheet = workbook.sheets['数据提取']
    # 取得工作表中的数据
    table_values = worksheet.range('A1').expand()
    # 读取当前工作表中数据的行数
    row_num = table_values.shape[0]
    # 异常捕获
    try:
        # 待追加内容
        add_content = [[778, 'SKU009977', '笔记本', '300'], [779, 'SKU009978', '装饰品', '500']]
        # 将指定数据追加到当前数据的最后一行后
        worksheet.range(row_num + 1, 1).value = add_content
        # 保存工作簿
        workbook.save()
    # 不管前面代码执行是否发生异常，都执行该语句块的语句
    finally:
        # 关闭工作簿
        workbook.close()
    # 退出 Excel 程序
    app.quit()
```

执行 py 文件，以在 files 文件夹下生成的“商品信息提取表.xlsx”工作簿作为操作示例，可以得到类似图 7-7 所示的结果。

	A	B	C	D
1	序号	商品sku	商品名称	库存量
2	343	SKU009955	文具盒	100
3	685	SKU009956	笔记本	315
4	689	SKU009957	装饰品	300
5	757	SKU009958	文件夹	500
6	758	SKU009959	文具盒	600
7	759	SKU009960	文件夹	255
8	760	SKU009961	装饰品	395
9	761	SKU009962	笔记本	510
10	762	SKU009963	文件夹	600
11	763	SKU009964	笔记本	800
12	764	SKU009965	装饰品	800
13	765	SKU009966	文件夹	900
14	766	SKU009967	文具盒	500
15	769	SKU009968	装饰品	300
16	770	SKU009969	文件夹	1000
17	771	SKU009970	笔记本	250
18	772	SKU009971	装饰品	300
19	773	SKU009972	文件夹	405
20	774	SKU009973	文具盒	505
21	775	SKU009974	笔记本	810
22	776	SKU009975	文件夹	630
23	777	SKU009976	装饰品	200
24	778	SKU009977	笔记本	300
25	779	SKU009978	装饰品	500
26				
27				

数据提取 | Sheet1 | Sheet2

图 7-7　工作表追加数据

该示例中有使用到 try 语句，这是 Python 中用于做异常捕获的通用写法。关于异常处理的相关

知识内容，读者可以查阅相关资料，Python 中的异常处理比较简单。

在“商品信息”工作簿中，有“商品名称”列，想要查看有多少种商品名称，要求一种商品名称只统计一次，并将结果存放到一个新的工作簿。对于单个工作表，可以直接使用 Excel 中的自带功能完成；当需要从多个工作表或工作簿中统计查看时，使用 Excel 自动的功能就有些无能为力了，是否可以通过编写程序实现这样的处理呢？

这种问题真正要做的就是从多个商品名称中找到每个商品的唯一值，类似这种查找的工作交给程序来做是非常明智的，因为手动操作出错的概率太大了。

在工作表中指定列唯一值提取（point_value_extract.py）：

```
import os
import xlwings as xw

# 启动 Excel 程序
app = xw.apps.add()
# 全路径
full_path = 'd:\\workspace\\pythonoperexcel\\chapter7\\files'
# 文件全路径及名称
full_file_name = os.path.join(full_path, '商品信息提取表.xlsx')
# 打开工作簿
workbook = app.books.open(full_file_name)
# 唯一值数据列表
unique_data = list()
# 异常捕获
try:
    # 遍历指定工作簿中的工作表
    for i, worksheet in enumerate(workbook.sheets):
        # 取得工作表中 C2 列的数据值
        down_values = worksheet['C2'].expand('down').value
        # 若 down_values 为空，则继续下一个循环
        if not down_values:
            continue

        # 将取得的数据值追加到数据列表
        unique_data.extend(down_values)
    # 数据列表数据去重
    unique_data = list(set(unique_data))
    # 在数据列表第一行插入标题名
    unique_data.insert(0, '商品名称')
    # 新建工作簿
    new_workbook = xw.books.add()
    # 在新工作簿中新增名为“商品名称”的工作表
    new_worksheet = new_workbook.sheets.add('商品名称')
    # 将提取出的行数据写入工作表“商品名称”中
```

```
    new_worksheet['A1'].options(transpose=True).value = unique_data
    # 自动调整工作表的行高和列宽
    new_worksheet.autofit()
    # 保存新工作簿并命名
    new_workbook.save(os.path.join(full_path, '商品名称.xlsx'))
    # 关闭新工作簿
    new_workbook.close()
# 不管前面是否发生异常，都会执行该语句块的语句
finally:
    # 关闭工作簿
    workbook.close()
# 退出 Excel 程序
app.quit()
```

执行 py 文件，在 files 文件夹下会生成一个名为“商品名称.xlsx”的工作簿，打开工作簿可以得到类似图 7-8 所示的结果。

	A	B
1	商品名称	
2	文件夹	
3	笔记本	
4	装饰品	
5	文具盒	
6		
7		

图 7-8 取得指定列的唯一值

以上示例提取出了某列的唯一值，若需要做更多的操作是否可以，比如统计每个唯一值的库存或者在一些销售报表中做销售额的统计等？

实现了唯一值的提取，做其他相关操作都是可以在此基础上改进的。

在工作表中指定值提取并汇总（value_extract_summary.py）：

```
import os
import xlwings as xw

# 启动 Excel 程序
app = xw.apps.add()
# 全路径
full_path = 'd:\\workspace\\pythonoperexcel\\chapter7\\files'
# 文件全路径及名称
full_file_name = os.path.join(full_path, '商品信息.xlsx')
# 打开工作簿
```

```
workbook = app.books.open(full_file_name)
# 库存数列表
store_datas = list()
# 异常捕获
try:
    # 遍历工作表
    for i, worksheet in enumerate(workbook.sheets):
        # 取得表格块所有数据
        table_values = worksheet['A2'].expand('table').value
        # 若 down_values 为空，则继续下一个循环
        if not table_values:
            continue

        # 取得的数据追加到库存列表
        store_datas.extend(table_values)
    # 定义一个字典，用于存放商品名称和商品库存的对应关系
    s_dict = dict()
    # 遍历库存数据
    for i in range(len(store_datas)):
        # 取得商品名称
        shopping_name = store_datas[i][2]
        # 取得商品库存
        shopping_store = store_datas[i][3]
        # 判断字典中是否已经存在 key 为 shopping_name 的记录
        if shopping_name not in s_dict:
            # 不存在，则生成一个以 shopping_name 为 key 的字典记录，value 值为 shopping_store
            s_dict[shopping_name] = shopping_store
        else:
            # 已经存在指定 shopping_name，则指定 shopping_name 的库存增加
            s_dict[shopping_name] += shopping_store
    # 商品名称库存列表
    shopping_store_list = list()
    # 遍历商品名称库存字典
    for key_v, value_v in s_dict.items():
        # 商品名称库存
        name_store = [key_v, value_v]
        # 商品名称库存列表追加“商品名称库存”
        shopping_store_list.append(name_store)
    # 在商品名称库存列表的第一个位置插入一个元素
    shopping_store_list.insert(0, ['商品名称', '库存总量'])
    # 新建工作簿
    new_workbook = xw.books.add()
    # 在新工作簿中新增名为“库存统计”的工作表
```

```
    new_worksheet = new_workbook.sheets.add('库存统计')
    # 将提取出的行数据写入工作表“库存统计”中
    new_worksheet['A1'].value = shopping_store_list
    # 自动调整工作表的行高和列宽
    new_worksheet.autofit()
    # 保存新工作簿并命名
    new_workbook.save(os.path.join(full_path, '商品库存统计.xlsx'))
    # 关闭新工作簿
    new_workbook.close()
# 不管前面是否发生异常，都执行该语句块的语句
finally:
    # 关闭工作簿
    workbook.close()
# 退出 Excel 程序
app.quit()
```

执行 py 文件，会在 files 文件夹下生成一个名为“商品库存统计.xlsx 的”工作簿，打开该工作簿可以得到类似图 7-9 所示的结果。

	A	B	C
1	商品名称	库存总量	
2	文具盒	1705	
3	笔记本	2685	
4	装饰品	2295	
5	文件夹	4290	
6			

图 7-9　指定数据提取并汇总

7.3　工作表数据拆分与合并

在工作中，有时会需要将某些列根据指定的字符拆分为多个列，通过编程是否可以实现这样的操作？
通过编程做列的拆分操作是比较明智的，通过手动操作进行列的拆分是非常低效的，并且重复工作非常大，通过编程的方式设定好规则即可快速实现列的拆分。

一列拆分为多个列（data_to_rows.py）：

```
import os
import xlwings as xw
import pandas as pd

# 启动 Excel 程序
```

```
    app = xw.apps.add()
    # 全路径
    full_path = 'd:\\workspace\\pythonoperexcel\\chapter7\\files'
    # 取得指定路径下的所有工作簿
    file_list = os.listdir(full_path)
    # 异常捕获
    try:
        # 遍历工作簿
        for i in file_list:
            # 若工作簿以 ~$ 开头或者不是以.xlsx 结尾，则继续循环
            if i.startswith('~$') or not i.endswith('.xlsx'):
                continue

            # 构建文件的全路径及文件名
            file_full_name = os.path.join(full_path, i)
            # 打开工作簿
            workbook = app.books.open(file_full_name)
            # 取得当前工作簿的所有工作表
            sheet_list = workbook.sheets
            # 指定目标工作表名称
            target_sheet = '商品基本信息'
            # 遍历工作表列表，取得与目标工作表名称相同的工作表
            find_sheet = [sheet for sheet in sheet_list if sheet.name == target_sheet]
            # 若没有找到目标工作表，则继续循环查找
            if not find_sheet:
                continue

            # 将找到的目标工作表赋值给 worksheet 对象
            worksheet = find_sheet[0]
            # 从目标工作表中取得列表数据，结合 Pandas 取得
            values = worksheet.range('A1').options(pd.DataFrame, header=1,
index=False, expand='table').value
            # values 为 None，继续下一个循环
            if values.empty:
                continue

            # 取得数据中指定列的内容根据 * 号进行分割
            new_values = values['装箱情况'].str.split('*', expand=True)
            # 分割结果的第一个值添加到标题为“个数（个）”的列
            values['个数（个）'] = new_values[0]
            # 分割结果的第二个值添加到标题为“盒数（盒）”的列
            values['盒数（盒）'] = new_values[1]
            # 删除标题为“装箱情况”的列
            values.drop(columns=['装箱情况'], inplace=True)
            # 用分割后的数据替换工作表中的原有数据
            worksheet['A1'].options(index=False).value = values
            # 自动调整工作表的行高和列宽
            worksheet.autofit()
            # 保存工作簿
            workbook.save()
```

```
    # 不管前面是否发生异常，都执行该语句块的语句
    finally:
        # 关闭工作簿
        workbook.close()
    # 退出 Excel 程序
    app.quit()
```

执行 py 文件，以“商品信息.xlsx”工作簿进行操作，打开该工作簿可以得到类似图 7-10 所示的结果。

序号	商品sku	商品名称	库存量	销售单价	商品产地	商品编号	生产日期	个数（个）	盒数（盒）
343	SKU009955	文具盒	100	10	中国	6978501944	2021/1/11	10	10
685	SKU009956	笔记本	315	12.35	英国	6978503592	2021/1/1	15	21
689	SKU009957	装饰品	300	12	美国	6978504148	2020/6/1	30	10
757	SKU009958	文件夹	500	9.9	中国	6978582823	2021/1/14	50	10
758	SKU009959	文具盒	600	6.6	中国	6978582821	2020/3/15	30	20
759	SKU009960	文件夹	255	15	德国	6978582824	2021/1/16	5	51
760	SKU009961	装饰品	395	16	意大利	6978582835	2020/10/17	5	79
761	SKU009962	笔记本	510	9.785	法国	6978582836	2020/5/18	10	51
762	SKU009963	文件夹	600	18	西班牙	6978582838	2021/1/19	60	10
763	SKU009964	笔记本	800	6.46	葡萄牙	6978506612	2020/10/20	80	10
764	SKU009965	装饰品	800	8.8	俄罗斯	6978582822	2020/2/21	80	10
765	SKU009966	文件夹	900	21	加拿大	6978582820	2021/1/22	100	9
766	SKU009967	文具盒	500	7.9	巴西	6978582837	2020/11/2	50	10
769	SKU009968	装饰品	300	9.9	韩国	6978507185	2021/1/24	100	3
770	SKU009969	文件夹	1000	15.15	朝鲜	6978510719	2020/11/25	100	10
771	SKU009970	笔记本	250	23.75	埃及	6978507186	2021/1/26	50	5
772	SKU009971	装饰品	300	7.6	泰国	6978507184	2020/1/5	100	3
773	SKU009972	文件夹	405	27	菲律宾	6978510720	2021/1/2	45	9
774	SKU009973	文具盒	505	6.5	阿根廷	6978507183	2021/1/29	5	101
775	SKU009974	笔记本	810	7.79	荷兰	6978507706	2020/6/3	10	81
776	SKU009975	文件夹	630	5.8	印度	6978507702	2021/1/31	30	21
777	SKU009976	装饰品	200	22.55	日本	6978507705	2020/12/1	50	4

基本信息 Sheet2 Sheet3 商品基本信息 商品概览

图 7-10　一列数据拆分为多列

既然可以通过编码实现列的拆分，那么是否可以通过编码做列的合并？

列的合并和列的拆分思路类似，拆分是一列变多列，合并则是将多列变为一列。

多列合并（datas_merge.py）：

```
import os
import xlwings as xw
import pandas as pd

# 启动 Excel 程序
app = xw.apps.add()
# 全路径
```

```
    full_path = 'd:\\workspace\\pythonoperexcel\\chapter7\\files'
    # 取得指定路径下的所有工作簿
    file_list = os.listdir(full_path)
    # 异常捕获
    try:
        # 遍历工作簿
        for i in file_list:
            # 若工作簿以~$开头或者不是以.xlsx 结尾，则继续循环
            if i.startswith('~$') or not i.endswith('.xlsx'):
                continue

            # 构建文件的全路径及文件名
            file_full_name = os.path.join(full_path, i)
            # 打开工作簿
            workbook = app.books.open(file_full_name)
            # 取得当前工作簿的所有工作表
            sheet_list = workbook.sheets
            # 指定目标工作表名称
            target_sheet = '商品基本信息'
            # 遍历工作表列表，取得与目标工作表名称相同的工作表
            find_sheet = [sheet for sheet in sheet_list if sheet.name == target_sheet]
            # 若没有找到目标工作表，则继续循环查找
            if not find_sheet:
                continue

            # 将找到的目标工作表赋值给 worksheet 对象
            worksheet = find_sheet[0]
            # 从目标工作表中取得列表数据，结合 Pandas 取得
            values = worksheet.range('A1').options(pd.DataFrame, header=1, 
index=False, expand='table').value
            # values 为 None，继续下一个循环
            if values.empty:
                continue
            # 合并指定数据列，指定合并后数据列的名称
            values['装箱情况'] = values['个数（个）'].astype('str') + '*' + values['
盒数（盒）'].astype('str')
            # 删除指定标题的列
            values.drop(columns=['个数（个）'], inplace=True)
            # 删除指定标题的列
            values.drop(columns=['盒数（盒）'], inplace=True)
            # 清除目标工作表中原有的数据
            worksheet.clear()
            # 将处理好的数据写入工作表
            worksheet['A1'].options(index=False).value = values
            # 自动调整工作表的行高和列宽
            worksheet.autofit()
            # 保存工作簿
            workbook.save()
    # 不管前面是否发生异常，都执行该语句块的语句
    finally:
```

```
    # 关闭新工作簿
    workbook.close()
# 退出 Excel 程序
app.quit()
```

执行 py 文件，以“商品信息.xlsx”工作簿进行操作，打开该工作簿可以得到类似图 7-11 所示的结果。

	A	B	C	D	E	F	G	H	I
1	序号	商品sku	商品名称	库存量	销售单价	商品产地	商品编号	生产日期	装箱情况
2	343	SKU009955	文具盒	100	10	中国	6978501944	2021/1/11	10.0*10.0
3	685	SKU009956	笔记本	315	12.35	英国	6978503592	2021/1/1	15.0*21.0
4	689	SKU009957	装饰品	300	12	美国	6978504148	2020/6/1	30.0*10.0
5	757	SKU009958	文件夹	500	9.9	中国	6978582823	2021/1/14	50.0*10.0
6	758	SKU009959	文具盒	600	6.6	中国	6978582821	2020/3/15	30.0*20.0
7	759	SKU009960	文件夹	255	15	德国	6978582824	2021/1/16	5.0*51.0
8	760	SKU009961	装饰品	395	16	意大利	6978582835	2020/10/17	5.0*79.0
9	761	SKU009962	笔记本	510	9.785	法国	6978582836	2020/5/18	10.0*51.0
10	762	SKU009963	文件夹	600	18	西班牙	6978582838	2021/1/19	60.0*10.0
11	763	SKU009964	笔记本	800	6.46	葡萄牙	6978506612	2020/10/20	80.0*10.0
12	764	SKU009965	装饰品	800	8.8	俄罗斯	6978582822	2020/2/21	80.0*10.0
13	765	SKU009966	文件夹	900	21	加拿大	6978582820	2021/1/22	100.0*9.0
14	766	SKU009967	文具盒	500	7.9	巴西	6978582837	2020/11/2	50.0*10.0
15	769	SKU009968	装饰品	300	9.9	韩国	6978507185	2021/1/24	100.0*3.0
16	770	SKU009969	文件夹	1000	15.15	朝鲜	6978510719	2020/11/25	100.0*10.0
17	771	SKU009970	笔记本	250	23.75	埃及	6978507186	2021/1/26	50.0*5.0
18	772	SKU009971	装饰品	300	7.6	泰国	6978507184	2020/1/5	100.0*3.0
19	773	SKU009972	文件夹	405	27	菲律宾	6978510720	2021/1/2	45.0*9.0
20	774	SKU009973	文具盒	505	6.5	阿根廷	6978507183	2021/1/29	5.0*101.0
21	775	SKU009974	笔记本	810	7.79	荷兰	6978507706	2020/6/3	10.0*81.0
22	776	SKU009975	文件夹	630	5.8	印度	6978507702	2021/1/31	30.0*21.0
23	777	SKU009976	装饰品	200	22.55	日本	6978507705	2020/12/1	50.0*4.0
24									
25									
26									
27									

基本信息 | Sheet2 | Sheet3 | 商品概览 | 商品基本信息 | +

图 7-11　多列数据合并

7.4　本章小结

本章主要讲解的是如何使用 xlwings 模块对 Excel 中的行、列和单元格进行处理。

对于 Excel 中行、列和单元格处理，更多的是体现在格式的调整上，比如行高和列宽调整、数据格式更改、数据及单元格外观格式更改以及数据提取、拆分合并等操作。

第 8 章

Excel 中的数据分析

在 Excel 中进行数据分析是非常常见的，并且 Excel 中也提供了不少数据分析的功能，但是数据量非常大或者数据表格非常大时，使用 Excel 中提供的功能效率会明显下降，可以借助 Python 中相关模块的功能来更好地实现对应功能。

本章将通过示例讲解如何使用 xlwings、Pandas 等模块实现对 Excel 文件的数据分析。

8.1　数据排序

在 Excel 操作中，有时为了更直观地查看某些数据的梯度情况，需要对某些列做升序或降序查看。这个功能在 Excel 中是基本功能，需要手动操作。工作表数量不多时，手动进行升序或降序的工作量并不大，一旦工作表的数量达到几十上百，通过手动操作就不明智了，是否可以通过编程的方式进行批量处理呢？

编写程序对指定数据排序是很不错的选择，特别是有一定数据量时。结合 Pandas 模块中的 sort_values 函数进行操作，可以非常快速方便地对指定数据排序。

指定工作簿中工作表数据的升序排序（sheets_order_asc.py）：

```
import xlwings as xw
import pandas as pd
import os

# 全路径
full_path = 'd:\\workspace\\pythonoperexcel\\chapter8\\files'
# 启动 Excel 程序
app = xw.App(visible=False, add_book=False)
# 打开指定工作簿
workbook = app.books.open(os.path.join(full_path, '商品信息.xlsx'))
# 异常捕获
try:
    # 取得工作簿的所有工作表
    sheet_list = workbook.sheets
    # 遍历工作表
    for i in sheet_list:
```

```
            # 读取当前工作表数据并转换为 DataFrame 格式
            table_values =
i.range('A1').expand('table').options(pd.DataFrame).value
            # 若工作表中的 table_values 为 None，则继续下一个循环
            if table_values.empty:
                continue

            # 对指定列进行升序排序（默认是升序）
            sort_result = table_values.sort_values(by='库存量')
            # 将排序结果写入当前工作表，替换原有数据
            i.range('A1').value = sort_result

        # 保存工作簿
        workbook.save()
    # 不管前面是否发生异常，都执行该语句块的语句
    finally:
        # 关闭工作簿
        workbook.close()
    # 退出 Excel 程序
    app.quit()
```

执行 py 文件，以 files 文件夹下的“商品信息.xlsx”工作簿作为操作示例，可以得到类似图 8-1 所示的结果。

序号	商品sku	商品名称	库存量	销售单价	商品产地	商品编号	生产日期
343	SKU009955	铅笔	100	10	中国	6978501944	2021/1/11
771	SKU009970	笔记本	150	25	埃及	6978507186	2021/1/26
777	SKU009976	装饰品	200	22.55	日本	6978507705	2020/12/1
685	SKU009956	笔记本	215	13	英国	6978503592	2021/1/1
759	SKU009960	文件夹	255	15	德国	6978582824	2021/1/16
772	SKU009971	装饰品	300	7.6	泰国	6978507184	2020/1/5
769	SKU009968	装饰品	300	9.9	韩国	6978507185	2021/1/24
689	SKU009957	装饰品	300	12	美国	6978504148	2020/6/1
760	SKU009961	装饰品	395	16	意大利	6978582835	2020/10/17
773	SKU009972	文件夹	405	27	菲律宾	6978510720	2021/1/2
761	SKU009962	笔记本	410	10.3	法国	6978582836	2020/5/18
757	SKU009958	文件夹	500	9.9	中国	6978582823	2021/1/14
766	SKU009967	铅笔	500	7.9	巴西	6978582837	2020/11/2
774	SKU009973	铅笔	505	6.5	阿根廷	6978507183	2021/1/29
762	SKU009963	文件夹	600	18	西班牙	6978582838	2021/1/19
758	SKU009959	铅笔	600	6.6	中国	6978582821	2020/3/15
776	SKU009975	文件夹	630	5.8	印度	6978507702	2021/1/31
763	SKU009964	笔记本	700	6.8	葡萄牙	6978506612	2020/10/20
775	SKU009974	笔记本	710	8.2	荷兰	6978507706	2020/6/3
764	SKU009965	装饰品	800	8.8	俄罗斯	6978582822	2020/2/21
765	SKU009966	文件夹	900	21	加拿大	6978582820	2021/1/22
770	SKU009969	文件夹	1000	15.15	朝鲜	6978510719	2020/11/25

信息合计 文件夹 装饰品 笔记本 铅笔 基本信息 Sheet2

图 8-1 按照指定列数据升序排序

上面的示例实现的是对某个工作簿所有工作表中某列数据的升序排序，对比稍加修改即可实现对工作表中某列数据的降序排序，示例如下：

指定工作簿中工作表数据的降序排序（sheets_order_desc.py）：

```
import xlwings as xw
```

```
import pandas as pd
import os

# 全路径
full_path = 'd:\\workspace\\pythonoperexcel\\chapter8\\files'
# 启动 Excel 程序
app = xw.App(visible=False, add_book=False)
# 打开指定工作簿
workbook = app.books.open(os.path.join(full_path, '商品信息.xlsx'))
# 异常捕获
try:
    # 取得工作簿的所有工作表
    sheet_list = workbook.sheets
    # 遍历工作表
    for i in sheet_list:
        # 读取当前工作表数据并转换为 DataFrame 格式
        table_values = 
i.range('A1').expand('table').options(pd.DataFrame).value
        # 若工作表中的 table_values 为 None，则继续下一个循环
        if table_values.empty:
            continue

        # 对指定列进行降序排序
        sort_result = table_values.sort_values(by='库存量', ascending=False)
        # 将排序结果写入当前工作表，替换原有数据
        i.range('A1').value = sort_result

    # 保存工作簿
    workbook.save()
# 不管前面是否发生异常，都执行该语句块的语句
finally:
    # 关闭工作簿
    workbook.close()
# 退出 Excel 程序
app.quit()
```

执行 py 文件，以 files 文件夹下的“商品信息.xlsx”工作簿作为操作示例，可以得到类似图 8-2 所示的结果。

	A	B	C	D	E	F	G	H
1	序号	商品sku	商品名称	库存量	销售单价	商品产地	商品编号	生产日期
2	770	SKU009969	文件夹	1000	15.15	朝鲜	6978510719	2020/11/25
3	765	SKU009966	文件夹	900	21	加拿大	6978582820	2021/1/22
4	764	SKU009965	装饰品	800	8.8	俄罗斯	6978582822	2020/2/21
5	775	SKU009974	笔记本	710	8.2	荷兰	6978507706	2020/6/3
6	763	SKU009964	笔记本	700	6.8	葡萄牙	6978506612	2020/10/20
7	776	SKU009975	文件夹	630	5.8	印度	6978507702	2021/1/31
8	758	SKU009959	铅笔	600	6.6	中国	6978582821	2020/3/15
9	762	SKU009963	文件夹	600	18	西班牙	6978582838	2021/1/19
10	774	SKU009973	铅笔	505	6.5	阿根廷	6978507183	2021/1/29
11	766	SKU009967	铅笔	500	7.9	巴西	6978582837	2020/11/2
12	757	SKU009958	文件夹	500	9.9	中国	6978582823	2021/1/14
13	761	SKU009962	笔记本	410	10.3	法国	6978582836	2020/5/18
14	773	SKU009972	文件夹	405	27	菲律宾	6978510720	2021/1/2
15	760	SKU009961	装饰品	395	16	意大利	6978582835	2020/10/17
16	689	SKU009957	装饰品	300	12	美国	6978504148	2020/6/1
17	769	SKU009968	装饰品	300	9.9	韩国	6978507185	2021/1/24
18	772	SKU009971	装饰品	300	7.6	泰国	6978507184	2020/1/5
19	759	SKU009960	文件夹	255	15	德国	6978582824	2021/1/16
20	685	SKU009956	笔记本	215	13	英国	6978503592	2021/1/1
21	777	SKU009976	装饰品	200	22.55	日本	6978507705	2020/12/1
22	771	SKU009970	笔记本	150	25	埃及	6978507186	2021/1/26
23	343	SKU009955	铅笔	100	10	中国	6978501944	2021/1/11

信息合计 | 文件夹 | 装饰品 | 笔记本 | 铅笔 | 基本信息 | Sheet2

图 8-2　按照指定列数据降序排序

前面两个示例都是对指定工作簿操作的，其实还可以进一步扩展为对批量工作簿的排序操作。批量工作簿中工作表的升序排序（books_sheets_order.py）：

```
import xlwings as xw
import pandas as pd
import os

# 全路径
full_path = 'd:\\workspace\\pythonoperexcel\\chapter8\\files'
# 取得指定路径下的全部文件
book_list = os.listdir(full_path)
# 启动 Excel 程序
app = xw.App(visible=False, add_book=False)
# 文件遍历
for i in book_list:
    # 若文件以指定字符开头或不以指定字符结尾，则继续循环
    if i.startswith('~$') or not i.endswith('.xlsx'):
        continue


    # 打开指定工作簿
    workbook = app.books.open(os.path.join(full_path, i))
    # 异常捕获
    try:
```

```
        # 取得工作簿的所有工作表
        sheet_list = workbook.sheets
        # 遍历工作表
        for j in sheet_list:
            # 读取当前工作表数据并转换为 DataFrame 格式
            table_values =
j.range('A1').expand('table').options(pd.DataFrame).value
            # 若工作表中的 table_values 为 None，则继续下一个循环
            if table_values.empty:
                continue

            # 对指定列进行升序排序，默认排序顺序是升序
            sort_result = table_values.sort_values(by='库存量')
            # 将排序结果写入当前工作表，替换原有数据
            j.range('A1').value = sort_result

        # 保存工作簿
        workbook.save()
    # 不管前面是否发生异常，都执行该语句块的语句
    finally:
        # 关闭工作簿
        workbook.close()
# 退出 Excel 程序
app.quit()
```

本节的三个示例都使用了 sort_values()函数。sort_valus()函数是 Pandas 模块中 DataFrame 对象的函数，用于将数据区域按照指定字段的数据进行排序，其中的指定字段既可以是行字段也可以是列字段。

sort_values()函数的语法格式如下：

```
Sort_values(by='##', axis=0, ascending=True, inplace=Flase,
na_position='last')
```

函数中各个参数的含义说明如下：

- by：要排序的列名或索引值。
- axis：如果省略或者赋值为 0、index，则按照参数 by 指定的列中的数据排序；如果赋值为 1 或 columns，则按照参数 by 指定的索引中的数据进行排序。
- ascending：排序方式，若省略或为 True，则做升序排序；若为 False，则做降序排序。
- inplace：若省略或为 False，则不用排序后的数据替换原来的数据；若为 True，则用排序后的数据替换原来的数据。
- na_position：空值的显示位置。若为 first，则表示将空值放在列的首位；若为 last，则表示将空值放在列的末尾。

8.2 数据筛选

在应用中，对于工作簿中一些根据指定字段已经分好类的工作表，需要再根据另外的字段重新分类到一个新的工作簿，这种操作可以进行手动操作，但是仅限于数据量比较少时，是否可以通过编程方式解决这种问题？若还需要对指定的列进行求和，类似库存、销量等字段，是否也可以通过编码一并实现？

重新分类到一个新的工作簿有点类似于之前讲解的工作表拆分，不过还可以用分组筛选这种更好的方式来实现。对于求和的情况，可以对指定需要求和的列做求和运算，还可以将求和运算的公式写入。

假设有一个工作簿，操作之前的数据如图 8-3 所示，下面以此数据为例进行操作。

	A	B	C	D	E	F	G	H
1	序号	商品sku	商品名称	库存量	销售单价	商品产地	商品编号	生产日期
2	770	SKU00996	文件夹	1000	15.15	朝鲜	6.98E+09	2020/11/25
3	765	SKU00996	文件夹	900	21	加拿大	6.98E+09	2021/1/22
4	776	SKU00997	文件夹	630	5.8	印度	6.98E+09	2021/1/31
5	762	SKU00996	文件夹	600	18	西班牙	6.98E+09	2021/1/19
6	757	SKU00995	文件夹	500	9.9	中国	6.98E+09	2021/1/14
7	773	SKU00997	文件夹	405	27	菲律宾	6.98E+09	2021/1/2
8	759	SKU00996	文件夹	255	15	德国	6.98E+09	2021/1/16

图 8-3　工作表按商品名称分类

指定工作簿中工作表数据筛选（books_data_select.py）：

```
import xlwings as xw
import pandas as pd
import os

# 全路径
full_path = 'd:\\workspace\\pythonoperexcel\\chapter8\\files'
# 启动 Excel 程序
app = xw.App(visible=False, add_book=False)
# 打开指定工作簿
workbook = app.books.open(os.path.join(full_path, '商品分类.xlsx'))
# 异常捕获
try:
    # 取得工作簿中的所有工作表
    sheet_list = workbook.sheets
    # 创建一个空的 DataFrame
    empty_table = pd.DataFrame()
    # 遍历工作表
    for i, j in enumerate(sheet_list):
        # 当前工作表的数据
        t_values = j.range('A1').options(pd.DataFrame, header=1, index=False,
```

```
                                      expand='table').value
        # 调整列的顺序
        c_data = t_values.reindex(columns=['商品产地','序号','商品sku','商品名称',
                                           '销售单价','商品编号','生产日期','库存量'])
        # 将调整列顺序后的数据合并到创建的 DataFrame 对象中
        empty_table = empty_table.append(c_data, ignore_index=True)
    # 根据指定列筛选数据
    empty_table = empty_table.groupby('商品产地')
    # 异常捕获
    try:
        # 创建一个新的工作簿
        new_workbook = xw.books.add()
        # 遍历筛选的数据，idx 对应商品产地，group 对应物品所有明细数据
        for idx, group in empty_table:
            # 在工作簿中新增工作表，以商品产地命名工作表
            new_worksheet = new_workbook.sheets.add(idx)
            # 在新工作表中写入数据
            new_worksheet['A1'].options(index=False).value = group
            # 获取当前工作表数据区域右下角的单元格
            last_cell = new_worksheet['A1'].expand('table').last_cell
            # 获取数据区域最后一行的行号
            last_row = last_cell.row
            # 获取数据区域最后一列的列号
            last_column = last_cell.column
            # 将数据区域最后一列的列号（数字）转换为该列的列标（字母）
            last_column_letter = chr(64 + last_column)
            # 获取数据区域右下角单元格下方的单元格位置
            sum_cell_name = f'{last_column_letter}{last_row + 1}'
            # 获取数据区域右下角单元格的位置
            sum_last_row_name = f'{last_column_letter}{last_row}'
            # 根据单元格位置构造 Excel 公式，对库存量进行求和
            formula = f'SUM({last_column_letter}2:{sum_last_row_name})'
            # 将求和公式写入数据区域右下角单元格下方的单元格中
            new_worksheet[sum_cell_name].formula = formula
            # 自动调整工作表的行高和列宽
            new_worksheet.autofit()
        # 保存新工作簿
        new_workbook.save(os.path.join(full_path, '商品产地.xlsx'))
    # 不管前面是否发生异常，都执行该语句块的语句
    finally:
        # 关闭新工作簿
        new_workbook.close()
# 不管前面是否发生异常，都执行该语句块的语句
```

```
    finally:
        # 关闭工作簿
        workbook.close()
    # 退出 Excel 程序
    app.quit()
```

执行 py 文件，可以得到类似图 8-4 所示的结果。

	A	B	C	D	E	F	G	H	I
1	商品产地	序号	商品sku	商品名称	销售单价	商品编号	生产日期	库存量	
2	中国	757	SKU009958	文件夹	9.9	6978582823	2021/1/14	500	
3	中国	758	SKU009959	铅笔	6.6	6978582821	2020/3/15	600	
4	中国	343	SKU009955	铅笔	10	6978501944	2021/1/11	100	
5								SUM(H2:H4)	
6									

图 8-4　按商品产地分类结果

这个示例中使用了 reindex()函数。reindex()是 Pandas 模块中的函数，用于改变行、列的顺序，语法格式如下：

```
Reindex(index=index_labels, columns=column_labels, fill_value=0)
```

参数说明：

- index：要改变位置的行，为列表形式。
- columns：要改变位置的列，为列表形式。
- fill_value：默认为 0。

对上面的示例进行适当的修改，可以实现对指定工作簿的指定类别进行筛选，并将筛选结果作为一个新的工作簿。在工作表中筛选单一类别数据的示例如下（books_single_type_select.py）：

```
import xlwings as xw
import pandas as pd
import os

# 全路径
full_path = 'd:\\workspace\\pythonoperexcel\\chapter8\\files'
# 启动 Excel 程序
app = xw.App(visible=False, add_book=False)
# 打开指定工作簿
workbook = app.books.open(os.path.join(full_path, '商品信息.xlsx'))
# 异常捕获
try:
    # 取得工作簿中的所有工作表
    sheet_list = workbook.sheets
    # 创建一个空的 DataFrame
    empty_table = pd.DataFrame()
    # 遍历工作表
```

```
    for i, j in enumerate(sheet_list):
        # 当前工作表的数据
        t_values = j.range('A1').options(pd.DataFrame, header=1, index=False,
                                         expand='table').value
        # 调整列的顺序
        c_data = t_values.reindex(columns=['商品名称', '序号', '商品 sku', '库存量',
                                          '销售单价', '商品产地', '商品编号', '生产日期'])
        # 将调整列顺序后的数据合并到创建的 DataFrame 对象中
        empty_table = empty_table.append(c_data, ignore_index=True)
    select_shopping = '文件夹'
    # 根据指定列筛选数据
    select_value = empty_table[empty_table['商品名称'] == select_shopping]
    # 创建一个新的工作簿
    new_workbook = xw.books.add()
    # 异常捕获
    try:
        # 在工作簿中新增工作表，以 select_shopping 值命名工作表
        new_worksheet = new_workbook.sheets.add(select_shopping)
        # 在新工作表中写入数据
        new_worksheet['A1'].options(index=False).value = select_value
        # 自动调整工作表的行高和列宽
        new_worksheet.autofit()
        # 保存新工作簿
        new_workbook.save(os.path.join(full_path, f'{select_shopping}.xlsx'))
    # 不管前面是否发生异常，都执行该语句块的语句
    finally:
        # 关闭新工作簿
        new_workbook.close()
# 不管前面是否发生异常，都执行该语句块的语句
finally:
    # 关闭工作簿
    workbook.close()
# 退出 Excel 程序
app.quit()
```

将以上示例和排序相结合，可以得到按指定字段排序的结果，示例如下（books_type_select_order.py）：

```
import xlwings as xw
import pandas as pd
import os

# 全路径
full_path = 'd:\\workspace\\pythonoperexcel\\chapter8\\files'
```

```
# 启动 Excel 程序
app = xw.App(visible=False, add_book=False)
# 打开指定工作簿
workbook = app.books.open(os.path.join(full_path, '商品信息.xlsx'))
# 异常捕获
try:
    # 取得工作簿中的所有工作表
    sheet_list = workbook.sheets
    # 创建一个空的 DataFrame
    empty_table = pd.DataFrame()
    # 遍历工作表
    for i, j in enumerate(sheet_list):
        # 当前工作表的数据
        t_values = j.range('A1').options(pd.DataFrame, header=1, index=False,
                                         expand='table').value
        # 调整列的顺序
        c_data = t_values.reindex(columns=['商品名称', '序号', '商品 sku', '库存量',
                                  '销售单价', '商品产地', '商品编号', '生产日期'])
        # 将调整列顺序后的数据合并到创建的 DataFrame 对象中
        empty_table = empty_table.append(c_data, ignore_index=True)
        # 对指定列进行升序排序，默认排序顺序是升序
        empty_table = empty_table.sort_values(by='库存量')
    select_shopping = '文件夹'
    # 根据指定列筛选数据
    select_value = empty_table[empty_table['商品名称'] == select_shopping]
    # 创建一个新的工作簿
    new_workbook = xw.books.add()
    # 异常捕获
    try:
        # 在工作簿中新增工作表，以 select_shopping 值命名工作表
        new_worksheet = new_workbook.sheets.add(select_shopping)
        # 在新工作表中写入数据
        new_worksheet['A1'].options(index=False).value = select_value
        # 自动调整工作表的行高和列宽
        new_worksheet.autofit()
        # 保存新工作簿
        new_workbook.save(os.path.join(full_path, f'{select_shopping}.xlsx'))
    # 不管前面是否发生异常，都执行该语句块的语句
    finally:
        # 关闭新工作簿
        new_workbook.close()
# 不管前面是否发生异常，都执行该语句块的语句
finally:
```

```
    # 关闭工作簿
    workbook.close()
# 退出 Excel 程序
app.quit()
```

8.3　数据汇总

在工作应用中，经常需要对 Excel 中的某些数据做汇总。比如有 5 个商品名称为“文件夹”的商品，需要将这 5 条记录对应的库存数加起来，作为“文件夹”这个商品的总库存追加在最后一列后面。这种操作在 Excel 中可以通过手动操作完成，但是当工作簿或工作表数据量很大时，手动操作显然不是一个好的处理办法，通过编程来操作是否可行？

遇到这种情况时，能通过编程处理就尽量用程序来完成。这种分组汇总的操作通过编程来完成是非常好的方式。在 Pandas 模块中提供了一些很好的处理这类问题的函数。

多工作簿中工作表的分类汇总（books_type_summary.py）：

```
import os
import xlwings as xw
import pandas as pd

# 全路径
full_path = 'd:\\workspace\\pythonoperexcel\\chapter8\\files'
# 启动 Excel 程序
app = xw.App(visible=False, add_book=False)
# 取得指定目录下所有文件
file_list = os.listdir(full_path)
# 文件遍历
for i in file_list:
    # 跳过不符合格式的文件
    if i.startswith('~$') or not i.endswith('.xlsx'):
        continue

    # 打开当前工作簿
    workbook = app.books.open(os.path.join(full_path, i))
    # 异常捕获
    try:
        # 取得当前工作簿中的所有工作表
        sheet_list = workbook.sheets
        # 遍历工作表
        for j in sheet_list:
            # 读取当前工作表的数据
            t_values =
```

```
j.range('A1').expand('table').options(pd.DataFrame).value
            # 如果 t_values 为 None，则继续循环
            if t_values.empty:
                continue

            # 数据类型转换
            t_values['库存量'] = t_values['库存量'].astype('float')
            # 对数据进行分类汇总，汇总运算方式为求和
            group_result = t_values.groupby('商品名称').sum()
            # 将汇总结果写入当前工作表
            j.range('I1').value = group_result['库存量']
        # 保存工作簿
        workbook.save()
    # 不管前面是否发生异常，都执行该语句块的语句
    finally:
        # 关闭工作簿
        workbook.close()
# 退出 Excel 程序
app.quit()
```

执行 py 文件，可以得到类似图 8-5 所示的结果。

	A	B	C	D	E	F	G	H	I	J
1	序号	商品sku	商品名称	库存量	销售单价	商品产地	商品编号	生产日期	商品名称	库存量
2	770	SKU009969	文件夹	1000	15.15	朝鲜	6978510719	2020/11/25	文件夹	4290
3	765	SKU009966	文件夹	900	21	加拿大	6978582820	2021/1/22	笔记本	2185
4	764	SKU009965	装饰品	800	8.8	俄罗斯	6978582822	2020/2/21	装饰品	2295
5	775	SKU009974	笔记本	710	8.2	荷兰	6978507706	2020/6/3	铅笔	1705
6	763	SKU009964	笔记本	700	6.8	葡萄牙	6978506612	2020/10/20		
7	776	SKU009975	文件夹	630	5.8	印度	6978507702	2021/1/31		
8	758	SKU009959	铅笔	600	6.6	中国	6978582821	2020/3/15		
9	762	SKU009963	文件夹	600	18	西班牙	6978582838	2021/1/19		
10	774	SKU009973	铅笔	505	6.5	阿根廷	6978507183	2021/1/29		
11	766	SKU009967	铅笔	500	7.9	巴西	6978582837	2020/11/2		
12	757	SKU009958	文件夹	500	9.9	中国	6978582823	2021/1/14		
13	761	SKU009962	笔记本	410	10.3	法国	6978582836	2020/5/18		
14	773	SKU009972	文件夹	405	27	菲律宾	6978510720	2021/1/2		
15	760	SKU009961	装饰品	395	16	意大利	6978582835	2020/10/17		
16	689	SKU009957	装饰品	300	12	美国	6978504148	2020/6/1		
17	769	SKU009968	装饰品	300	9.9	韩国	6978507185	2021/1/24		
18	772	SKU009971	装饰品	300	7.6	泰国	6978507184	2020/1/5		
19	759	SKU009960	文件夹	255	15	德国	6978582824	2021/1/16		
20	685	SKU009956	笔记本	215	13	英国	6978503592	2021/1/1		
21	777	SKU009976	装饰品	200	22.55	日本	6978507705	2020/12/1		
22	771	SKU009970	笔记本	150	25	埃及	6978507186	2021/1/26		
23	343	SKU009955	铅笔	100	10	中国	6978501944	2021/1/11		
24										
25										
26										
27										

信息合计 Sheet2 Sheet3 +

图 8-5　指定数据汇总结果

也可以对上面的示例做一些修改，实现对多个工作簿指定工作表中指定数据的汇总，示例如下（books_sheets_summary.py）：

```
import os
import xlwings as xw
import pandas as pd

# 全路径
full_path = 'd:\\workspace\\pythonoperexcel\\chapter8\\files'
# 启动 Excel 程序
app = xw.App(visible=False, add_book=False)
# 取得指定目录下的所有文件
file_list = os.listdir(full_path)
# 文件遍历
for i in file_list:
    # 异常捕获
    try:
        # 跳过不符合格式的文件
        if i.startswith('~$') or not i.endswith('.xlsx'):
            continue

        # 打开当前工作簿
        workbook = app.books.open(os.path.join(full_path, i))
        # 取得当前工作簿中的所有工作表
        sheet_list = workbook.sheets
        # 从当前所有工作表中取得指定名称的工作表
        select_sheet = [sheet for sheet in sheet_list if sheet.name == '信息合计']
        # 没有找到指定名称的工作表，继续循环
        if not select_sheet:
            continue

        # 从筛选出的指定名称工作表集合中取第一个值
        worksheet = select_sheet[0]
        # 读取当前工作表的数据
        t_values =
worksheet.range('A1').expand('table').options(pd.DataFrame).value
        # 如果 t_values 为 None，则继续循环
        if t_values.empty:
            continue

        # 数据类型转换
        t_values['库存量'] = t_values['库存量'].astype('float')
        # 对数据进行分类汇总，汇总运算方式为求和
        group_result = t_values.groupby('商品名称').sum()
        # 将汇总结果写入当前工作表
        worksheet.range('I1').value = group_result['库存量']
```

```
        # 保存工作簿
        workbook.save()
    # 不管前面是否发生异常，都执行该语句块的语句
    finally:
        # 关闭工作簿
        workbook.close()
# 退出 Excel 程序
app.quit()
```

除了可以将工作表的数据汇总到当前工作表，也可以将汇总数据写入一个新的工作簿，示例如下（books_summary_to_book.py）：

```
import os
import xlwings as xw12
import pandas as pd

# 全路径
full_path = 'd:\\workspace\\pythonoperexcel\\chapter\\files'
# 启动 Excel 程序
app = xw.App(visible=False, add_book=False)
# 取得指定目录下的所有文件
file_list = os.listdir(full_path)
# 新建一个汇总数据列表对象
summary_list = list()
# 文件遍历
for i in file_list:
    # 跳过不符合格式的文件
    if i.startswith('~$') or not i.endswith('.xlsx'):
        continue

    # 打开当前工作簿
    workbook = app.books.open(os.path.join(full_path, i))
    # 异常捕获
    try:
        # 取得当前工作簿中的所有工作表
        sheet_list = workbook.sheets
        # 从当前所有工作表中取得指定名称的工作表
        select_sheet = [sheet for sheet in sheet_list if sheet.name == '信息合计']
        # 没有找到指定名称的工作表，继续循环
        if not select_sheet:
            continue

        # 从筛选出的指定名称工作表集合中取第一个值
        worksheet = select_sheet[0]
```

```
        # 读取当前工作表的数据
        t_values =
worksheet.range('A1').expand('table').options(pd.DataFrame).value
        # 如果 t_values 为 None，则继续循环
        if t_values.empty:
            continue

        # 保留字段
        filter_field = t_values[['商品名称', '库存量']]
        # 为汇总数据列表添加数据
        summary_list.append(filter_field)
    # 不管前面是否发生异常，都执行该语句块的语句
    finally:
        # 关闭工作簿
        workbook.close()

# 将提取出来的数据赋值给 new_values 对象
new_values = pd.concat(summary_list, ignore_index=False).set_index('商品名称')
# 数据类型转换
new_values['库存量'] = new_values['库存量'].astype('float')
# 对数据进行分类汇总，汇总运算方式为求和
group_result = new_values.groupby('商品名称').sum()
# 创建新工作簿
new_workbook = app.books.add()
# 异常捕获
try:
    # 从新工作簿中取得第一个工作表
    sheet = new_workbook.sheets[0]
    # 将前面的分组数据写入新工作表
    sheet.range('A1').value = group_result
    # 保存新工作簿
    new_workbook.save(os.path.join(full_path, '库存汇总.xlsx'))
# 不管前面是否发生异常，都执行该语句块的语句
finally:
    # 关闭新工作簿
    new_workbook.close()
# 退出 Excel 程序
app.quit()
```

前面的示例展示了怎样对某列数据的分类汇总，并将汇总结果写入当前工作表或新增一个工作簿，按照这种思路应该也可以实现对某列数据的求和吧？

这种发散思维很好。在 Excel 操作中，求和是一个很常见的操作。Excel 提供了比较完善的功能支持，但是不便于大量工作簿或工作表的操作，通过编程操作的方式可以很好地处理这类问题。

工作簿中所有工作表求和（sheets_sum.py）：

```
import os
import xlwings as xw
import pandas as pd

# 全路径
full_path = 'd:\\workspace\\pythonoperexcel\\chapter8\\files'
# 启动 Excel 程序
app = xw.App(visible=False, add_book=False)
# 打开指定工作簿
workbook = app.books.open(os.path.join(full_path, '商品信息.xlsx'))
# 取得指定工作簿中的所有工作表
sheet_list = workbook.sheets
# 异常捕获
try:
    # 遍历工作表
    for i in sheet_list:
        # 读取当前工作表的数据
        t_values = i.range('A1').expand('table')
        # 若 t_values 为空，则继续循环
        if not t_values:
            continue

        # 使用选中的单元格区域中的数据创建一个 DataFrame
        table_data = t_values.options(pd.DataFrame).value
        # 如果 table_data 为 None，则继续循环
        if table_data.empty:
            continue

        # 对指定列求和，如“库存量”
        sum_val = table_data['库存量'].sum()
        # 获取指定列（库存量）的列号
        column = t_values.value[0].index('库存量') + 1
        # 获取数据区域最后一行的行号
        row = t_values.shape[0]
        # 将求和结果写入指定列（库存量）最后一个单元格下方的单元格中
        i.range(row + 1, column).value = sum_val
    # 保存工作簿
    workbook.save()
# 不管前面是否发生异常，都执行该语句块的语句
finally:
    # 关闭工作簿
```

```
    workbook.close()
# 退出 Excel 程序
app.quit()
```

执行 py 文件，以 files 文件夹下的“商品信息.xlsx”工作簿作为操作示例，可以得到类似图 8-6 所示的结果。

	A	B	C	D	E	F	G	H
1	序号	商品sku	商品名称	库存量	销售单价	商品产地	商品编号	生产日期
2	770	SKU009969	文件夹	1000	15.15	朝鲜	6978510719	2020/11/25
3	765	SKU009966	文件夹	900	21	加拿大	6978582820	2021/1/22
4	764	SKU009965	装饰品	800	8.8	俄罗斯	6978582822	2020/2/21
5	775	SKU009974	笔记本	710	8.2	荷兰	6978507706	2020/6/3
6	763	SKU009964	笔记本	700	6.8	葡萄牙	6978506612	2020/10/20
7	776	SKU009975	文件夹	630	5.8	印度	6978507702	2021/1/31
8	758	SKU009959	铅笔	600	6.6	中国	6978582821	2020/3/15
9	762	SKU009963	文件夹	600	18	西班牙	6978582838	2021/1/19
10	774	SKU009973	铅笔	505	6.5	阿根廷	6978507183	2021/1/29
11	766	SKU009967	铅笔	500	7.9	巴西	6978582837	2020/11/2
12	757	SKU009958	文件夹	500	9.9	中国	6978582823	2021/1/14
13	761	SKU009962	笔记本	410	10.3	法国	6978582836	2020/5/18
14	773	SKU009972	文件夹	405	27	菲律宾	6978510720	2021/1/2
15	760	SKU009961	装饰品	395	16	意大利	6978582835	2020/10/17
16	689	SKU009957	装饰品	300	12	美国	6978504148	2020/6/1
17	769	SKU009968	装饰品	300	9.9	韩国	6978507185	2021/1/24
18	772	SKU009971	装饰品	300	7.6	泰国	6978507184	2020/1/5
19	759	SKU009960	文件夹	255	15	德国	6978582824	2021/1/16
20	685	SKU009956	笔记本	215	13	英国	6978503592	2021/1/1
21	777	SKU009976	装饰品	200	22.55	日本	6978507705	2020/12/1
22	771	SKU009970	笔记本	150	25	埃及	6978507186	2021/1/26
23	343	SKU009955	铅笔	100	10	中国	6978501944	2021/1/11
24				10475				
25								
26								
27								

信息合计　Sheet2　Sheet3　+

图 8-6　对工作表中指定列数据求和

汇总的结果除了可以写入当前列最后一行的下一行，也可以写入任意自己指定的单元格，示例如下（sum_to_cell.py）：

```
import os
import xlwings as xw
import pandas as pd

# 全路径
full_path = 'd:\\workspace\\pythonoperexcel\\chapter8\\files'
# 启动 Excel 程序
app = xw.App(visible=False, add_book=False)
# 打开指定工作簿
workbook = app.books.open(os.path.join(full_path, '商品信息.xlsx'))
# 取得指定工作簿中的所有工作表
sheet_list = workbook.sheets
# 异常捕获
try:
```

```
    # 文件遍历
    for i in sheet_list:
        # 读取当前工作表的数据
        t_values = i.range('A1').expand('table').options(pd.DataFrame).value
        # 如果 t_values 为 None，则继续循环
        if t_values.empty:
            continue

        # 对指定列求和，如“库存量”
        sum_val = t_values['库存量'].sum()
        # 将求和结果写入指定单元格
        i.range('J1').value = sum_val
    # 保存工作簿
    workbook.save()
# 不管前面是否发生异常，都执行该语句块的语句
finally:
    # 关闭工作簿
    workbook.close()
# 退出 Excel 程序
app.quit()
```

执行 py 文件，以 files 文件夹下的“商品信息.xlsx”工作簿作为操作示例，可以得到类似图 8-7 所示的结果。

	A	B	C	D	E	F	G	H	I	J
1	序号	商品sku	商品名称	库存量	销售单价	商品产地	商品编号	生产日期		10475
2	770	SKU009969	文件夹	1000	15.15	朝鲜	6978510719	2020/11/25		
3	765	SKU009966	文件夹	900	21	加拿大	6978582820	2021/1/22		
4	764	SKU009965	装饰品	800	8.8	俄罗斯	6978582822	2020/2/21		
5	775	SKU009974	笔记本	710	8.2	荷兰	6978507706	2020/6/3		
6	763	SKU009964	笔记本	700	6.8	葡萄牙	6978506612	2020/10/20		
7	776	SKU009975	文件夹	630	5.8	印度	6978507702	2021/1/31		
8	758	SKU009959	铅笔	600	6.6	中国	6978582821	2020/3/15		
9	762	SKU009963	文件夹	600	18	西班牙	6978582838	2021/1/19		
10	774	SKU009973	铅笔	505	6.5	阿根廷	6978507183	2021/1/29		
11	766	SKU009967	铅笔	500	7.9	巴西	6978582837	2020/11/2		
12	757	SKU009958	文件夹	500	9.9	中国	6978582823	2021/1/14		
13	761	SKU009962	笔记本	410	10.3	法国	6978582836	2020/5/18		
14	773	SKU009972	文件夹	405	27	菲律宾	6978510720	2021/1/2		
15	760	SKU009961	装饰品	395	16	意大利	6978582835	2020/10/17		
16	689	SKU009957	装饰品	300	12	美国	6978504148	2020/6/1		
17	769	SKU009968	装饰品	300	9.9	韩国	6978507185	2021/1/24		
18	772	SKU009971	装饰品	300	7.6	泰国	6978507184	2020/1/5		
19	759	SKU009960	文件夹	255	15	德国	6978582824	2021/1/16		
20	685	SKU009956	笔记本	215	13	英国	6978503592	2021/1/1		
21	777	SKU009976	装饰品	200	22.55	日本	6978507705	2020/12/1		
22	771	SKU009970	笔记本	150	25	埃及	6978507186	2021/1/26		
23	343	SKU009955	铅笔	100	10	中国	6978501944	2021/1/11		
24										
25										
26										
27										

信息合计 Sheet2 Sheet3 +

图 8-7 将汇总结果写入指定单元格

在应用中，有时为了查看某些数据的边界值需要取得某一列的最大值和最小值，对于数据量不多时，可以观看的方式比较快速地找到最大值和最小值，当数据量很大时，通过肉眼查看的方式就很低效了，并且不能保证查找正确。虽然也可以通过 Excel 中的相关公式查找，但是操作的方式也不是很便捷，通过编程的方式应该可以很好地处理这个问题？

在 Pandas 模块中提供的 max()、min()函数可以很方便地找到最大值和最小值。

最大值、最小值统计（books_max_min.py）：

```
import os
import xlwings as xw
import pandas as pd

# 全路径
full_path = 'd:\\workspace\\pythonoperexcel\\chapter8\\files'
# 启动 Excel 程序
app = xw.App(visible=False, add_book=False)
# 取得指定目录下的所有文件
file_list = os.listdir(full_path)
# 文件遍历
for i in file_list:
    # 跳过不符合格式的文件
    if i.startswith('~$') or not i.endswith('.xlsx'):
        continue

    # 打开当前工作簿
    workbook = app.books.open(os.path.join(full_path, i))
    # 异常捕获
    try:
        # 取得当前工作簿中的所有工作表
        sheet_list = workbook.sheets
        # 遍历工作表
        for j in sheet_list:
            # 读取当前工作表的数据
            t_values =
j.range('A1').expand('table').options(pd.DataFrame).value
            # 如果 t_values 为 None，则继续循环
            if t_values.empty:
                continue

            # 统计“库存量”的最大值
            max_val = t_values['库存量'].max()
            # 统计“库存量”的最小值
            min_val = t_values['库存量'].min()
            # 在当前指定单元格中写入指定文本内容
```

```
            j.range('I1').value = '最大库存量'
            # 在当前指定单元格中写入统计出的最大值
            j.range('J1').value = max_val
            # 在当前指定单元格中写入指定文本内容
            j.range('I2').value = '最小库存量'
            # 在当前指定单元格中写入统计出的最小值
            j.range('J2').value = min_val
        # 保存工作簿
        workbook.save()
    # 不管前面是否发生异常，都执行该语句块的语句
    finally:
        # 关闭工作簿
        workbook.close()
# 退出 Excel 程序
app.quit()
```

执行 py 文件，以 files 文件夹下的“商品信息.xlsx”工作簿作为操作示例，可以得到类似图 8-8 所示的结果。

序号	商品sku	商品名称	库存量	销售单价	商品产地	商品编号	生产日期	最大库存量	1000
770	SKU009969	文件夹	1000	15.15	朝鲜	6978510719	2020/11/25	最小库存量	100
765	SKU009966	文件夹	900	21	加拿大	6978582820	2021/1/22		
764	SKU009965	装饰品	800	8.8	俄罗斯	6978582822	2020/2/21		
775	SKU009974	笔记本	710	8.2	荷兰	6978507706	2020/6/3		
763	SKU009964	笔记本	700	6.8	葡萄牙	6978506612	2020/10/20		
776	SKU009975	文件夹	630	5.8	印度	6978507702	2021/1/31		
758	SKU009959	铅笔	600	6.6	中国	6978582821	2020/3/15		
762	SKU009963	文件夹	600	18	西班牙	6978582838	2021/1/19		
774	SKU009973	铅笔	505	6.5	阿根廷	6978507183	2021/1/29		
766	SKU009967	铅笔	500	7.9	巴西	6978582837	2020/11/2		
757	SKU009958	文件夹	500	9.9	中国	6978582823	2021/1/14		
761	SKU009962	笔记本	410	10.3	法国	6978582836	2020/5/18		
773	SKU009972	文件夹	405	27	菲律宾	6978510720	2021/1/2		
760	SKU009961	装饰品	395	16	意大利	6978582835	2020/10/17		
689	SKU009957	装饰品	300	12	美国	6978504148	2020/6/1		
769	SKU009968	装饰品	300	9.9	韩国	6978507185	2021/1/24		
772	SKU009971	装饰品	300	7.6	泰国	6978507184	2020/1/5		
759	SKU009960	文件夹	255	15	德国	6978582824	2021/1/16		
685	SKU009956	笔记本	215	13	英国	6978503592	2021/1/1		
777	SKU009976	装饰品	200	22.55	日本	6978507705	2020/12/1		
771	SKU009970	笔记本	150	25	埃及	6978507186	2021/1/26		
343	SKU009955	铅笔	100	10	中国	6978501944	2021/1/11		

信息合计 Sheet2 Sheet3

图 8-8 取得工作表中指定列的最大值和最小值

也可以对上面的示例做适当修改，对指定工作簿的所有工作表中指定列取最大值和最小值，示例如下（book_sheets_max_min.py）：

```
import os
import xlwings as xw
import pandas as pd
```

```
# 全路径
full_path = 'd:\\workspace\\pythonoperexcel\\chapter8\\files'
# 启动 Excel 程序
app = xw.App(visible=False, add_book=False)

# 打开指定工作簿
workbook = app.books.open(os.path.join(full_path, '商品信息.xlsx'))
# 获取指定工作簿中的所有工作表
sheet_list = workbook.sheets
# 异常捕获
try:
    # 文件遍历
    for i in sheet_list:
        # 读取当前工作表的数据
        t_values = i.range('A1').expand('table').options(pd.DataFrame).value
        # 如果 t_values 为 None，则继续循环
        if t_values.empty:
            continue

        # 统计“库存量”的最大值
        max_val = t_values['库存量'].max()
        # 统计“库存量”的最小值
        min_val = t_values['库存量'].min()
        # 在当前指定单元格中写入指定文本内容
        i.range('I1').value = '最大库存量'
        # 在当前指定单元格中写入统计出的最大值
        i.range('J1').value = max_val
        # 在当前指定单元格中写入指定文本内容
        i.range('I2').value = '最小库存量'
        # 在当前指定单元格中写入统计出的最小值
        i.range('J2').value = min_val
    # 保存工作簿
    workbook.save()
# 不管前面是否发生异常，都执行该语句块的语句
finally:
    # 关闭工作簿
    workbook.close()
# 退出 Excel 程序
app.quit()
```

8.4 数据透视表

在 Excel 应用操作中，有一个数据透视表的概念，即将数据根据指定条件做一些横向和纵向的汇总，便于横向和纵向的数据对比查看。这个操作在 Excel 中也可以手动操作实现，但是操作步骤偏多，是否可以通过编程方式来实现？

手动做数据透视表是有不少步骤，不过不用担心，利用 Pandas 模块中的 pivot_table()函数可以比较方便地实现这样的功能。

批量工作簿中工作表的数据透视表（data_vision.py）：

```
import os
import xlwings as xw
import pandas as pd

# 全路径
full_path = 'd:\\workspace\\pythonoperexcel\\chapter8\\files'
# 启动 Excel 程序
app = xw.App(visible=False, add_book=False)
# 取得指定目录下的所有文件
file_list = os.listdir(full_path)
# 文件遍历
for i in file_list:
    # 跳过不符合格式的文件
    if i.startswith('~$') or not i.endswith('.xlsx'):
        continue

    # 打开当前工作簿
    workbook = app.books.open(os.path.join(full_path, i))
    # 异常捕获
    try:
        # 取得当前工作簿中的所有工作表
        sheet_list = workbook.sheets
        # 遍历工作表
        for j in sheet_list:
            # 读取当前工作表的数据
            t_values =
j.range('A1').expand('table').options(pd.DataFrame).value
            # 如果 t_values 为 None，则继续循环
            if t_values.empty:
                continue
            # 用读取的数据制作数据透视表
            pivot_table = pd.pivot_table(t_values, values='库存量', index='商品产地',
                                        columns='商品名称', aggfunc='sum', fill_value=0,
```

```
                                margins=True, margins_name='总库存')
            # 将制作的数据透视表写入当前工作表
            j.range('J1').value = pivot_table
        # 保存工作簿
        workbook.save()
    # 不管前面是否发生异常，都执行该语句块的语句
    finally:
        # 关闭工作簿
        workbook.close()
# 退出 Excel 程序
app.quit()
```

执行 py 文件，以 files 文件夹下的“商品信息.xlsx”工作簿作为操作示例，可以得到类似图 8-9 所示的结果。

序号	商品sku	商品名称	库存量	销售单价	商品产地	商品编号	生产日期
770	SKU009969	文件夹	1000	15.15	朝鲜	6978510719	2020/11/25
765	SKU009966	文件夹	900	21	加拿大	6978582820	2021/1/22
764	SKU009965	装饰品	800	8.8	俄罗斯	6978582822	2020/2/21
775	SKU009974	笔记本	710	8.2	荷兰	6978507706	2020/6/3
763	SKU009964	笔记本	700	6.8	葡萄牙	6978506612	2020/10/20
776	SKU009975	文件夹	630	5.8	印度	6978507702	2021/1/31
758	SKU009959	铅笔	600	6.6	中国	6978582821	2020/3/15
762	SKU009963	文件夹	600	18	西班牙	6978582838	2021/1/19
774	SKU009973	铅笔	505	6.5	阿根廷	6978507183	2021/1/29
766	SKU009967	铅笔	500	7.9	巴西	6978582837	2020/11/2
757	SKU009958	文件夹	500	9.9	中国	6978582823	2021/1/14
761	SKU009962	笔记本	410	10.3	法国	6978582836	2020/5/18
773	SKU009972	文件夹	405	27	菲律宾	6978510720	2021/1/2
760	SKU009961	装饰品	395	16	意大利	6978582835	2020/10/17
689	SKU009957	装饰品	300	12	美国	6978504148	2020/6/1
769	SKU009968	装饰品	300	9.9	韩国	6978507185	2021/1/24
772	SKU009971	装饰品	300	7.6	泰国	6978507184	2020/1/5
759	SKU009960	文件夹	255	15	德国	6978582824	2021/1/16
685	SKU009956	笔记本	215	13	英国	6978503592	2021/1/1
777	SKU009976	装饰品	200	22.55	日本	6978507705	2020/12/1
771	SKU009970	笔记本	150	25	埃及	6978507186	2021/1/26
343	SKU009955	铅笔	100	10	中国	6978501944	2021/1/11

商品产地	文件夹	笔记本	装饰品	铅笔	总库存
中国	500	0	0	700	1200
俄罗斯	0	0	800	0	800
加拿大	900	0	0	0	900
印度	630	0	0	0	630
埃及	0	150	0	0	150
巴西	0	0	0	500	500
德国	255	0	0	0	255
意大利	0	0	395	0	395
日本	0	0	200	0	200
朝鲜	1000	0	0	0	1000
法国	0	410	0	0	410
泰国	0	0	300	0	300
美国	0	0	300	0	300
英国	0	215	0	0	215
荷兰	0	710	0	0	710
菲律宾	405	0	0	0	405
葡萄牙	0	700	0	0	700
西班牙	600	0	0	0	600
阿根廷	0	0	0	505	505
韩国	0	0	300	0	300
总库存	4290	2185	2295	1705	10475

信息合计 Sheet2 Sheet3

图 8-9 工作簿数据透视表

上述示例中使用的 pivot_table()函数是 Pandas 模块中的函数，用于创建一个电子表格样式的数据透视表，语法格式如下：

```
Pivot_table(data, values=None, index=None, columns=None, aggfunc='mean',
            fill_value=None, margins=False, dropna=True, margins_name='All')
```

其中的参数解释如下：

- data：必选参数，用于指定要制作数据透视表的数据区域。
- values：可选参数，用于指定汇总计算的字段。
- index：必选参数，用于指定行字段。
- columns：必选参数，用于指定列字段。
- aggfunc：用于指定汇总计算的方式，如“sum”（求和）、“mean”（计算平均值）。

- fill_value：用于指定填充缺失的内容，默认不填充。
- margins：用于设置是否显示行列的总计数据，为 False 时不显示，为 True 时显示。
- dropna：用于设置汇总后的整行数据都为空值的行是否丢弃，为 True 时丢弃，为 False 时不丢弃。
- margins_name：当参数 margins 为 True 时，用于设置总计数据行的名称。

以上是批量工作簿的数据透视表生成示例，对其稍作修改后可以生成对指定工作簿中工作表的数据透视表，示例如下（book_sheets_data_vision.py）：

```
import os
import xlwings as xw
import pandas as pd

# 全路径
full_path = 'd:\\workspace\\pythonoperexcel\\chapter8\\files'
# 启动 Excel 程序
app = xw.App(visible=False, add_book=False)

# 打开指定工作簿
workbook = app.books.open(os.path.join(full_path, '商品信息.xlsx'))
# 取得指定工作簿中的所有工作表
sheet_list = workbook.sheets
# 异常捕获
try:
    # 文件遍历
    for i in sheet_list:
        # 读取当前工作表的数据
        t_values = i.range('A1').expand('table').options(pd.DataFrame).value
        # 如果 t_values 为 None，则继续循环
        if t_values.empty:
            continue

        # 用读取的数据制作数据透视表
        pivot_table = pd.pivot_table(t_values, values='库存量', index='商品产地',
                                     columns='商品名称', aggfunc='sum', fill_value=0,
                                     margins=True, margins_name='总库存')
        # 将制作的数据透视表写入当前工作表
        i.range('J1').value = pivot_table
    # 保存工作簿
    workbook.save()
# 不管前面是否发生异常，都执行该语句块的语句
finally:
    # 关闭工作簿
    workbook.close()
# 退出 Excel 程序
app.quit()
```

8.5 数据分析与图表展示

在应用中，数据的相关性分析是非常具有商业价值的。对于存放于 Excel 中的数据，若可以直接通过相关性分析出一些结果，对于很多使用 Excel 的人员来说是非常有商业价值的。当然，Excel 中也有提供相关功能，可以做一些数据分析的工作，若能通过编程方式做更具体的商业分析，那么灵活度及可以计算的维度应该会更大。

通过编程的方式确实可以做更多维度的分析，通过代码对数据进行处理，可以做出满足不同需求的分析报表，也可以将分析结果通过图表方式展现出来。

工作簿中数据相关性分析（data_relevance.py）：

```
import pandas as pd
import os


# 全路径
full_path = 'd:\\workspace\\pythonoperexcel\\chapter8\\files'
# 从指定工作簿中读取要进行相关性分析的数据
df = pd.read_excel(os.path.join(full_path, '商品信息.xlsx'), index_col='商品名
称')
# 计算任意两个变量之间的相关系数
corr_result = df.corr()
# 输出计算出的相关系数
print(f'相关系数结果: \n{corr_result}')
```

执行 py 文件，得到的执行结果如下：

相关系数结果：

```
              序号        库存量       销售单价       商品编号
序号    1.000000  0.403904  0.113648  0.229205
库存量   0.403904  1.000000 -0.191568  0.283423
销售单价  0.113648 -0.191568  1.000000 -0.018510
商品编号  0.229205  0.283423 -0.018510  1.000000
```

示例中使用的 read_excel()函数是 Pandas 模块中的函数，用于读取工作簿数据，语法格式如下：

```
Read_excel(io, sheet_name=0, header=0, names=None, index_col=None,
usecols=None,Squeeze=False, dtype=None)
```

各参数含义解释如下：

- io：要读取的工作簿的文件路径。
- sheet_name：默认值为 0；如果为字符串，则代表工作表名称；如果为整数，则代表工作表的序号（从 0 开始）；如果为字符串列表或整数列表，则表示读取多个工作表；如果为 None，则表示读取所有工作表。
- header：指定作为列名的行。默认为 0，即读取第一行的内容作为列名，读取列名行以

下的内容作为数据；如果工作表原有内容没有列名，则应设置 header=None。

- names：指定要使用的列名列表，默认为 None。
- index_col：指定作为索引的列，默认为 None，表示用自动生成的整数序列作为索引。
- usecols：指定要读取的列。默认为 None，表示读取所有列；如果为字符串，如“A:E”或“A,C,E:F”等，则表示按列标读取指定列；如果为整数列表，则表示按列号（从 0 开始）读取指定列；如果为字符串列表，则表示按列名读取指定列。
- squeeze：默认为 False，如果为 True，则表示当读取的数据只有一列时返回一个 Series。
- dtype：指定数据或列的数据类型，默认为 None。

示例中使用到的 corr()函数是 Pandas 模块中 DataFrame 对象自带的一个函数，默认计算的是两个变量之间的皮尔逊相关系数。该系数用于描述两个变量间线性相关性的强弱，取值范围为[-1,1]。系数为正值表示存在正相关性，为负值表示存在负相关性，为 0 表示不存在线性相关性。系数的绝对值越大，说明相关性越强。

上面示例展示的是多个变量之间的相关性结果，是否可以只展示指定变量的相关性结果？

在上面的示例中，corr()函数后面跟上指定变量值就会只展示指定变量的相关性结果了。

变量间的数据相关性（var_data_relevance.py）：

```
import pandas as pd
import os

# 全路径
full_path = 'd:\\workspace\\pythonoperexcel\\chapter8\\files'
# 从指定工作簿中读取要进行相关性分析的数据
df = pd.read_excel(os.path.join(full_path, '商品信息.xlsx'), index_col='商品名
称')
# 计算任意两个变量之间的相关系数
corr_result = df.corr()['库存量']
# 输出计算的相关系数
print(f'相关系数结果：\n{corr_result}')
```

执行 py 文件，得到的结果如下：

相关系数结果：

```
序号       0.403904
库存量      1.000000
销售单价    -0.191568
商品编号     0.283423
Name: 库存量, dtype: float64
```

在应用中，通常会使用 Excel 来存储大量数据，对于一些存放了指定数据的 Excel 表格，可以通过表格中存放的数据做一些差异性的比对，通过比对结果做一些分析判断。例如，对于图 8-10 所示的数据，可以直接借助 Excel 中的单因素方差分析功能来对这些数据做分析判断，若使用编程方式实现，该怎么编写程序呢？

	A	B	C	D	E	F
1	轮胎型号 / 刹车距离 / 汽车序号	A型号	B型号	C型号	D型号	E型号
2	1	281	284	271	290	295
3	2	268	281	258	270	294
4	3	271	275	259	284	290
5	4	279	271	254	261	287
6	5	274	279	268	260	268
7	6	273	265	267	261	291
8	7	285	284	259	271	284
9	8	265	268	268	258	287
10	9	268	263	264	262	259
11	10	280	359	259	263	295
12						

图 8-10　汽车基础数据原表

通过编程也可以实现方差分析。在 Python 中，有一个名为 statsmodels 的模块专门用来处理方差分析相关的功能。

方差分析对比数据（variance_analysis.py）：

```
import os
import pandas as pd
import xlwings as xw
# 导入 ols() 函数
from statsmodels.formula.api import ols
# 导入 anova_lm() 函数
from statsmodels.stats.anova import anova_lm

# 全路径
full_path = 'd:\\workspace\\pythonoperexcel\\chapter8\\files'
# 读取指定工作簿中的数据
df = pd.read_excel(os.path.join(full_path, '方差分析.xlsx'))
# 选取指定列的数据，用于分析
df = df[['A 型号', 'B 型号', 'C 型号', 'D 型号', 'E 型号']]
# 将列名转换为列数据，重构 DataFrame
df_melt = df.melt()
# 重命名列
df_melt.columns = ['Treat', 'Value']
# 创建一个空 DataFrame，用于汇总数据
df_describe = pd.DataFrame()
# 计算指定列的平均值、最大值和最小值
```

```
    df_describe['A 型号'] = df['A 型号'].describe()
    # 计算指定列的平均值、最大值和最小值
    df_describe['B 型号'] = df['B 型号'].describe()
    # 计算指定列的平均值、最大值和最小值
    df_describe['C 型号'] = df['C 型号'].describe()
    # 计算指定列的平均值、最大值和最小值
    df_describe['D 型号'] = df['D 型号'].describe()
    # 计算指定列的平均值、最大值和最小值
    df_describe['E 型号'] = df['E 型号'].describe()
    # 对样本数据进行最小二乘线性拟合计算
    model = ols('Value~C(Treat)', data=df_melt).fit()
    # 对样本数据进行方差分析
    anova_table = anova_lm(model, typ=3)
    # 开启 Excel 程序
    app = xw.App(visible=False)
    # 打开指定工作簿
    workbook = app.books.open(os.path.join(full_path, '方差分析.xlsx'))
    # 异常捕获
    try:
        # 取得指定工作簿中的所有工作表
        sheet_list = workbook.sheets
        # 从所有工作表中取得指定名称的工作表
        select_sheet = [sheet for sheet in sheet_list if sheet.name == '单因素方差
分析']
        # 从筛选结果集中取得第一个工作表
        worksheet = select_sheet[0]
        # 将计算出的平均值、最大值和最小值等数据转置行列并写入工作表
        worksheet.range('H2').value = df_describe.T
        # 在工作表中写入指定文本内容
        worksheet.range('H14').value = '方差分析'
        # 将方差分析的结果写入工作表
        worksheet.range('H15').value = anova_table
        # 保存工作簿
        workbook.save()
    # 不管前面是否发生异常，都执行该语句块的语句
    finally:
        # 关闭工作簿
        workbook.close()
    # 退出 Excel 程序
    app.quit()
```

执行 py 文件，以 files 文件夹下的“方差分析.xlsx”工作簿作为操作示例，可以得到类似图 8-11 所示的结果。

轮胎型号 / 刹车距离 / 汽车序号	A型号	B型号	C型号	D型号	E型号
1	281	284	271	290	295
2	268	281	258	270	294
3	271	275	259	284	290
4	279	271	254	261	287
5	274	279	268	260	268
6	273	265	267	261	291
7	285	284	259	271	284
8	265	268	268	258	287
9	268	263	264	262	259
10	280	359	259	263	295

	count	mean	std	min	25%	50%	75%	max
A型号	10	274.4	6.60303	265	268.75	273.5	279.75	285
B型号	10	282.9	27.79868	263	268.75	277	283.25	359
C型号	10	262.7	5.618422	254	259	261.5	267.75	271
D型号	10	268	10.93415	258	261	262.5	270.75	290
E型号	10	285	12.09224	259	284.75	288.5	293.25	295

方差分析

	sum_sq	df	F	PR(>F)
Intercept	752953.6	1	3380.381	5.52E-44
C(Treat)	3622.6	4	4.065911	0.00674
Residual	10023.4	45		

单因素方差分析

图 8-11 方差分析对比数据结果

该示例引入了一些新的模块和函数，在之前的内容讲解中没有介绍，下面分别做一些简单介绍。

示例代码中的 melt()函数是 Pandas 模块中 DataFrame 对象的函数，用于将列名转换为列数据，语法格式如下：

```
melt(id_vars=None, value_vars=None, var_name=None, value_name='value',
col_level=None)
```

函数中各个参数解释如下：

- id_vars：不需要转换的列的列名。
- value_vars：需要转换的列的列名，如果未指定，则除 id_vars 之外的列都将被转换。
- var_name：参数 value_vars 的值转换后的列名。
- value_name：数值列的列名。
- col_level：可选参数，如果不止一个索引列，则使用该参数。

示例中的 describe()函数是 Pandas 模块中 DataFrame 对象的函数，用于总结数据集分布的集中趋势，生成描述性统计数据，语法格式如下：

```
DataFrame.describe(percentiles=None, include=None, exclude=None)
```

函数中各个参数解释如下：

- percentiles：可选参数，数据类型为列表，用于设定数值型特征的统计量。默认为 None，表示返回 25%、50%、75%数据量时的数字。
- include：可选参数，用于设定运行结果要包含哪些数据类型的列。默认为 None，表示运行结果将包含所有数据类型为数字的列。
- exclude：可选参数，用于设定运行结果要忽略哪些数据类型的列。默认为 None，表示运行结果将不忽略任何列。

示例中的 ols()函数是 statsmodels.formula.api 模块中的函数，用于对数据进行最小二乘线性拟合计算，语法格式如下：

```
ols(formula, data)
```

函数中各个参数解释如下：

- formula：用于指定模型的公式的字符串。
- data：用于搭建模型的数据。

示例中的 anova_lm()函数是 statsmodels.stats.anova 模块中的函数，用于对数据进行方差分析并输出结果，语法格式如下：

```
anova_lm(args, scale, test, typ, robust)
```

函数中各个参数解释如下：

- args：一个或多个拟合线性模型。
- scale：方差估计，如果为 None，就将从最大的模型估计。
- test：提供测试统计数据。
- typ：要进行方差分析的类型。
- robust：使用异方差校正系数协方差矩阵。

通过编程的方式确实可以比较简单通俗的实现方差分析，那么可不可以通过编码实现更直观的结果展示呢？

通过编码方式不但可以将计算结果以图形方式展示，还可以在图形中适当体现出有异常的结果值。

图像识别异常值（draw_chart_find_abnormal_data.py）：

```
import os
import pandas as pd
import matplotlib.pyplot as plt
import xlwings as xw

# 全路径
full_path = 'd:\\workspace\\pythonoperexcel\\chapter8\\files'
# 读取指定工作簿中的数据
df = pd.read_excel(os.path.join(full_path, '方差分析.xlsx'))
# 选取指定列的数据用于分析
df = df[['A型号', 'B型号', 'C型号', 'D型号', 'E型号']]
# 创建绘图窗口
figure = plt.figure()
# 解决中文乱码问题
plt.rcParams['font.sans-serif'] = ['SimHei']
```

```
# 绘制箱形图并删除网格线
df.boxplot(grid=False)
# 开启 Excel 程序
app = xw.App(visible=False)
# 打开指定工作簿
workbook = app.books.open(os.path.join(full_path, '方差分析.xlsx'))
# 异常捕获
try:
    # 取得指定工作簿中的所有工作表
    sheet_list = workbook.sheets
    # 从所有工作表中取得指定名称的工作表
    select_sheet = [sheet for sheet in sheet_list if sheet.name == '单因素方差分析']
    # 从筛选结果集中取得第一个工作表
    worksheet = select_sheet[0]
    # 将绘制的箱形图插入工作表
    worksheet.pictures.add(figure, name='', update=True, left=500, top=10)
    # 保存工作簿
    workbook.save(os.path.join(full_path, '箱形图.xlsx'))
# 不管前面是否发生异常，都执行该语句块的语句
finally:
    # 关闭工作簿
    workbook.close()
# 退出 Excel 程序
app.quit()
```

执行 py 文件，以 files 文件夹下的“方差分析.xlsx”工作簿作为操作示例，在 files 文件夹下生成一个名为“箱形图.xlsx”的工作簿。打开该工作簿，可以看到类似图 8-12 所示的结果。

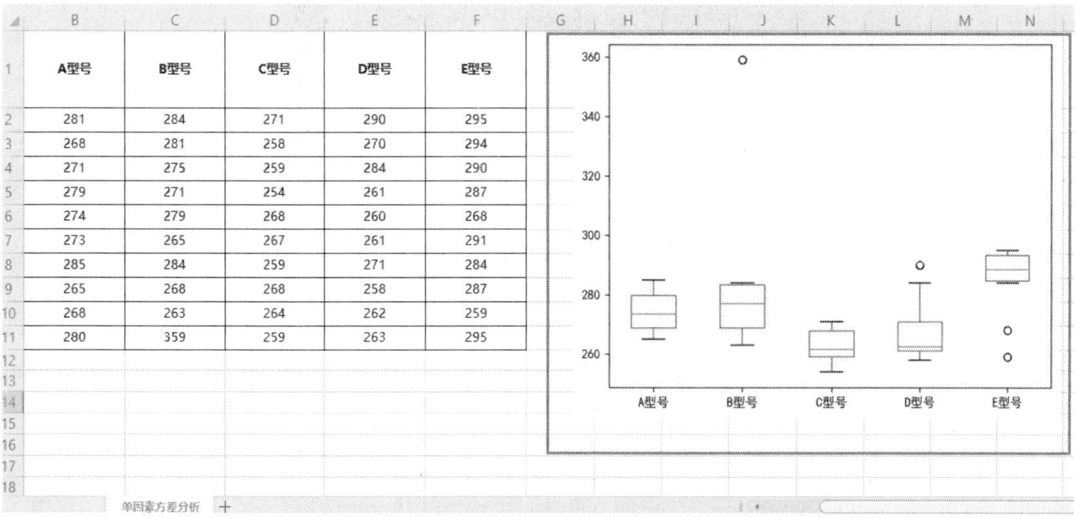

A型号	B型号	C型号	D型号	E型号
281	284	271	290	295
268	281	258	270	294
271	275	259	284	290
279	271	254	261	287
274	279	268	260	268
273	265	267	261	291
285	284	259	271	284
265	268	268	258	287
268	263	264	262	259
280	359	259	263	295

图 8-12　箱形图

在示例中有如下一行代码：

```
plt.rcParams['font.sans-serif'] = ['SimHei']
```

代码中的 SimHei 是黑体的英文名称，如果想用其他字体，可参考表 8-1 所示的常用字体名称中英文对照表。

表8-1 常用字体名称中英文对照表

字体中文名称	字体英文名称	字体中文名称	字体英文名称
黑体	SimHei	仿宋	FangSong
微软雅黑	Microsoft YaHei	楷体	KaiTi
宋体	SimSun	细明体	MingLiU
新宋体	NSimSun	新细明体	PMingLiU

在工作应用中，对于图 8-13 所示的表格数据，通常希望可以通过更直观的方式将一些信息展示出来，比如有一个直观的结果，可以展示在某个区间的值有多少个、总共有多少区间、哪一个区间的分布数据是最多的、哪些区间的分布数据是比较少的。在数据量不多时，比较好处理，当数据量比较大或者工作表/工作簿的量比较多时，即使是借助 Excel 中的相关功能，处理起来工作量也是很大的，是否可以通过编码的方式将表格数据使用区间值及类似直方图的形式更为直观地展示出来呢？

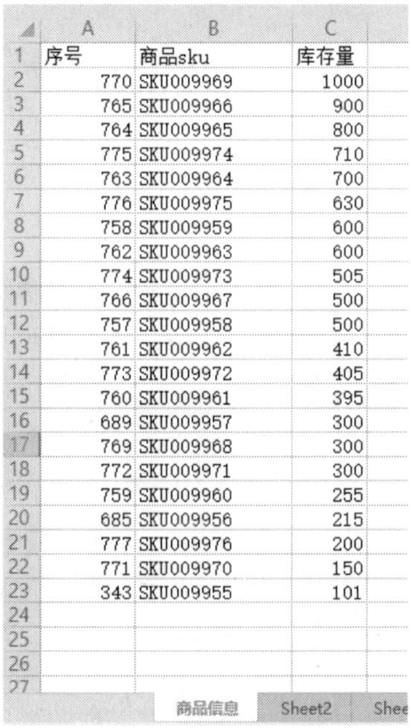

序号	商品sku	库存量
770	SKU009969	1000
765	SKU009966	900
764	SKU009965	800
775	SKU009974	710
763	SKU009964	700
776	SKU009975	630
758	SKU009959	600
762	SKU009963	600
774	SKU009973	505
766	SKU009967	500
757	SKU009958	500
761	SKU009962	410
773	SKU009972	405
760	SKU009961	395
689	SKU009957	300
769	SKU009968	300
772	SKU009971	300
759	SKU009960	255
685	SKU009956	215
777	SKU009976	200
771	SKU009970	150
343	SKU009955	101

图 8-13 “商品信息”数据

类似这样的需求使用编码方式来解决是非常好的。这种需求的操作有些复杂，借助 Excel 内置的功能在不同工作簿或工作表上的操作虽然基本类似，但是不可复制，就会导致每次的重复工作都要一步一步操作。使用编程来实现就不会有类似问题，还可以以更为简洁方便的方式完成。

制作目标图（draw_target_chart.py）：

```
    import pandas as pd
    import os
    # 导入 Matplotlib 模块
    import matplotlib.pyplot as plt
    import xlwings as xw

    # 全路径
    full_path = 'd:\\workspace\\pythonoperexcel\\chapter8\\files'
    # 读取指定工作簿中的数据
    df = pd.read_excel(os.path.join(full_path, '商品.xlsx'))
    # 重命名数据列
    df.columns = ['序号', '商品 sku', '库存量']
    # 删除指定列
    df = df.drop(columns=['序号', '商品 sku'])
    # 计算数据的个数、平均数、最大值和最小值等描述数据
    df_describe = df.astype('float').describe()
    # 将指定列的数据分成 7 个均等的区间
    df_cut = pd.cut(df['库存量'], bins=7, precision=2)
    # 统计各个区间的数据
    cut_count = df['库存量'].groupby(df_cut).count()
    # 创建一个空 DataFrame，用于汇总数据
    df_all = pd.DataFrame()
    # 将数据写入 DataFrame 中
    df_all['计数'] = cut_count
    # 将索引重置为数字序号
    df_all_new = df_all.reset_index()
    # 将列的数据转换为字符串类型
    df_all_new['库存量'] = df_all_new['库存量'].apply(lambda x: str(x))
    # 创建绘图窗口
    fig = plt.figure()
    # 解决中文乱码问题
    plt.rcParams['font.sans-serif'] = ['SimHei']
    # 使用指定列数据绘制直方图
    n, bins, patches = plt.hist(df['库存量'], bins=7, edgecolor='black',
linewidth=0.5)
    # 将直方图 x 轴的刻度标签设置为各区间的端点值
    plt.xticks(bins)
    # 设置直方图的图表标题
    plt.title('库存量分析')
    # 设置直方图 x 轴的标题
    plt.xlabel('库存量')
    # 设置直方图 y 轴的标题
    plt.ylabel('频数')
    # 开启 Excel 程序
    app = xw.App(visible=False)
    # 打开指定工作簿
    workbook = app.books.open(os.path.join(full_path, '商品.xlsx'))
    # 异常捕获
    try:
        # 取得指定工作簿中的所有工作表
        sheet_list = workbook.sheets
        # 从所有工作表中取得指定名称的工作表
        select_sheet = [sheet for sheet in sheet_list if sheet.name == '商品信息']
        # 找到了指定的工作表
        if select_sheet:
```

```
        # 从筛选结果集中取得第一个工作表
        worksheet = select_sheet[0]
        # 将计算出的个数、平均值、最大值和最小值等数据写入工作表
        worksheet.range('E2').value = df_describe
        # 将区间数据写入工作表
        worksheet.range('H2').value = df_all_new
        # 将绘制的直方图转换为图片并写入工作表
        worksheet.pictures.add(fig, name='图1', update=True, left=400, top=200)
        # 根据数据内容自动调整工作表的行高和列宽
        worksheet.autofit()
        # 保存工作簿
        workbook.save(os.path.join(full_path, '库存统计1.xlsx'))
# 不管前面是否发生异常，都执行该语句块的语句
finally:
    # 关闭工作簿
    workbook.close()
# 退出 Excel 程序
app.quit()
```

执行 py 文件，以 files 文件夹下的“商品.xlsx”工作簿作为操作示例，在 files 文件夹下生成一个名为“库存统计 1.xlsx”的工作簿。打开该工作簿，可以看到类似图 8-14 及图 8-15 所示的结果。

E	F	G	H	I	J
	库存量			库存量	计数
count	22		0	(100.1, 200.89]	3
mean	476.1818182		1	(200.89, 300.78]	5
std	245.8847264		2	(300.78, 400.67]	1
min	101		3	(400.67, 500.56]	4
25%	300		4	(500.56, 600.44]	3
50%	455		5	(600.44, 700.33]	2
75%	622.5		6	(700.33, 800.22]	2
max	1000		7	(800.22, 900.11]	1
			8	(900.11, 1000.0]	1

图 8-14 库存量分析信息

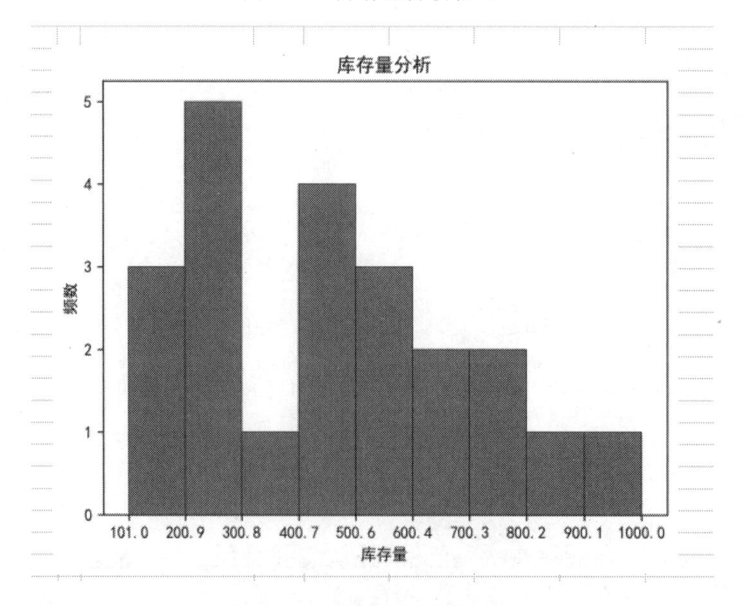

图 8-15 库存量分析直方图

该示例中引入了一些新的函数，在之前的内容讲解中没有介绍，下面分别做一些简单介绍。

示例代码中的 cut()函数是 Pandas 模块中的函数，用于对数据进行离散化处理，也就是将数据从最大值到最小值进行等距划分，语法格式如下：

```
    cut(x, bins, right=True, labels=None, retbins=False, precision=3,
include_lowest=False)
```

函数中各个参数解释如下：

- x：要进行离散化的一维数组。
- bins：如果为整数，就表示将 x 划分为多少个等间距的区间；如果为序列，就表示将 x 划分在指定的序列中。
- right：设置区间是否包含右端点。
- labels：为划分出的区间指定名称标签。
- retbins：设置是否返回每个区间的端点值。
- precision：设置区间端点的精度。
- include_lowest：设置区间是否包含左端点。

示例中的 reset_index()函数是 Pandas 模块中 DataFrame 对象的函数，用于重置 DataFrame 对象的索引，语法格式如下：

```
    DataFrame.reset_index(level=None, drop=False, inplace=False, col_level=0,
col_fill='')
```

函数中各个参数解释如下：

- level：控制要重置哪个等级的索引。
- drop：默认为 False，表示索引列会被还原为普通列，否则丢失。
- inplace：默认为 False，表示不修改原有 DataFrame，创建新的 DataFrame。
- col_level：列有多个级别时，用于确定将标签插入哪个级别。默认值为 0，表示插入第一个层级。
- col_fill：列有多个级别时，用于确定如何命名其他级别。默认值为"，如果为 None，则重复使用索引。

示例中的 figure()函数是 matplotlib.pyplot 模块中的函数，用于创建一个绘图窗口语法格式如下：

```
figure(num=None, figsize=None, dpi=None, facecolor=None, edgecolor=None,
       frameon=True, clear=False)
```

函数中各个参数解释如下：

- num：可选参数，用于设置窗口的名称，默认值为 None。
- figsize：可选参数，用于设置窗口的大小，默认值为 None。
- dpi：可选参数，用于设置窗口的分辨率，默认值为 None。
- facecolor：可选参数，用于设置窗口的背景颜色。
- edgecolor：可选参数，用于设置窗口的边框颜色。

- frameon：可选参数，表示是否绘制窗口的图框，若为 False，则绘制窗口的图框。
- clear：可选参数，若为 True 且窗口中已经有图形，则清除该窗口中的图形。

示例中的 hist()函数是 matplotlib.pyplot 模块中的函数，用于绘制直方图，语法格式如下：

```
hist(x, bins=None, range=None, density=False, color=None, edgecolor=None,
linewidth=None)
```

函数中各个参数解释如下：

- x：指定用于绘制直方图的数据。
- bins：如果为整数，就表示将数据等分为相应数量的区间，默认值为 10；如果为序列，就表示用序列的元素作为区间的端点值。
- range：指定参与分组统计的数据的范围，不在此范围内的数据将被忽略。如果参数 bins 取值为序列形式，则此参数无效。
- density：如果为 True，就表示绘制频率直方图；如果为 False，就表示绘制频数直方图。
- color/edgecolor/linewidth：分别用于设置柱子的填充颜色、边框颜色、边框粗细。

在上面的示例中，使用的是系统自动设置区间值来实现区间值和直方图展示的，其实也可以自定义区间值来展示指定的区间和直方图，示例如下：

绘制直方图（draw_histogram_chart.py）：

```
import pandas as pd
import os
# 导入 Matplotlib 模块
import matplotlib.pyplot as plt
import xlwings as xw

# 全路径
full_path = 'd:\\workspace\\pythonoperexcel\\chapter8\\files'
# 读取指定工作簿中的数据
df = pd.read_excel(os.path.join(full_path, '商品.xlsx'))
# 重命名数据列
df.columns = ['序号', '商品 sku', '库存量']
# 删除指定列
df = df.drop(columns=['序号', '商品 sku'])
# 计算数据的个数、平均数、最大值和最小值等描述数据
df_describe = df.astype('float').describe()
# 按指定的端点值划分区间
df_cut = pd.cut(df['库存量'], bins=range(100, 1001, 100))
# 统计各个区间的数据
cut_count = df['库存量'].groupby(df_cut).count()
# 创建一个空 DataFrame，用于汇总数据
df_all = pd.DataFrame()
# 将数据写入 DataFrame 中
```

```
df_all['计数'] = cut_count
# 将索引重置为数字序号
df_all_new = df_all.reset_index()
# 将列的数据转换为字符串类型
df_all_new['库存量'] = df_all_new['库存量'].apply(lambda x: str(x))
# 创建绘图窗口
fig = plt.figure()
# 解决中文乱码问题
plt.rcParams['font.sans-serif'] = ['SimHei']
# 按指定的端点值划分区间
n, bins, patches = plt.hist(df['库存量'], bins=range(100, 1001, 100),
                               edgecolor='black', linewidth=0.5)
# 将直方图 x 轴的刻度标签设置为各区间的端点值
plt.xticks(bins)
# 设置直方图的图表标题
plt.title('库存量分析')
# 设置直方图 x 轴的标题
plt.xlabel('库存量')
# 设置直方图 y 轴的标题
plt.ylabel('频数')
# 开启 Excel 程序
app = xw.App(visible=False)
# 打开指定工作簿
workbook = app.books.open(os.path.join(full_path, '商品.xlsx'))
# 异常捕获
try:
    # 取得指定工作簿中的所有工作表
    sheet_list = workbook.sheets
    # 从所有工作表中取得指定名称的工作表
    select_sheet = [sheet for sheet in sheet_list if sheet.name == '商品信息']
    # 找到了指定的工作表
    if select_sheet:
        # 从筛选结果集中取得第一个工作表
        worksheet = select_sheet[0]
        # 将计算出的个数、平均值、最大值和最小值等数据写入工作表
        worksheet.range('E2').value = df_describe
        # 将区间数据写入工作表
        worksheet.range('H2').value = df_all_new
        # 将绘制的直方图转换为图片并写入工作表
        worksheet.pictures.add(fig, name='图 2', update=True, left=400, top=200)
        # 根据数据内容自动调整工作表的行高和列宽
        worksheet.autofit()
        # 保存工作簿
```

```
        workbook.save(os.path.join(full_path, '库存统计 2.xlsx'))
# 不管前面是否发生异常，都执行该语句块的语句
finally:
    # 关闭工作簿
    workbook.close()
# 退出 Excel 程序
app.quit()
```

执行 py 文件，以 files 文件夹下的“商品.xlsx”工作簿作为操作示例，在 files 文件夹下生成一个名为“库存统计 2.xlsx”的工作簿。打开该工作簿，可以看到类似图 8-16 及图 8-17 所示的结果。

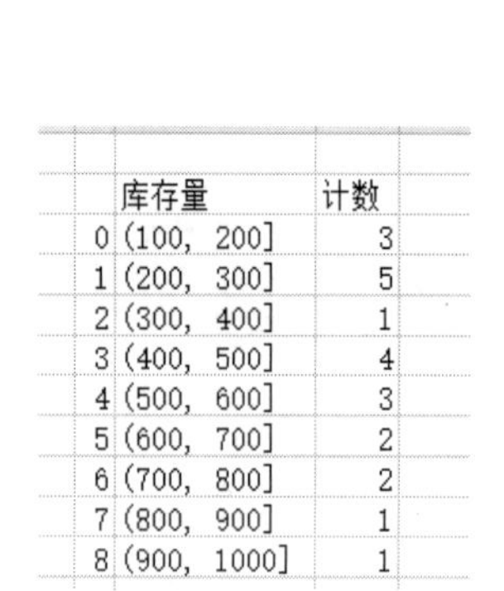

	库存量	计数
0	(100, 200]	3
1	(200, 300]	5
2	(300, 400]	1
3	(400, 500]	4
4	(500, 600]	3
5	(600, 700]	2
6	(700, 800]	2
7	(800, 900]	1
8	(900, 1000]	1

图 8-16　库存量分析

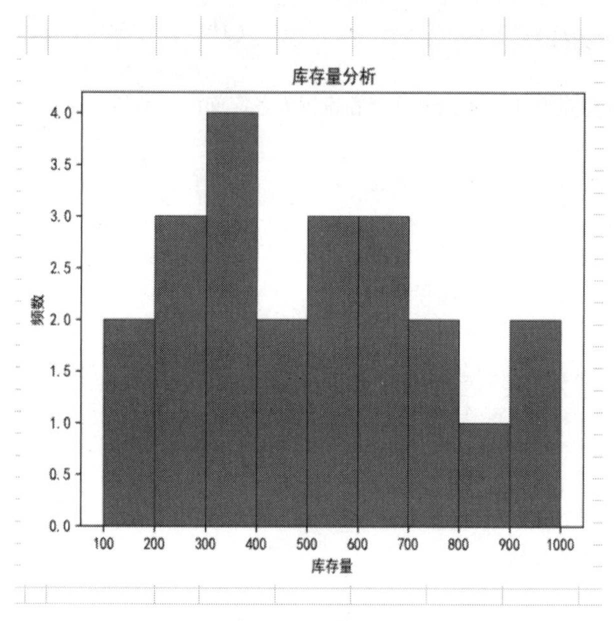

图 8-17　库存量直方图

8.6　本章小结

本章主要讲解如何使用 xlwings、Pandas、Matplotlib 等模块实现对 Excel 数据的分析以及分析结果的图表展示。

对 Excel 数据的分析，更多体现在对数据的排序、筛选、汇总、构建透视表及图表展示上，通过这些操作的结果可以帮助用户更直观地查看数据展示的信息。

第 9 章

简单图表制作

在前面的章节介绍中，对于 Excel 的操作，更多的是数据层面的介绍与处理，若要能更直观地查看数据，莫过于使用图表的方式做数据展示。本章将主要介绍如何将 xlwings 模块结合 Pandas 和 Matplotlib 模块做更多的数据图表展示，以及使用对应模块怎么展示更多样化的图表。

9.1 几类图表制作方式

在 Excel 中，其本身提供了很多图表，如折线图、柱形图、饼图、合成图等，在 Python 程序中是否也提供了类似的图？

Python 本身并不带有可以展示这些图的模块，但是带有可以展示这些图的 Matplotlib 模块。

直线图（straight_line_chart.py）：

```
import matplotlib.pyplot as plt

# 设置 x 坐标的数据
x = [1, 2, 3, 4, 5, 6]
# 设置 y 坐标的数据
y = [2 * a for a in x]
# 解决中文乱码问题
plt.rcParams['font.sans-serif'] = ['SimHei']
# 绘制图形
plt.plot(x, y, color='black', linewidth=3, linestyle='solid')
# x 轴命名
plt.xlabel('x 坐标')
# y 轴命名
plt.ylabel('y 坐标')
```

```
# 显示绘制的图形
plt.show()
```

执行 py 文件，可以得到如图 9-1 所示的直线图。

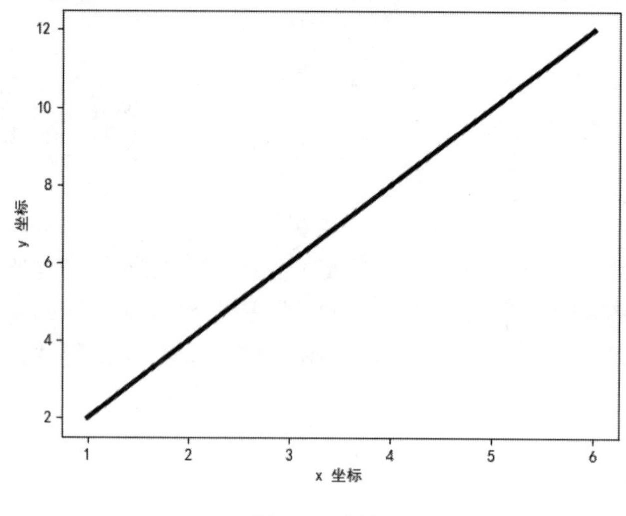

图 9-1 直线图

示例中使用了 plot()函数，在前面的章节中并没有具体分析 plot()函数的语法和参数的使用方式，这里再做一些讲解。plot()函数是 Matplotlib 模块的函数，用于绘制折线图，语法格式如下：

```
plot(x, y, color, linewidth, linestyle)
```

函数中各个参数解释如下：

- x：x 坐标的值。
- y：y 坐标的值。
- color：折线的颜色。Matplotlib 模块支持多种格式定义的颜色。
- linewidth：折线的粗细。
- linestyle：折线的线型。

很多图书都将直线图归类为折线图的一种。从表现形式上，直线图和折线图并没有太大区别，直线是一种特殊的折线，它们都是通过连接不同的点构成的一条线。下面看看有弯折的折线图的示例。

折线图（broken_line_chart.py）：

```
import matplotlib.pyplot as plt

# 设置 x 坐标的数据
x = [1, 2, 3, 4, 5, 6]
# 设置 y 坐标的数据
y = [a**3 for a in x]
# 解决中文乱码问题
plt.rcParams['font.sans-serif'] = ['SimHei']
```

```
# 绘制图形
plt.plot(x, y, color='black', linewidth=1, linestyle='solid')
# x 轴命名
plt.xlabel('x 坐标')
# y 轴命名
plt.ylabel('y 坐标')
# 显示绘制的图形
plt.show()
```

执行 py 文件，可以得到如图 9-2 所示的折线图。

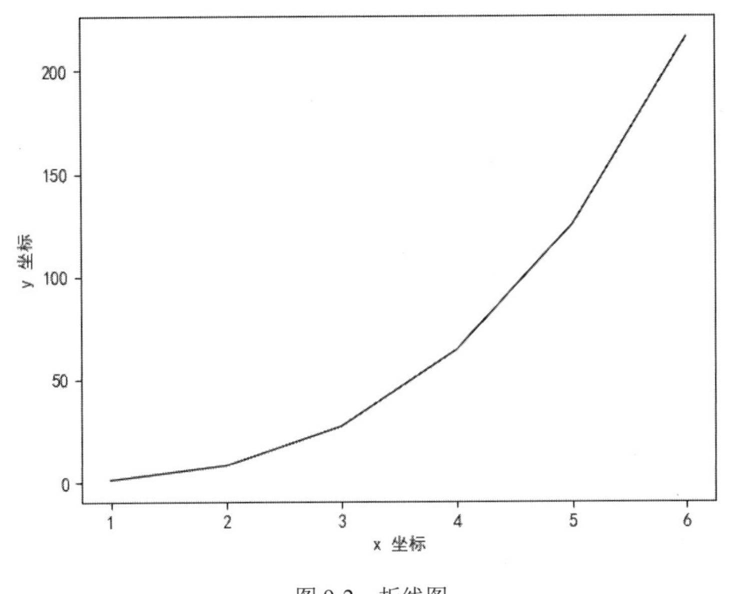

图 9-2　折线图

在常用的图表展示中，柱形图应用是非常广泛的，如下示例展示一个简单的柱形图是怎样生成的。

柱形图（columnar_chart.py）：

```
import matplotlib.pyplot as plt

# 设置 x 坐标的数据
x = [1, 2, 3, 4, 5, 6]
# 设置 y 坐标的数据
y = [2 * a for a in x]
# 解决中文乱码问题
plt.rcParams['font.sans-serif'] = ['SimHei']
# 绘制图形
plt.bar(x, y, width=0.5, align='center', color='black')
# x 轴命名
plt.xlabel('x 坐标')
# y 轴命名
plt.ylabel('y 坐标')
```

```
# 显示绘制的图形
plt.show()
```

执行 py 文件，可以得到如图 9-3 所示的柱形图。

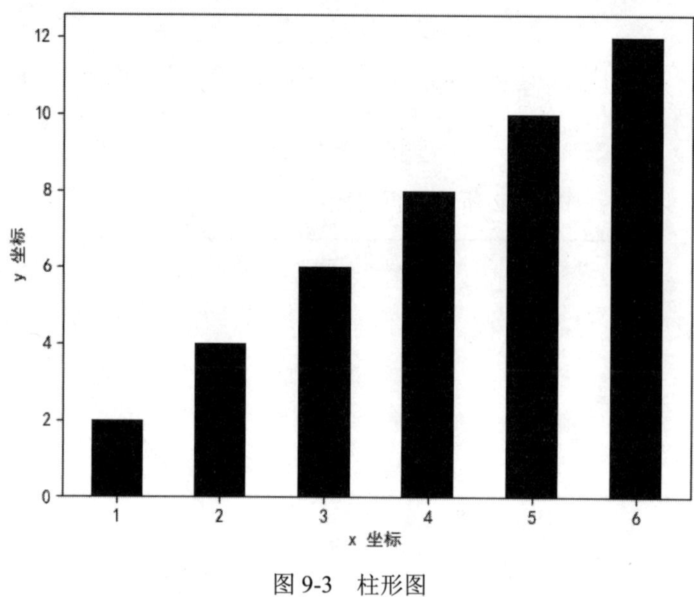

图 9-3　柱形图

示例中使用的 bar()函数是 Matplotlib 模块中用于制作柱形图的函数，语法格式如下：

```
bar(x, height, width=0.8, bottom=None, align='center', color, edgecolor,
linewidth)
```

函数参数解释如下：

- x：x 坐标的值。
- height：y 坐标的值，即每根柱子的高度。
- width：每根柱子宽度，默认值为 0.8。
- bottom：每根柱子底部的 y 坐标。
- align：柱子的位置与 x 坐标的关系。默认为 center，表示柱子与 x 坐标居中对齐；若为 edge，则表示柱子与 x 坐标对齐。
- color：柱子的填充颜色。
- edgecolor：柱子的边框颜色。
- linewidth：柱子的边框粗细。

与柱形图比较相似的是条形图，很多时候在数据的图表展示时也会使用条形图。下面展示一个简单的条形图的生成方式。

条形图（bar_chart.py）：

```
import matplotlib.pyplot as plt

# 设置 x 坐标的数据
```

```
x = [1, 2, 3, 4, 5, 6]
# 设置 y 坐标的数据
y = [5 * a for a in x]
# 解决中文乱码问题
plt.rcParams['font.sans-serif'] = ['SimHei']
# 绘制图形
plt.barh(x, y, align='center', color='black')
# x 轴命名
plt.xlabel('y 坐标数值')
# y 轴命名
plt.ylabel('x 坐标数值')
# 显示绘制的图形
plt.show()
```

执行 py 文件，可以得到如图 9-4 所示的条形图。

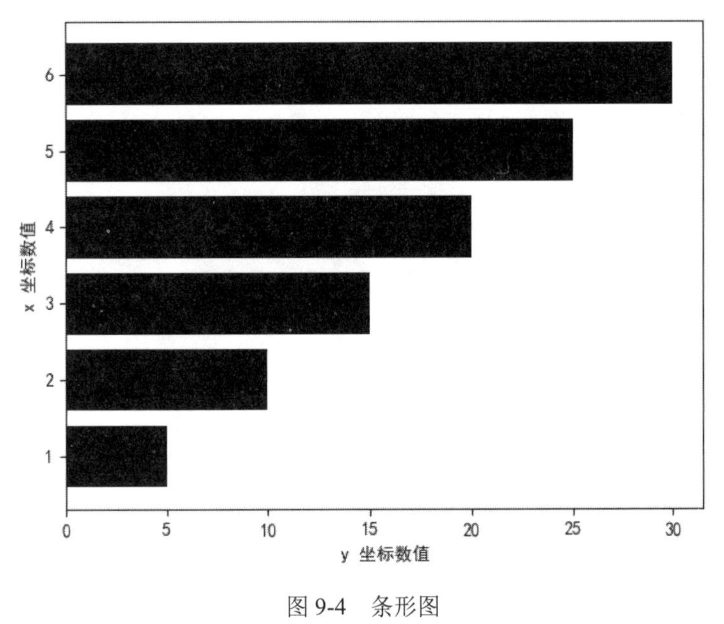

图 9-4　条形图

示例中使用的 barh()函数是 Matplotlib 模块中用于绘制条形图的函数，语法格式如下：

```
barh(y, width, height=0.8, left=None, align='center', color, edgecolor, linewidth)
```

函数参数解释如下：

- y：y 坐标的值。
- width：x 坐标的值，也就是每根条形的宽度。
- height：条形的高度，默认为 0.8。
- left：每根条形左侧边缘的 x 坐标值。
- align：条形的位置与 y 坐标的关系。默认为 center，表示条形与 y 坐标居中对齐；若为 edge，则表示条形的底部与 y 坐标对齐。

- color：条形的填充颜色。
- edgecolor：条形的边框颜色。
- linewidth：条形的边框粗细。

除了以上几种图形展示外，使用饼图展示数据也是很常见的一种方式。使用饼图展示的数据很直观，简单示例如下：

饼图（pie_chart.py）：

```
import matplotlib.pyplot as plt

# 设置 x 坐标的数据
x = [1, 2, 3, 4, 5, 6]
# 绘制图形
plt.pie(x)
# 显示绘制的图形
plt.show()
```

执行 py 文件，可以得到如图 9-5 所示的饼图。

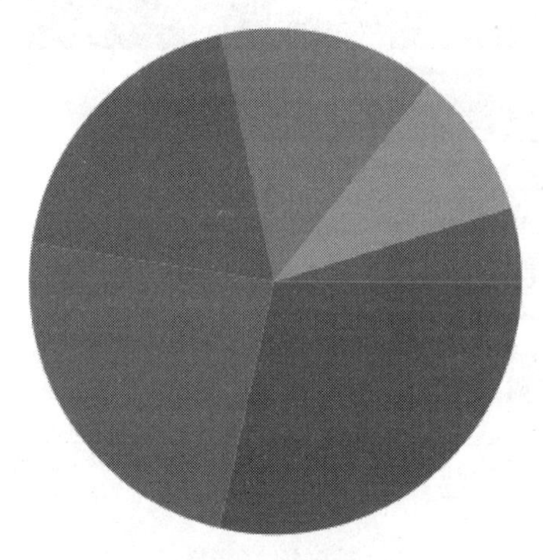

图 9-5　饼图

9.2　导入 Excel 数据制作图表

前面的示例讲解的是如何通过构造好的数据生成指定的图表，如果要结合指定的 Excel 表格数据，比如图 9-6 所示的表格数据，那么使用编程的方式怎么将指定的列（如商品名称和库存量）以图表的方式展示出来呢？

	A	B	C	D	E	F	G	H
1	序号	商品sku	商品名称	库存量	销售单价	商品产地	商品编号	生产日期
2	770	SKU009969	文件夹	100	15.15	朝鲜	6978510719	2020/11/25
3	765	SKU009966	圆规	75	21	加拿大	6978582820	2021/1/22
4	764	SKU009965	橡皮擦	50	8.8	俄罗斯	6978582822	2020/2/21
5	775	SKU009974	毛笔	70	8.2	荷兰	6978507706	2020/6/3
6	763	SKU009964	尺子	80	6.8	葡萄牙	6978506612	2020/10/20
7	776	SKU009975	量角器	90	5.8	印度	6978507702	2021/1/31
8	758	SKU009959	铅笔	30	6.6	中国	6978582821	2020/3/15
9	762	SKU009963	装订器	60	18	西班牙	6978582838	2021/1/19
10	774	SKU009973	钢笔	50	6.5	阿根廷	6978507183	2021/1/29
11	766	SKU009967	圆珠笔	45	7.9	巴西	6978582837	2020/11/2
12	757	SKU009958	日历	85	9.9	中国	6978582823	2021/1/14
13	761	SKU009962	修正液	60	10.3	法国	6978582836	2020/5/18

图 9-6　商品信息工作簿中基本信息工作表数据

要结合 Excel 表格数据生成图表，首先要做的就是从 Excel 中读取出表格数据，比如使用 xlwings 模块或 Pandas 模块从 Excel 表格中读取数据，也可以使用 Pandas 模块中的 read_excel()函数读取工作表中的数据，后面的操作和前面展示的就有点类似了。Matplotlib 模块中还提供了很多好用的函数或参数，可以美化所制作的图表。

工作簿数据制作直方图（book_bar_chart.py）：

```
import os
import pandas as pd
import xlwings as xw
import matplotlib.pyplot as plt

# 全路径
full_path = 'd:\\workspace\\pythonoperexcel\\chapter9\\files'
# 从指定工作簿中读取数据
df = pd.read_excel(os.path.join(full_path, '商品信息.xlsx'))
# 创建一个绘图窗口
figure = plt.figure()
# 解决中文乱码问题
plt.rcParams['font.sans-serif'] = ['SimHei']
# 解决坐标值为负数时无法正常显示负号的问题
plt.rcParams['axes.unicode_minus'] = False
# 指定列为 x 坐标值
x = df['商品名称']
# 指定列为 y 坐标值
y = df['库存量']
# 制作柱形图
plt.bar(x, y, color='black')
# 设置 x 轴名称
plt.xlabel('商品名称')
# 设置 y 轴名称
plt.ylabel('库存量')
# 启动 Excel 程序
app = xw.App(visible=False, add_book=False)
# 打开指定工作簿
workbook = app.books.open(os.path.join(full_path, '商品信息.xlsx'))
# 异常捕获
try:
```

```
    # 取得指定工作簿中的所有工作表
    sheet_list = workbook.sheets
    # 从所有工作表中取得指定名称的工作表
    select_sheet = [sheet for sheet in sheet_list if sheet.name == '基本信息']
    # 找到了指定的工作表
    if select_sheet:
        # 从筛选结果集中取得第一个工作表
        worksheet = select_sheet[0]
        # 在工作表中插入直方图
        worksheet.pictures.add(figure, left=500)
        # 保存工作簿
        workbook.save()
# 不管前面是否发生异常，都执行该语句块的语句
finally:
    # 关闭工作簿
    workbook.close()
# 退出 Excel 程序
app.quit()
```

执行 py 文件，以 files 文件夹下的“商品信息.xlsx”工作簿作为操作示例，可以得到类似图 9-7 所示的结果。

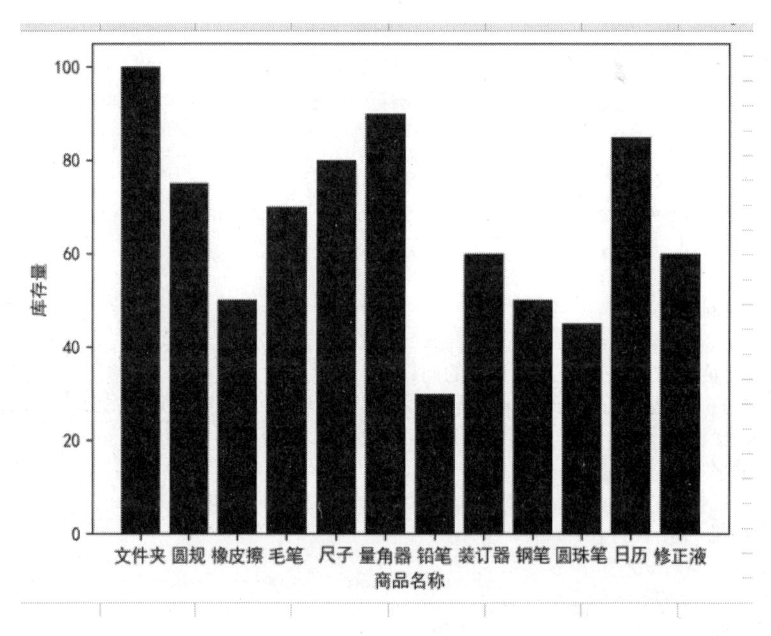

图 9-7　直方图

对上面的示例稍作修改，可以生成其他图，比如散点图。

工作簿数据制作散点图（book_scatter_chart.py）：

```
import os
import pandas as pd
import xlwings as xw
import matplotlib.pyplot as plt
```

```
# 全路径
full_path = 'd:\\workspace\\pythonoperexcel\\chapter9\\files'
# 从指定工作簿中读取数据
df = pd.read_excel(os.path.join(full_path, '商品信息.xlsx'))
# 创建一个绘图窗口
figure = plt.figure()
# 解决中文乱码问题
plt.rcParams['font.sans-serif'] = ['SimHei']
# 解决坐标值为负数时无法正常显示负号的问题
plt.rcParams['axes.unicode_minus'] = False
# 指定列为 x 坐标值
x = df['商品名称']
# 指定列为 y 坐标值
y = df['库存量']
# 制作散点图
plt.scatter(x, y, s=100, color='black', marker='*')
# 设置 x 轴名称
plt.xlabel('商品名称')
# 设置 y 轴名称
plt.ylabel('库存量')
# 启动 Excel 程序
app = xw.App(visible=False, add_book=False)
# 打开指定工作簿
workbook = app.books.open(os.path.join(full_path, '商品信息.xlsx'))
# 异常捕获
try:
    # 取得指定工作簿中的所有工作表
    sheet_list = workbook.sheets
    # 从所有工作表中取得指定名称的工作表
    select_sheet = [sheet for sheet in sheet_list if sheet.name == '基本信息']
    # 找到了指定的工作表
    if select_sheet:
        # 从筛选结果集中取得第一个工作表
        worksheet = select_sheet[0]
        # 在工作表中插入散点图
        worksheet.pictures.add(figure, left=500)
        # 保存工作簿
        workbook.save()
# 不管前面是否发生异常，都执行该语句块的语句
finally:
    # 关闭工作簿
    workbook.close()
```

```
# 退出 Excel 程序
app.quit()
```

执行 py 文件，以 files 文件夹下的“商品信息.xlsx”工作簿作为操作示例，可以得到类似图 9-8 所示的结果。

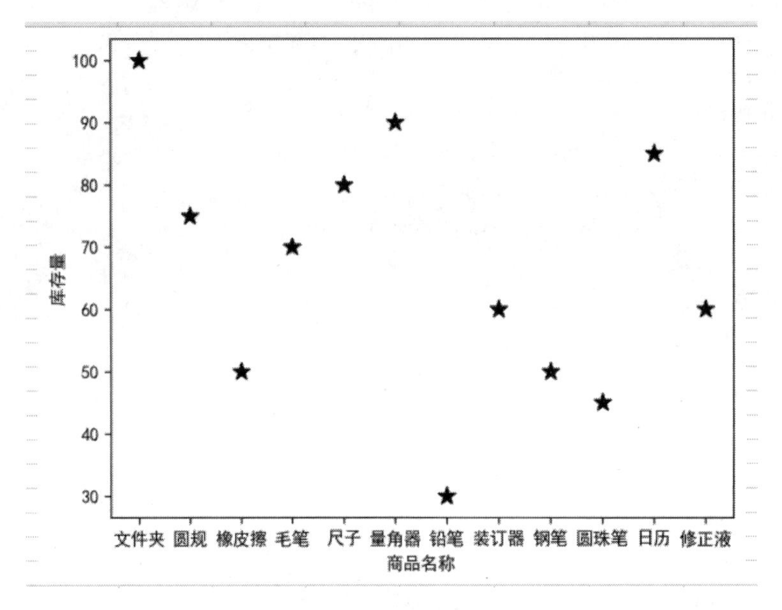

图 9-8　散点图

示例中使用的 scatter()函数是 Matplotlib 模块中的函数，用于制作散点图，语法格式如下：

```
Scatter(x, y, s, color, marker, linewidth, edgecolor)
```

函数参数解释如下：

- x：x 坐标的值。
- y：y 坐标的值。
- s: 每个点的面积。若该参数只有一个值或者省略该参数，则表示所有点的大小都一样；若该参数有多个值，则表示每个点的大小都不一样，此时散点图就变成了气泡图。
- color：每个点的填充颜色，既可以为所有点填充一种颜色，也可以为不同的点填充不同的颜色。
- marker：每个点的形状。
- linewidth：每个点的边框粗细。
- edgecolor：每个点的边框颜色。

若想要得到面积图，则可在上面的示例代码中做如下修改。

工作簿数据制作面积图（book_stackplot_chart.py）：

```
import os
import pandas as pd
import xlwings as xw
```

```
import matplotlib.pyplot as plt

# 全路径
full_path = 'd:\\workspace\\pythonoperexcel\\chapter9\\files'
# 从指定工作簿中读取数据
df = pd.read_excel(os.path.join(full_path, '商品信息.xlsx'))
# 创建一个绘图窗口
figure = plt.figure()
# 解决中文乱码问题
plt.rcParams['font.sans-serif'] = ['SimHei']
# 解决坐标值为负数时无法正常显示负号的问题
plt.rcParams['axes.unicode_minus'] = False
# 指定列为 x 坐标值
x = df['商品名称']
# 指定列为 y 坐标值
y = df['库存量']
# 制作面积图
plt.stackplot(x, y, color='black')
# 设置 x 轴名称
plt.xlabel('商品名称')
# 设置 y 轴名称
plt.ylabel('库存量')
# 启动 Excel 程序
app = xw.App(visible=False, add_book=False)
# 打开指定工作簿
workbook = app.books.open(os.path.join(full_path, '商品信息.xlsx'))
# 异常捕获
try:
    # 取得指定工作簿中的所有工作表
    sheet_list = workbook.sheets
    # 从所有工作表中取得指定名称的工作表
    select_sheet = [sheet for sheet in sheet_list if sheet.name == '基本信息']
    # 找到了指定的工作表
    if select_sheet:
        # 从筛选结果集中取得第一个工作表
        worksheet = select_sheet[0]
        # 在工作表中插入面积图
        worksheet.pictures.add(figure, left=500)
        # 保存工作簿
        workbook.save()
# 不管前面是否发生异常，都执行该语句块的语句
finally:
    # 关闭工作簿
```

```
    workbook.close()
# 退出 Excel 程序
app.quit()
```

执行 py 文件，以 files 文件夹下的“商品信息.xlsx”工作簿作为操作示例，可以得到类似图 9-9 所示的结果。

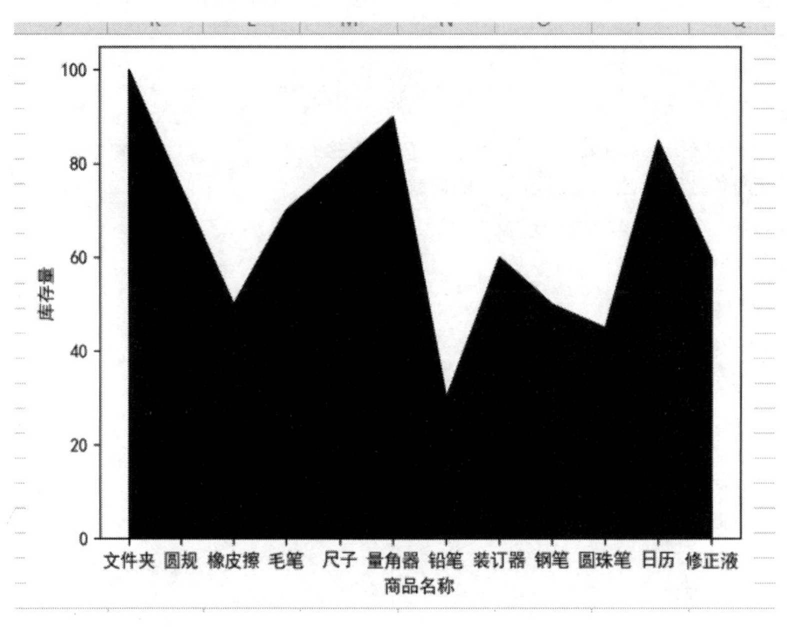

图 9-9 面积图

示例中使用的 stackplot()函数是 Matplotlib 模块中用于绘制条形图的函数，语法格式如下：

```
stackplot(x, y, labels, colors)
```

函数参数解释如下：

- x：x 坐标的值。
- y：y 坐标的值。
- labels：图表的图例名。
- colors：图表的颜色。

9.3 组合图表制作

在前面展示的示例中得到的图表都是单个的，是否可以在一个面板上展示多个图表，也就是制作组合图表，以便更多维地展示数据的信息？

通过编程的方式实现组合图的效果其实也是比较常见的操作。对于 Python 应用编程，通过 Pandas、xlwings、Matplotlib 等模块相互配合，可以非常方便地得到组合图的效果。很多时候要生成组合图，只需要在单个图的基础上稍微做一些修改即可。

柱形折线组合图（book_bar_broken_chart.py）：

```
import os
import pandas as pd
import xlwings as xw
import matplotlib.pyplot as plt

# 全路径
full_path = 'd:\\workspace\\pythonoperexcel\\chapter9\\files'
# 从指定工作簿中读取数据
df = pd.read_excel(os.path.join(full_path, '商品信息.xlsx'))
# 创建一个绘图窗口
figure = plt.figure()
# 解决中文乱码问题
plt.rcParams['font.sans-serif'] = ['SimHei']
# 解决坐标值为负数时无法正常显示负号的问题
plt.rcParams['axes.unicode_minus'] = False
# 指定列为 x 坐标值
x = df['商品名称']
# 指定列为 y 坐标值
y1 = df['销售单价']
# 指定列为 y 坐标值
y2 = df['库存量']
# 制作柱形图
plt.bar(x, y1, color='black')
# 制作折线图
plt.plot(x, y2, color='black', linewidth=4)
# 设置 x 轴名称
plt.xlabel('商品名称')
# 启动 Excel 程序
app = xw.App(visible=False, add_book=False)
# 打开指定工作簿
workbook = app.books.open(os.path.join(full_path, '商品信息.xlsx'))
# 异常捕获
try:
    # 取得指定工作簿中的所有工作表
    sheet_list = workbook.sheets
    # 从所有工作表中取得指定名称的工作表
    select_sheet = [sheet for sheet in sheet_list if sheet.name == '基本信息']
    # 找到了指定的工作表
    if select_sheet:
        # 从筛选结果集中取得第一个工作表
        worksheet = select_sheet[0]
```

```
        # 在工作表中插入折线组合图
        worksheet.pictures.add(figure, left=500)
        # 保存工作簿
        workbook.save()
# 不管前面是否发生异常，都执行该语句块的语句
finally:
    # 关闭工作簿
    workbook.close()
# 退出 Excel 程序
app.quit()
```

执行 py 文件，以 files 文件夹下的“商品信息.xlsx”工作簿作为操作示例，可以得到类似图 9-10 所示的结果。

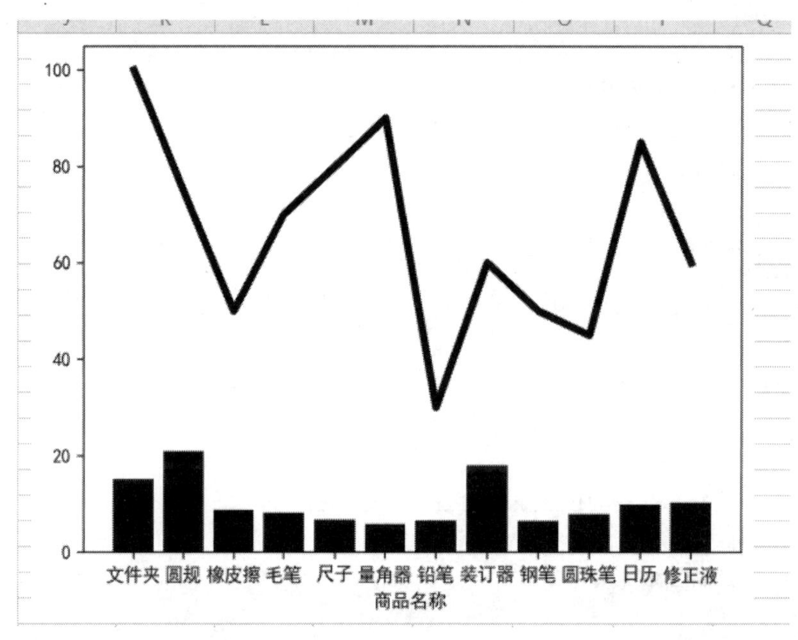

图 9-10 柱形折线组合图

上面的示例实现了柱形图和折线图的组合图，在此基础上做一些修改即可实现其他方式的组合图，比如实现两个折线图的组合图。

双折线组合图（book_double_broken_chart.py）：

```
import os
import pandas as pd
import xlwings as xw
import matplotlib.pyplot as plt

# 全路径
full_path = 'd:\\workspace\\pythonoperexcel\\chapter9\\files'
# 从指定工作簿中读取数据
```

```
df = pd.read_excel(os.path.join(full_path, '商品信息.xlsx'))
# 创建一个绘图窗口
figure = plt.figure()
# 解决中文乱码问题
plt.rcParams['font.sans-serif'] = ['SimHei']
# 解决坐标值为负数时无法正常显示负号的问题
plt.rcParams['axes.unicode_minus'] = False
# 指定列为 x 坐标值
x = df['商品名称']
# 指定列为 y 坐标值
y1 = df['销售单价']
# 指定列为 y 坐标值
y2 = df['库存量']
# 制作折线图
plt.plot(x, y1, color='blue', linewidth=2, linestyle='solid')
# 制作折线图
plt.plot(x, y2, color='black', linewidth=2, linestyle='solid')
# 设置 x 轴名称
plt.xlabel('商品名称')
# 启动 Excel 程序
app = xw.App(visible=False, add_book=False)
# 打开指定工作簿
workbook = app.books.open(os.path.join(full_path, '商品信息.xlsx'))
# 异常捕获
try:
    # 取得指定工作簿中的所有工作表
    sheet_list = workbook.sheets
    # 从所有工作表中取得指定名称的工作表
    select_sheet = [sheet for sheet in sheet_list if sheet.name == '基本信息']
    # 找到了指定的工作表
    if select_sheet:
        # 从筛选结果集中取得第一个工作表
        worksheet = select_sheet[0]
        # 在工作表中插入双折线组合图
        worksheet.pictures.add(figure, left=500)
        # 保存工作簿
        workbook.save()
# 不管前面是否发生异常，都执行该语句块的语句
finally:
    # 关闭工作簿
    workbook.close()
# 退出 Excel 程序
app.quit()
```

执行 py 文件，以 files 文件夹下的“商品信息.xlsx”工作簿作为操作示例，可以得到类似图 9-11 所示的结果。

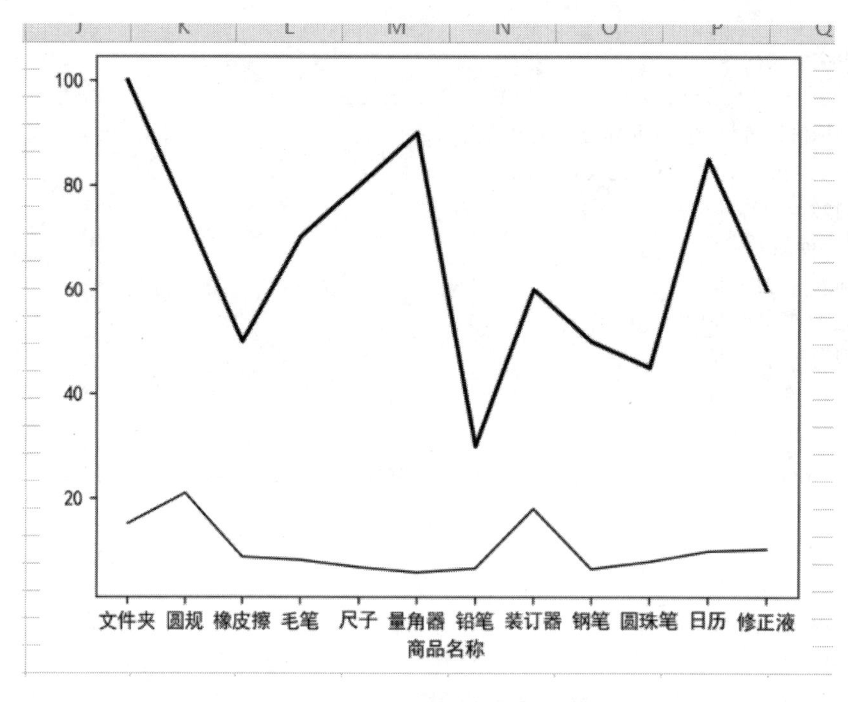

图 9-11 双折线组合图

虽然得到组合图的需求满足了，但是并没有清晰地展现出这个图要表示的内容，如果可以添加一些标题，以更直白的方式说明所要表达的意思就更好了。

这个操作并不难。Matplotlib 模块提供的 title()、xlabel()和 ylabel()等函数可以很好地实现这个功能。例如，通过 title()函数可以为生成的图添加指定的标题，并可以设置指定的格式；通过 xlabel()和 ylabel()函数可以指定 x 轴和 y 轴需要表达的文本和方式。

标题和坐标轴标题组合图（title_and_label_chart.py）：

```
import os
import pandas as pd
import xlwings as xw
import matplotlib.pyplot as plt

# 全路径
full_path = 'd:\\workspace\\pythonoperexcel\\chapter9\\files'
# 从指定工作簿中读取数据
df = pd.read_excel(os.path.join(full_path, '商品信息.xlsx'))
# 创建一个绘图窗口
figure = plt.figure()
# 解决中文乱码问题
plt.rcParams['font.sans-serif'] = ['SimHei']
# 解决坐标值为负数时无法正常显示负号的问题
```

```
plt.rcParams['axes.unicode_minus'] = False
# 指定列为 x 坐标值
x = df['商品名称']
# 指定列为 y 坐标值
y = df['库存量']
# 制作柱形图
plt.bar(x, y, color='black')
# 添加并设置图表标题
plt.title(label='各商品库存量对比图',
         fontdict={'family': 'KaiTi', 'color': 'black', 'size': 25},
         loc='left')
# 添加并设置 x 轴标题
plt.xlabel('商品名称',
          fontdict={'family': 'SimSun', 'color': 'black', 'size': 15},
          labelpad=5)
# 添加并设置 y 轴标题
plt.ylabel('库存量',
          fontdict={'family': 'SimSun', 'color': 'black', 'size': 15},
          labelpad=10)
# 启动 Excel 程序
app = xw.App(visible=False, add_book=False)
# 打开指定工作簿
workbook = app.books.open(os.path.join(full_path, '商品信息.xlsx'))
# 异常捕获
try:
    # 取得指定工作簿中的所有工作表
    sheet_list = workbook.sheets
    # 从所有工作表中取得指定名称的工作表
    select_sheet = [sheet for sheet in sheet_list if sheet.name == '基本信息']
    # 找到了指定的工作表
    if select_sheet:
        # 从筛选结果集中取得第一个工作表
        worksheet = select_sheet[0]
        # 在工作表中插入组合图
        worksheet.pictures.add(figure, left=500)
        # 保存工作簿
        workbook.save()
# 不管前面是否发生异常，都执行该语句块的语句
finally:
    # 关闭工作簿
    workbook.close()
# 退出 Excel 程序
app.quit()
```

执行 py 文件，以 files 文件夹下的“商品信息.xlsx”工作簿作为操作示例，可以得到类似图 9-12 所示的结果。

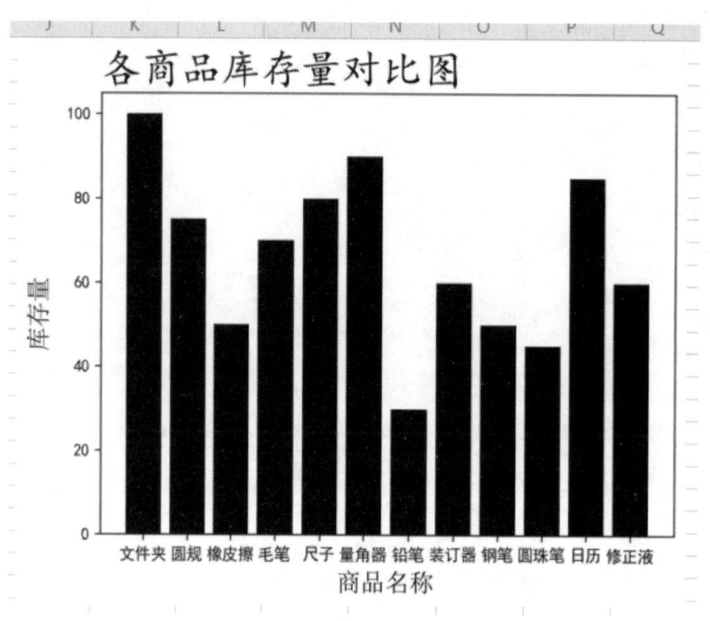

图 9-12　标题和坐标轴标题组合图

示例中使用的 title()函数是 Matplotlib 模块中的函数，用于给图表添加和设置标题，语法格式如下：

```
title(label, fontdict=None, loc='center', pad=None)
```

title()函数中参数的解释如下：

- label：图表标题的文本内容。
- fontdict：图表标题的字体、字号和颜色等。
- loc：图表标题的显示位置。默认为 center，表示在图表上方居中显示。还可以设置为 left 或 right，表示在图表上方靠左或靠右显示。
- pad：图表标题到图表坐标系顶端的距离。

示例中还使用了 xlabel()和 ylabel()函数。这两个函数是 Matplotlib 模块中的函数，分别用于添加和设置 x、y 轴的标题，语法格式如下：

```
xlabel/ylabel(label, fontdict=None, labelpad=None)
```

函数中参数的解释如下：

- label：坐标轴的文本内容。
- fontdict：坐标轴标题的字体、字号和颜色等。
- labelpad：坐标轴标题到坐标轴的距离。

在上面的示例中，对于 y 轴的描述好像也不是能很好地展示 y 轴想要表达的具体意思，可以改为图例，这样就会非常清晰了。

为柱形图添加图例的组合图（bar_add_legend_chart.py）：

```
import os
import pandas as pd
import xlwings as xw
import matplotlib.pyplot as plt

# 全路径
full_path = 'd:\\workspace\\pythonoperexcel\\chapter9\\files'
# 从指定工作簿中读取数据
df = pd.read_excel(os.path.join(full_path, '商品信息.xlsx'))
# 创建一个绘图窗口
figure = plt.figure()
# 解决中文乱码问题
plt.rcParams['font.sans-serif'] = ['SimHei']
# 解决坐标值为负数时无法正常显示负号的问题
plt.rcParams['axes.unicode_minus'] = False
# 指定列为 x 坐标值
x = df['商品名称']
# 指定列为 y 坐标值
y = df['库存量']
# 制作柱形图
plt.bar(x, y, color='black', label='库存量')
# 添加并设置图例
plt.legend(loc='upper right', fontsize=20)
# # 添加并设置图表标题
plt.title(label='各商品库存量对比图',
         fontdict={'family': 'KaiTi', 'color': 'black', 'size': 25},
         loc='left')
# 添加并设置 x 轴标题
plt.xlabel('商品名称',
          fontdict={'family': 'SimSun', 'color': 'black', 'size': 15},
          labelpad=5)
# 启动 Excel 程序
app = xw.App(visible=False, add_book=False)
# 打开指定工作簿
workbook = app.books.open(os.path.join(full_path, '商品信息.xlsx'))
# 异常捕获
try:
    # 取得指定工作簿中的所有工作表
    sheet_list = workbook.sheets
    # 从所有工作表中取得指定名称的工作表
```

```
    select_sheet = [sheet for sheet in sheet_list if sheet.name == '基本信息']
    # 找到了指定的工作表
    if select_sheet:
        # 从筛选结果集中取得第一个工作表
        worksheet = select_sheet[0]
        # 在工作表中插入图例组合图
        worksheet.pictures.add(figure, left=500)
        # 保存工作簿
        workbook.save()
# 不管前面是否发生异常，都执行该语句块的语句
finally:
    # 关闭工作簿
    workbook.close()
# 退出 Excel 程序
app.quit()
```

执行 py 文件，以 files 文件夹下的“商品信息.xlsx”工作簿作为操作示例，可以得到类似图 9-13 所示的结果。

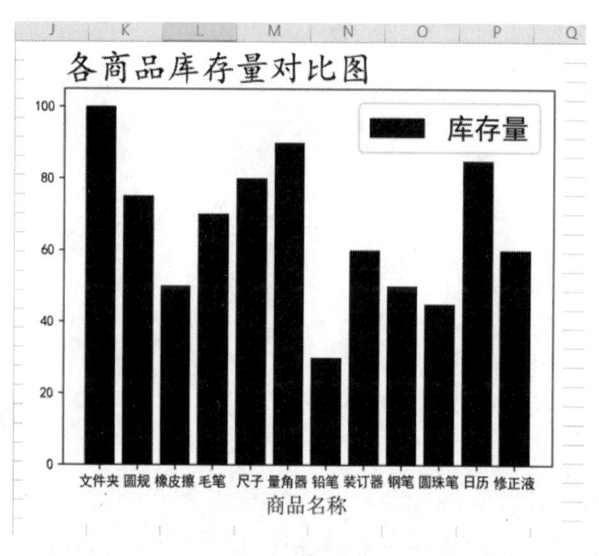

图 9-13　添加图例组合图

示例中使用的 legend()函数是 Matplotlib 模块中的函数，用于为图表添加并设置图例，语法格式如下：

```
legend(loc, fontsize, facecolor, edgecolor, shadow=False)
```

函数中参数的解释如下：

- loc：图例的显示位置，取值为特定的字符串，常用的有“upper left”“uppder right”“lower left”“lower right”，分别表示左上角、右上角、左下角、右下角。
- fontsize：图例名的字号。

- facecolor：图例框的背景颜色。
- ddgecolor：图例框的边框颜色。
- shadow：是否给图例框添加阴影，默认值为 False，表示不添加阴影。

一般会在折线的拐点处展示对应的值，这样观看折线图会更为直观，是否可以通过编程方式实现类似功能？

可以！在 Matplotlib 模块中提供了一个名为 text()的函数，该函数用于为图表添加并设置数据标签。通过 text()函数，可以实现在折线图的拐点处设置指定的值。

为图形设置数据标签组合图（chart_add_number_label.py）：

```
import os
import pandas as pd
import xlwings as xw
import matplotlib.pyplot as plt

# 全路径
full_path = 'd:\\workspace\\pythonoperexcel\\chapter9\\files'
# 从指定工作簿中读取数据
df = pd.read_excel(os.path.join(full_path, '商品信息.xlsx'))
# 创建一个绘图窗口
figure = plt.figure()
# 解决中文乱码问题
plt.rcParams['font.sans-serif'] = ['SimHei']
# 解决坐标值为负数时无法正常显示负号的问题
plt.rcParams['axes.unicode_minus'] = False
# 指定列为 x 坐标值
x = df['商品名称']
# 指定列为 y 坐标值
y = df['库存量']
# 制作折线图
plt.plot(x, y, color='black', linewidth=2, linestyle='solid')
# 添加并设置 x 轴标题
plt.xlabel('商品名称',
           fontdict={'family': 'SimSun', 'color': 'black', 'size': 15},
           labelpad=5)
for x_val, y_val in zip(x, y):
    plt.text(x_val, y_val, y_val,
             fontdict={'family': 'KaiTi', 'color': 'black', 'size': 12})
# 启动 Excel 程序
app = xw.App(visible=False, add_book=False)
# 打开指定工作簿
```

```
workbook = app.books.open(os.path.join(full_path, '商品信息.xlsx'))
# 异常捕获
try:
    # 取得指定工作簿中的所有工作表
    sheet_list = workbook.sheets
    # 从所有工作表中取得指定名称的工作表
    select_sheet = [sheet for sheet in sheet_list if sheet.name == '基本信息']
    # 找到了指定的工作表
    if select_sheet:
        # 从筛选结果集中取得第一个工作表
        worksheet = select_sheet[0]
        # 在工作表中插入标签组合图
        worksheet.pictures.add(figure, left=500)
        # 保存工作簿
        workbook.save()
# 不管前面是否发生异常，都执行该语句块的语句
finally:
    # 关闭工作簿
    workbook.close()
# 退出 Excel 程序
app.quit()
```

执行 py 文件，以 files 文件夹下的“商品信息.xlsx”工作簿作为操作示例，可以得到类似图 9-14 所示的结果。

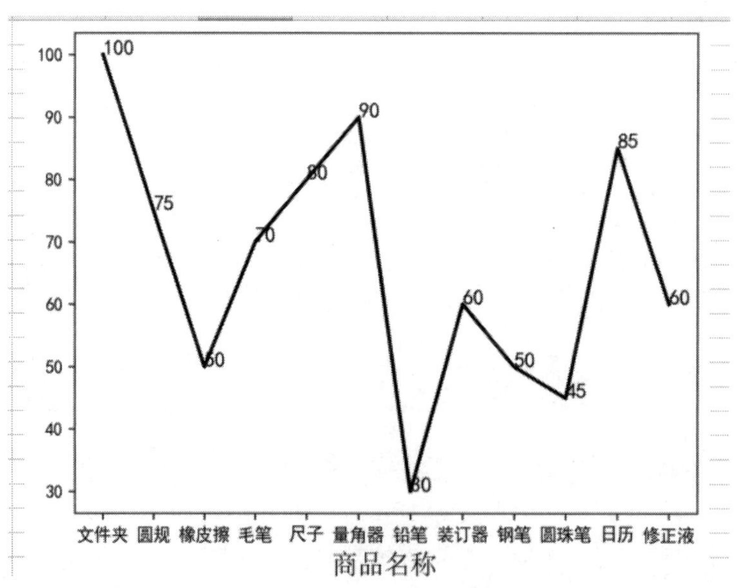

图 9-14　设置数据标签组合图

示例中使用的 text()函数是 Matplotlib 模块中的函数，用于为图表添加并设置数据标签，语法格式如下：

```
text(x, y, s, fontdict=None)
```

函数中参数的解释如下：

- x：数据标签的 x 坐标。
- y：数据标签的 y 坐标。
- s：数据标签的文本内容。
- fontdict：可选参数，用于设置数据标签的字体、字号、颜色等。

在上面的示例中，结果图的上方距离顶端非常近，下方距离底部也非常近，不够美观，可以通过调整坐标轴的取值范围使得到的图形更为美观。

为图形设置坐标轴取值范围组合图（chart_ylim.py）：

```
import os
import pandas as pd
import xlwings as xw
import matplotlib.pyplot as plt

# 全路径
full_path = 'd:\\workspace\\pythonoperexcel\\chapter9\\files'
# 从指定工作簿中读取数据
df = pd.read_excel(os.path.join(full_path, '商品信息.xlsx'))
# 创建一个绘图窗口
figure = plt.figure()
# 解决中文乱码问题
plt.rcParams['font.sans-serif'] = ['SimHei']
# 解决坐标值为负数时无法正常显示负号的问题
plt.rcParams['axes.unicode_minus'] = False
# 指定列为 x 坐标值
x = df['商品名称']
# 指定列为 y 坐标值
y = df['库存量']
# 制作折线图
plt.plot(x, y, color='black', linewidth=2, linestyle='solid')
# 设置 y 轴取值范围
plt.ylim(0, 120)
# 添加并设置 x 轴标题
plt.xlabel('商品名称',
           fontdict={'family': 'SimSun', 'color': 'black', 'size': 15},
           labelpad=5)
for x_val, y_val in zip(x, y):
    plt.text(x_val, y_val, y_val,
             fontdict={'family': 'KaiTi', 'color': 'black', 'size': 12})
# 启动 Excel 程序
app = xw.App(visible=False, add_book=False)
# 打开指定工作簿
```

```
workbook = app.books.open(os.path.join(full_path, '商品信息.xlsx'))
# 异常捕获
try:
    # 取得指定工作簿中的所有工作表
    sheet_list = workbook.sheets
    # 从所有工作表中取得指定名称的工作表
    select_sheet = [sheet for sheet in sheet_list if sheet.name == '基本信息']
    # 找到了指定的工作表
    if select_sheet:
        # 从筛选结果集中取得第一个工作表
        worksheet = select_sheet[0]
        # 在工作表中插组合形图
        worksheet.pictures.add(figure, left=500)
        # 保存工作簿
        workbook.save()
# 不管前面是否发生异常，都执行该语句块的语句
finally:
    # 关闭工作簿
    workbook.close()
# 退出 Excel 程序
app.quit()
```

执行 py 文件，以 files 文件夹下的“商品信息.xlsx”工作簿作为操作示例，可以得到类似图 9-15 所示的结果。

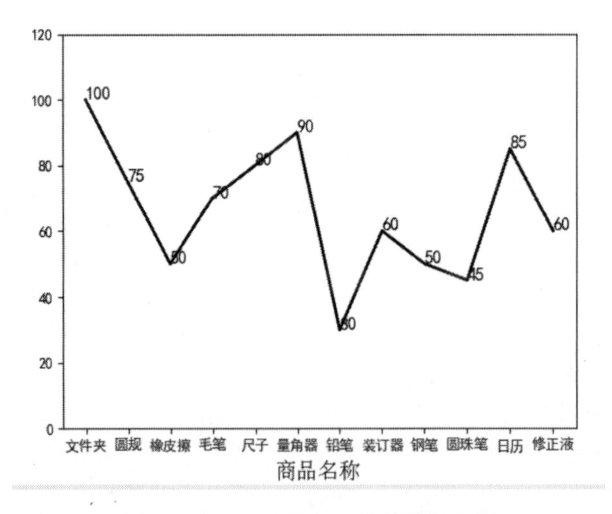

图 9-15 设置坐标轴取值范围组合图

设置坐标轴的取值范围确实可以让结果图更美观，若是组合图该怎么通过编程的方式来实现呢？

可以分别设置坐标轴的取值范围，不过仅限于两张图的组合图。在 Matplotlib 模块中提供了一个名为 twinx()的函数，可以用来制作双坐标轴，使用左边的 x 轴设置其中一张图的取值范围，使用

右边的 x 轴设置另一张图的取值范围。

为组合图设置坐标轴取值范围（combination_chart_set_axis.py）：

```
import os
import pandas as pd
import xlwings as xw
import matplotlib.pyplot as plt

# 全路径
full_path = 'd:\\workspace\\pythonoperexcel\\chapter9\\files'
# 从指定工作簿中读取数据
df = pd.read_excel(os.path.join(full_path, '商品信息.xlsx'))
# 创建一个绘图窗口
figure = plt.figure()
# 解决中文乱码问题
plt.rcParams['font.sans-serif'] = ['SimHei']
# 解决坐标值为负数时无法正常显示负号的问题
plt.rcParams['axes.unicode_minus'] = False
# 指定列为 x 坐标值
x = df['商品名称']
# 指定列为 y 坐标值
y1 = df['销售单价']
# 指定列为 y 坐标值
y2 = df['库存量']
# 制作柱形图
plt.bar(x, y1, color='black', label='销售单价')
# 设置 y 轴取值范围
plt.ylim(0, 60)
# 添加并设置 x 轴标题
plt.xlabel('商品名称',
          fontdict={'family': 'SimSun', 'color': 'black', 'size': 15},
          labelpad=5)
# 为柱形图添加和设置图例
plt.legend(loc='upper left', fontsize=12)
# 为图表设置双坐标轴
plt.twinx()
# 制作折线图
plt.plot(x, y2, color='black', linewidth=2, label='库存量')
# 设置 y 轴取值范围
plt.ylim(0, 120)
# 为折线图添加和设置图例
plt.legend(loc='upper right', fontsize=12)
# 启动 Excel 程序
app = xw.App(visible=False, add_book=False)
# 打开指定工作簿
workbook = app.books.open(os.path.join(full_path, '商品信息.xlsx'))
# 异常捕获
try:
    # 取得指定工作簿中的所有工作表
    sheet_list = workbook.sheets
```

```
        # 从所有工作表中取得指定名称的工作表
        select_sheet = [sheet for sheet in sheet_list if sheet.name == '基本信息']
        # 找到了指定的工作表
        if select_sheet:
            # 从筛选结果集中取得第一个工作表
            worksheet = select_sheet[0]
            # 在工作表中插入组合图
            worksheet.pictures.add(figure, left=500)
            # 保存工作簿
            workbook.save()
    # 不管前面是否发生异常，都执行该语句块的语句
    finally:
        # 关闭工作簿
        workbook.close()
    # 退出 Excel 程序
    app.quit()
```

执行 py 文件，以 files 文件夹下的“商品信息.xlsx”工作簿作为操作示例，可以得到类似图 9-16 所示的结果。

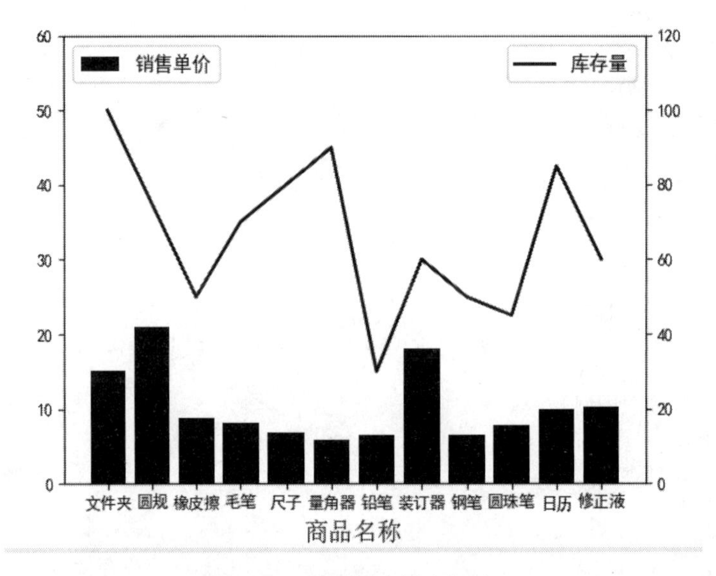

图 9-16　设置组合图坐标轴

除了使用数据标签的方式在折线图上添加数据标签以使结果图更加清晰之外，也可以使用其他方式来达到类似效果，比如使用网格线就可以较好地反映某一点或附近的大概值。

为图形设置网格线组合图（chart_add_grid.py）：

```
import os
import pandas as pd
import xlwings as xw
import matplotlib.pyplot as plt

# 全路径
```

```
full_path = 'd:\\workspace\\pythonoperexcel\\chapter9\\files'
# 从指定工作簿中读取数据
df = pd.read_excel(os.path.join(full_path, '商品信息.xlsx'))
# 创建一个绘图窗口
figure = plt.figure()
# 解决中文乱码问题
plt.rcParams['font.sans-serif'] = ['SimHei']
# 解决坐标值为负数时无法正常显示负号的问题
plt.rcParams['axes.unicode_minus'] = False
# 指定列为 x 坐标值
x = df['商品名称']
# 指定列为 y 坐标值
y = df['库存量']
# 制作柱形图
plt.bar(x, y, color='black', label='库存量')
# 设置 y 轴取值范围
plt.ylim(0, 120)
# 添加并设置 x 轴标题
plt.xlabel('商品名称',
          fontdict={'family': 'SimSun', 'color': 'black', 'size': 15},
          labelpad=5)
# 为柱形图添加和设置图例
plt.legend(loc='upper left', fontsize=12)
plt.grid(b=True, axis='y', color='black', linestyle='dashed', linewidth=1)
# 启动 Excel 程序
app = xw.App(visible=False, add_book=False)
# 打开指定工作簿
workbook = app.books.open(os.path.join(full_path, '商品信息.xlsx'))
# 异常捕获
try:
    # 取得指定工作簿中的所有工作表
    sheet_list = workbook.sheets
    # 从所有工作表中取得指定名称的工作表
    select_sheet = [sheet for sheet in sheet_list if sheet.name == '基本信息']
    # 找到了指定的工作表
    if select_sheet:
        # 从筛选结果集中取得第一个工作表
        worksheet = select_sheet[0]
        # 在工作表中插入网格线组合图
        worksheet.pictures.add(figure, left=500)
        # 保存工作簿
        workbook.save()
# 不管前面是否发生异常，都执行该语句块的语句
finally:
    # 关闭工作簿
    workbook.close()
# 退出 Excel 程序
app.quit()
```

执行 py 文件，以 files 文件夹下的“商品信息.xlsx”工作簿作为操作示例，可以得到类似图 9-17

所示的结果。

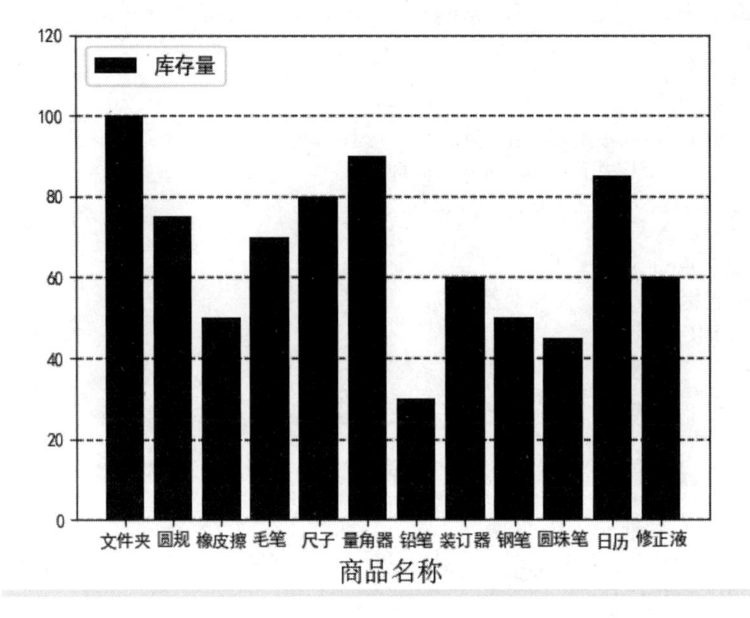

图 9-17　设置网格线组合图

示例中使用的 grid()函数是 Matplotlib 模块中的函数，用于为图表添加并设置网格线，语法格式如下：

```
grid(b, which, axis, color, linestyle, linewidth)
```

函数中各个参数解释如下：

- b：为 True 时表示显示网格线，为 False 时表示不显示网格线。
- which：要设置哪种类型的网格线，取值为“major”“minor”“both”，表示只设置主要网格线、只设置次要网格线、两者都设置。
- axis：要设置哪个轴的网格线，取值为“x”“y”“both”，表示只设置 x 轴的网格线、只设置 y 轴的网格线、两者都设置。
- color：网格线的颜色。
- linestyle：网格线的线型。
- linewidth：网格线的粗细。

9.4　本章小结

本章主要讲解一些简单图表的制作方式。利用 Pandas、Matplotlib 模块和 xlwings 模块，可以绘制出不同形状的图表，可视需求使用更为贴合展示效果的图表制作方式。

第10章 常用图表制作

在上一章的内容介绍中，更多的是讲解怎么将 Excel 中的数据用图表展示出来，侧重与数据的直观展示。本章将以更多元的方式讲解如何使用 Python 程序制作图表，比如通过柱形图、折线图、散点图等展示数据间的变化趋势和数据的相关性等特性。

10.1 对比关系图表制作

前面所讲解的示例都是借助 Matplotlib 模块来展示图表的，如果不借助该模块，是否可以实现图表的展示呢？

借助 Matplotlib 模块进行图表展示，可以更好地区分出数据和图表效果展示部分，如果不想使用 Matplotlib 模块的话，直接使用 xlwings 自身的图表制作功能也是可以的。

利用柱形图展示数据的对比情况（bar_compare_chart.py）：

```
import os
import xlwings as xw
import pandas as pd

# 全路径
full_path = 'd:\\workspace\\pythonoperexcel\\chapter10\\files'
# 启动 Excel 程序
app = xw.App(visible=False, add_book=False)
# 打开指定工作簿
workbook = app.books.open(os.path.join(full_path, '商品信息.xlsx'))
# 异常捕获
try:
    # 取得指定工作簿中的所有工作表
```

```
    sheet_list = workbook.sheets
    # 遍历工作表
    for i in sheet_list:
        # 判断当前工作表是否为指定工作表，不是则继续循环
        if i.name != '基本信息':
            continue

        # 读取当前工作表数据
        table_value = i.range('A1').expand().options(pd.DataFrame).value
        # 若是空的工作表，则继续循环
        if table_value.empty:
            continue

        # 设置图表的位置和尺寸
        chart = i.charts.add(left=200, top=0, width=355, height=211)
        # 读取工作表中要制作图表的数据
        chart.set_source_data(i['A1'].expand())
        # 制作柱形图
        chart.chart_type = 'column_clustered'
    # 保存工作簿
    workbook.save(os.path.join(full_path, '商品柱形图.xlsx'))
# 不管前面是否发生异常，都执行该语句块的语句
finally:
    # 关闭工作簿
    workbook.close()
# 退出 Excel 程序
app.quit()
```

执行 py 文件，以 files 文件夹下的“商品信息.xlsx”工作簿作为操作示例，可以得到类似图 10-1 所示的结果。

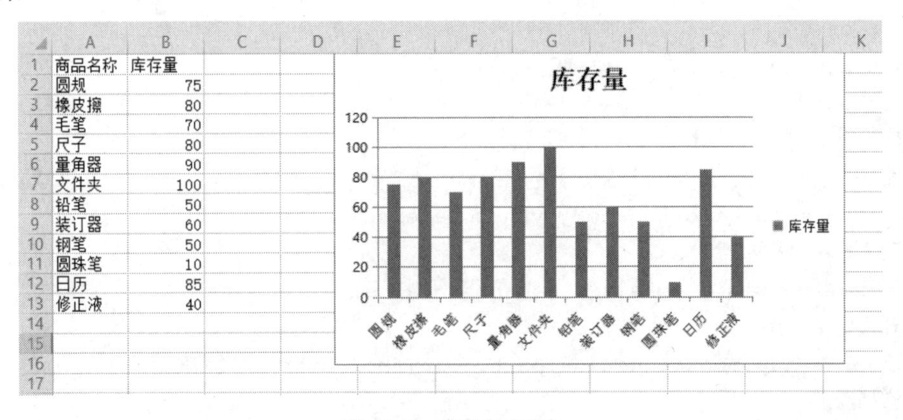

图 10-1　商品柱形图

在上面的示例中使用字符串“column_clustered”来指定图表类型为柱形图。在 Python 中，常用

图表类型对应的字符串如表 10-1 所示。

表10-1　常用图表类型对应字符串

图表类型	字符串	图表类型	字符串
柱形图	column_clustered	饼图	pie
条形图	bar_clustered	圆环图	doughnut
折线图	line	散点图	xy_scatter
面积图	area	雷达图	radar

将上面示例中的“column_clustered”字符串修改为“bar_clustered”即可得到条形图。

条形图展示数据的对比情况（barh_compare_chart.py）：

```
import os
import xlwings as xw
import pandas as pd

# 全路径
full_path = 'd:\\workspace\\pythonoperexcel\\chapter10\\files'
# 启动 Excel 程序
app = xw.App(visible=False, add_book=False)
# 打开指定工作簿
workbook = app.books.open(os.path.join(full_path, '商品信息.xlsx'))
# 异常捕获
try:
    # 取得指定工作簿中的所有工作表
    sheet_list = workbook.sheets
    # 遍历工作表
    for i in sheet_list:
        # 判断当前工作表是否为指定工作表，不是则继续循环
        if i.name != '基本信息':
            continue

        # 读取当前工作表数据
        table_value = i.range('A1').expand().options(pd.DataFrame).value
        # 若是空的工作表，则继续循环
        if table_value.empty:
            continue

        # 设置图表的位置和尺寸
        chart = i.charts.add(left=200, top=0, width=355, height=211)
        # 读取工作表中要制作图表的数据
        chart.set_source_data(i['A1'].expand())
        # 制作条形图
        chart.chart_type = 'bar_clustered'
```

```
        # 保存工作簿
        workbook.save(os.path.join(full_path, '条形图.xlsx'))
    # 不管前面是否发生异常，都执行该语句块的语句
    finally:
        # 关闭工作簿
        workbook.close()
    # 退出 Excel 程序
    app.quit()
```

执行 py 文件，以 files 文件夹下的“商品信息.xlsx”工作簿作为操作示例，可以得到类似图 10-2 所示的结果。

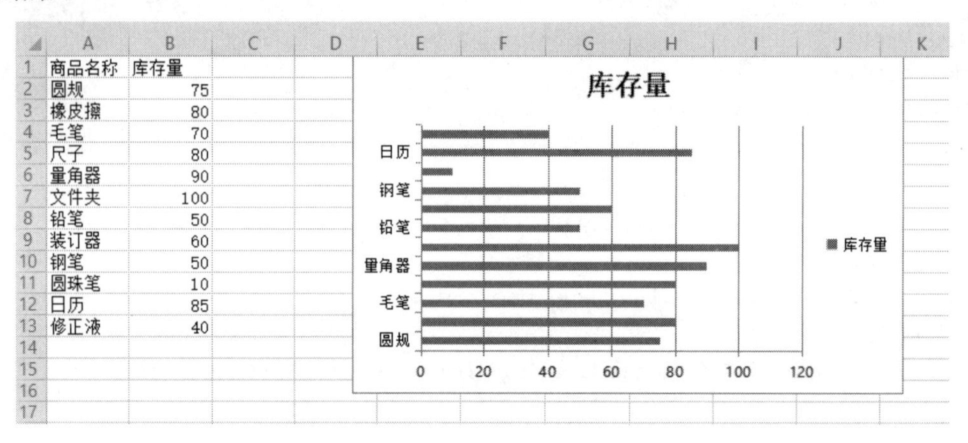

图 10-2 商品条形图

对于折线图等图，若想显示得更加干净利落，是否可以通过编程隐藏坐标轴？

我们在上面的示例展示中使用 xlwings 模块实现了图表制作的方式，但是单独使用 xlwings 模块可实现的功能是有限的，比如添加标题和数据标签就必须借助 Matplotlib 等模块。不显示坐标轴信息的话，也不能只使用 xlwings 模块，可以使用 Matplotlib 模块中的 axis()函数设置坐标属性，从而显示或隐藏坐标轴。

利用折线图展示数据变化趋势（plot_trend_chart.py）：

```
import os
import pandas as pd
import xlwings as xw
import matplotlib.pyplot as plt

# 全路径
full_path = 'd:\\workspace\\pythonoperexcel\\chapter10\\files'
# 指定工作表名称
sheet_name = '基本信息'
# 从指定工作簿中读取指定工作表数据
df = pd.read_excel(os.path.join(full_path, '商品信息.xlsx'),
sheet_name=sheet_name)
```

```
# 创建一个绘图窗口
figure = plt.figure()
# 解决中文乱码问题
plt.rcParams['font.sans-serif'] = ['SimHei']
# 解决坐标值为负数时无法正常显示负号的问题
plt.rcParams['axes.unicode_minus'] = False
# 指定列为 x 坐标值
x = df['商品名称']
# 指定列为 y 坐标值
y = df['库存量']
# 制作折线图
plt.plot(x, y, color='black', linewidth=2, linestyle='solid')
# 添加并设置图表标题
plt.title(label='库存量趋势图',
          fontdict={'color': 'black', 'size': 30}, loc='center')
# 遍历折线图的数据点
for a, b in zip(x, y):
    # 添加并设置数据标签
    plt.text(a, b + 0.2, (a, b), ha='center', va='bottom', fontsize=10)
# 隐藏坐标轴
plt.axis('off')
# 启动 Excel 程序
app = xw.App(visible=False, add_book=False)
# 打开指定工作簿
workbook = app.books.open(os.path.join(full_path, '商品信息.xlsx'))
# 异常捕获
try:
    # 取得指定工作簿中的所有工作表
    sheet_list = workbook.sheets
    # 从所有工作表中取得指定名称的工作表
    select_sheet = [sheet for sheet in sheet_list if sheet.name == sheet_name]
    # 找到了指定的工作表
    if select_sheet:
        # 从筛选结果集中取得第一个工作表
        worksheet = select_sheet[0]
        # 在工作表中插入折线图
        worksheet.pictures.add(figure, left=300)
        # 保存工作簿
        workbook.save(os.path.join(full_path, '商品折线图.xlsx'))
# 不管前面是否发生异常，都执行该语句块的语句
finally:
    # 关闭工作簿
    workbook.close()
```

```
# 退出 Excel 程序
app.quit()
```

执行 py 文件，以 files 文件夹下的“商品信息.xlsx”工作簿作为操作示例，可以得到类似图 10-3 所示的结果。

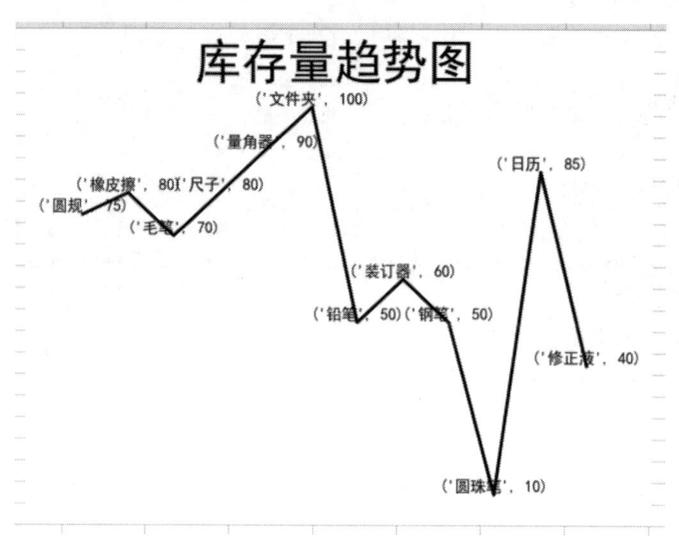

图 10-3　折线变化趋势图

除了展示全部拐点处的数据标签，也可以修改为只展示最高点处的数据标签。

在折线图最高点添加数据标签（plot_add_label_hightest_chart.py）：

```
import os
import pandas as pd
import xlwings as xw
import matplotlib.pyplot as plt14

# 全路径
full_path = 'd:\\workspace\\pythonoperexcel\\chapter\\files'
# 指定工作表名称
sheet_name = '基本信息'
# 从指定工作簿中读取指定工作表数据
df = pd.read_excel(os.path.join(full_path, '商品信息.xlsx'),
sheet_name=sheet_name)
# 创建一个绘图窗口
figure = plt.figure()
# 解决中文乱码问题
plt.rcParams['font.sans-serif'] = ['SimHei']
# 解决坐标值为负数时无法正常显示负号的问题
plt.rcParams['axes.unicode_minus'] = False
# 指定列为 x 坐标值
```

```
x = df['商品名称']
# 指定列为 y 坐标值
y = df['库存量']
# 制作折线图
plt.plot(x, y, color='black', linewidth=2, linestyle='solid')
# 添加并设置图表标题
plt.title(label='库存量趋势图',
          fontdict={'color': 'black', 'size': 30}, loc='center')
# 获取最大库存量
max_store = df['库存量'].max()
# 选取最高销售额对应的行数据
df_max = df[df['库存量'] == max_store]
# 遍历折线图的数据点
for a, b in zip(df_max['商品名称'], df_max['库存量']):
    # 添加并设置数据标签
    plt.text(a, b + 0.05, (a, b), ha='center', va='bottom', fontsize=10)
# 隐藏坐标轴
plt.axis('off')
# 启动 Excel 程序
app = xw.App(visible=False, add_book=False)
# 打开指定工作簿
workbook = app.books.open(os.path.join(full_path, '商品信息.xlsx'))
# 异常捕获
try:
    # 取得指定工作簿中的所有工作表
    sheet_list = workbook.sheets
    # 从所有工作表中取得指定名称的工作表
    select_sheet = [sheet for sheet in sheet_list if sheet.name == sheet_name]
    # 找到了指定的工作表
    if select_sheet:
        # 从筛选结果集中取得第一个工作表
        worksheet = select_sheet[0]
        # 在工作表中插入折线图
        worksheet.pictures.add(figure, name='折线图', update=True, left=300)
        # 保存工作簿
        workbook.save(os.path.join(full_path, '折线图显示最大库存量数据标签.xlsx'))
# 不管前面是否发生异常，都执行该语句块的语句
finally:
    # 关闭工作簿
    workbook.close()
# 退出 Excel 程序
app.quit()
```

执行 py 文件，以 files 文件夹下的“商品信息.xlsx”工作簿作为操作示例，可以得到类似图 10-4 所示的结果。

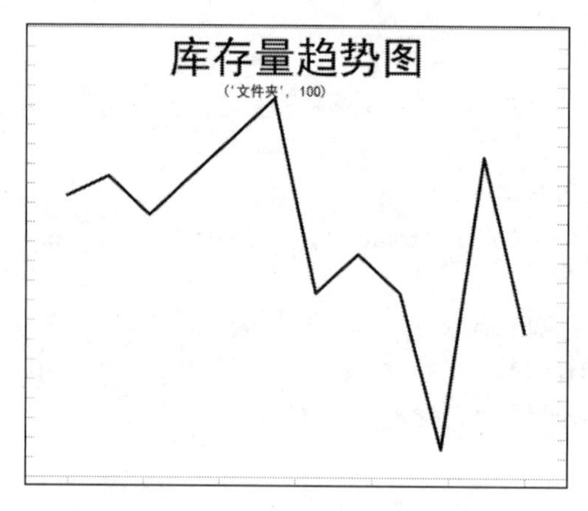

图 10-4　在折线图最高点添加数据标签

10.2　相关性关系图表制作

在实际工作中，经常会借助散点图来直观地呈现数据分布的区域性，并从中找到一些相关性的关系，是否可以通过编码的方式体现这种关系呢？

选择使用散点图的一个重要原因就是通过散点图可以很直观地体现很多信息。其实除了用 scatter()函数制作散点图外，还可以结合 sklearn 模块在散点图中添加线性趋势图。

利用散点图展示数据相关性（bar_compare_chart.py）：

```
import os
import pandas as pd
import xlwings as xw
import matplotlib.pyplot as plt
from sklearn import linear_model

# 全路径
full_path = 'd:\\workspace\\pythonoperexcel\\chapter10\\files'
# 指定工作表名称
sheet_name = '库存与单价'
# 文件全路径及文件名
full_file_name = os.path.join(full_path, '商品信息.xlsx')
# 从指定工作簿中读取指定工作表数据
df = pd.read_excel(full_file_name, sheet_name=sheet_name)
# 创建一个绘图窗口
figure = plt.figure()
# 解决中文乱码问题
plt.rcParams['font.sans-serif'] = ['SimHei']
```

```
# 解决坐标值为负数时无法正常显示负号的问题
plt.rcParams['axes.unicode_minus'] = False
# 指定列为 x 坐标值
x = df['库存量']
# 指定列为 y 坐标值
y = df['销售单价']
# 制作散点图
plt.scatter(x, y, s=200, color='black', marker='o', edgecolors='black')
# 添加并设置 x 轴标题
plt.xlabel('库存量',
           fontdict={'family': 'Microsoft YaHei', 'color': 'black', 'size': 15},
           labelpad=5)
# 添加并设置 y 轴标题
plt.ylabel('销售单价',
           fontdict={'family': 'Microsoft YaHei', 'color': 'black', 'size': 15},
           labelpad=5)
# 添加并设置图表标题
plt.title('库存与销售单价关系图',
          fontdict={'family': 'Microsoft YaHei', 'color': 'black', 'size': 20},
          loc='center')
# 设置 x 轴取值范围
plt.xlim(0, 150)
# 设置 y 轴取值范围
plt.ylim(0, 180)
# 启动 Excel 程序
app = xw.App(visible=False, add_book=False)
# 打开指定工作簿
workbook = app.books.open(os.path.join(full_path, '商品信息.xlsx'))
# 异常捕获
try:
    # 取得指定工作簿中的所有工作表
    sheet_list = workbook.sheets
    # 从所有工作表中取得指定名称的工作表
    select_sheet = [sheet for sheet in sheet_list if sheet.name == sheet_name]
    # 找到了指定的工作表
    if select_sheet:
        # 从筛选结果集中取得第一个工作表
        worksheet = select_sheet[0]
        # 在工作表中插入散点图
        worksheet.pictures.add(figure, name='散点图', update=True, left=300)
        # 保存工作簿
        workbook.save(os.path.join(full_path, '库存与销售单价关系.xlsx'))
# 不管前面是否发生异常，都执行该语句块的语句
```

```
    finally:
        # 关闭工作簿
        workbook.close()
    # 退出 Excel 程序
    app.quit()
```

执行 py 文件，以 files 文件夹下的“商品信息.xlsx”工作簿作为操作示例，可以得到类似图 10-5 所示的结果。

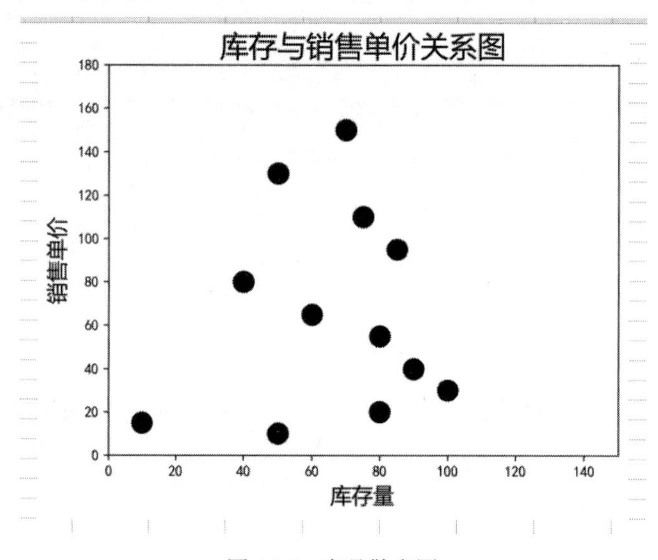

图 10-5　商品散点图

上面的示例仅仅是将数据通过散点的方式呈现出来，并没有非常直观地将库存与销售单价的相关性体现出来，下面借助 sklearn 模块为散点图加上线性趋势线。

为散点图添加趋势线（bar_compare_chart.py）：

```
import os
import pandas as pd
import xlwings as xw
import matplotlib.pyplot as plt
from sklearn import linear_model

# 全路径
full_path = 'd:\\workspace\\pythonoperexcel\\chapter10\\files'
# 指定工作表名称
sheet_name = '库存与单价'
# 文件全路径及文件名
full_file_name = os.path.join(full_path, '商品信息.xlsx')
# 从指定工作簿中读取指定工作表数据
df = pd.read_excel(full_file_name, sheet_name=sheet_name)
# 创建一个绘图窗口
figure = plt.figure()
# 解决中文乱码问题
plt.rcParams['font.sans-serif'] = ['SimHei']
```

```
    # 解决坐标值为负数时无法正常显示负号的问题
    plt.rcParams['axes.unicode_minus'] = False
    # 指定列为 x 坐标值
    x = df['库存量']
    # 指定列为 y 坐标值
    y = df['销售单价']
    # 制作散点图
    plt.scatter(x, y, s=200, color='black', marker='o', edgecolors='black')
    # 添加并设置 x 轴标题
    plt.xlabel('库存量',
               fontdict={'family': 'Microsoft YaHei', 'color': 'black', 'size': 15},
               labelpad=5)
    # 添加并设置 y 轴标题
    plt.ylabel('销售单价',
               fontdict={'family': 'Microsoft YaHei', 'color': 'black', 'size': 15},
               labelpad=5)
    # 添加并设置图表标题
    plt.title('库存与销售单价关系图',
              fontdict={'family': 'Microsoft YaHei', 'color': 'black', 'size': 20},
              loc='center')
    # 创建一个线性回归模型，并用自变量和因变量数据对线性回归模型进行训练，拟合出线性回归方程
    model = linear_model.LinearRegression().fit(x.values.reshape(-1, 1), y)
    # 模型预测
    pred = model.predict(x.values.reshape(-1, 1))
    # 绘制线性趋势线
    plt.plot(x, pred, color='black', linewidth=2, linestyle='solid', label='线性
趋势图')
    # 设置图例
    plt.legend(loc='upper left')
    # 设置 x 轴取值范围
    plt.xlim(0, 150)
    # 设置 y 轴取值范围
    plt.ylim(0, 180)
    # 启动 Excel 程序
    app = xw.App(visible=False, add_book=False)
    # 打开指定工作簿
    workbook = app.books.open(os.path.join(full_path, '商品信息.xlsx'))
    # 异常捕获
    try:
        # 取得指定工作簿中的所有工作表
        sheet_list = workbook.sheets
        # 从所有工作表中取得指定名称的工作表
        select_sheet = [sheet for sheet in sheet_list if sheet.name == sheet_name]
        # 找到了指定的工作表
        if select_sheet:
            # 从筛选结果集中取得第一个工作表
            worksheet = select_sheet[0]
            # 在工作表中插入散点图
            worksheet.pictures.add(figure, name='散点图', update=True, left=300)
            # 保存工作簿
```

```
        workbook.save(os.path.join(full_path, '散点图线性趋势.xlsx'))
    # 不管前面代码执行是否发生异常，都执行该语句块的语句
    finally:
        # 关闭工作簿
        workbook.close()
    # 退出 Excel 程序
    app.quit()
```

执行 py 文件，以 files 文件夹下的“商品信息.xlsx”工作簿作为操作示例，可以得到类似图 10-6 所示的结果。

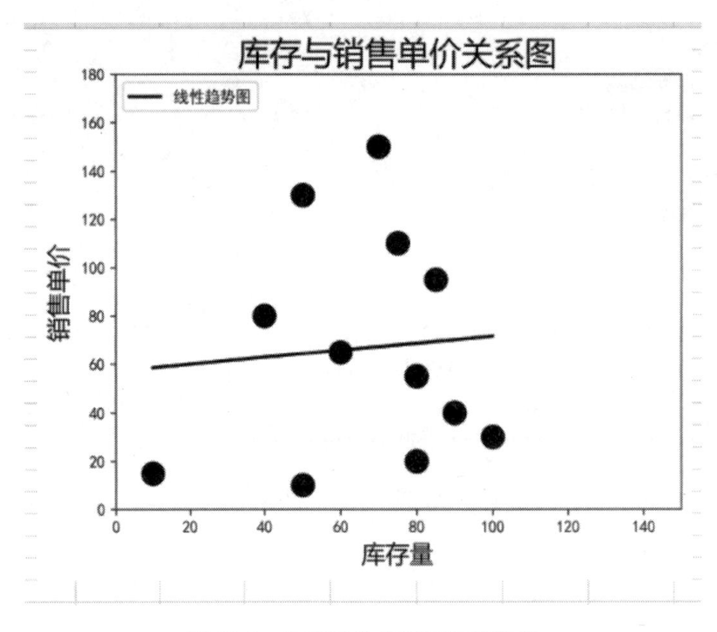

图 10-6　为商品散点图添加趋势线

示例中使用的 LinearRegression()函数是 sklearn 模块中的函数，用于创建一个线性回归模型，语法格式如下：

```
LinearRegression(fit_intercept=True, normalize=False, copy_X=True, n_jobs=1)
```

函数参数解释如下：

- fit_intercept：可选参数，表示是否需要计算截距，默认值为 True。
- normalize：可选参数，表示是否对数据进行标准化处理，默认值为 False。
- copy_X：可选参数，默认值为 True，表示复制 X 值；若为 False，则表示该值可能被覆盖。
- n_jobs：可选参数，表示计算时使用的 CPU 数量，默认值为 1。

除了使用散点图外，使用 scatter()函数制作的气泡图也可以很好地建立相关性关系。

商品库存关系气泡图（bubble_chart.py）：

```
import os
import pandas as pd
```

```
import xlwings as xw
import matplotlib.pyplot as plt

# 全路径
full_path = 'd:\\workspace\\pythonoperexcel\\chapter10\\files'
# 指定工作表名称
sheet_name = '商品名称库存单价'
# 文件全路径及文件名
full_file_name = os.path.join(full_path, '商品信息.xlsx')
# 从指定工作簿中读取指定工作表数据
df = pd.read_excel(full_file_name, sheet_name=sheet_name)
# 创建一个绘图窗口
figure = plt.figure()
# 解决中文乱码问题
plt.rcParams['font.sans-serif'] = ['SimHei']
# 解决坐标值为负数时无法正常显示负号的问题
plt.rcParams['axes.unicode_minus'] = False
# 指定列为 x 坐标值
x = df['库存量']
# 指定列为 y 坐标值
y = df['销售单价']
# 指定列为 z 坐标值
z = df['商品名称']
# 制作气泡图
plt.scatter(x, y, s=y * 30, color='black', marker='o')
# 添加并设置 x 轴标题
plt.xlabel('销售单价',
           fontdict={'family': 'Microsoft YaHei', 'color': 'black', 'size': 15},
           labelpad=5)
# 添加并设置 y 轴标题
plt.ylabel('库存量',
           fontdict={'family': 'Microsoft YaHei', 'color': 'black', 'size': 15},
           labelpad=5)
# 添加并设置图表标题
plt.title('库存与销售单价关系图',
          fontdict={'family': 'Microsoft YaHei', 'color': 'black', 'size': 20},
          loc='center')
# 遍历取得的数据
for a, b, c in zip(x, y, z):
    # 添加并设置数据标签
    plt.text(a, b, c, ha='center', va='center', fontsize=14, color='white')
# 设置 x 轴取值范围
plt.xlim(0, 150)
```

```
# 设置 y 轴取值范围
plt.ylim(0, 180)
# 启动 Excel 程序
app = xw.App(visible=False, add_book=False)
# 打开指定工作簿
workbook = app.books.open(os.path.join(full_path, '商品信息.xlsx'))
# 异常捕获
try:
    # 取得指定工作簿中的所有工作表
    sheet_list = workbook.sheets
    # 从所有工作表中取得指定名称的工作表
    select_sheet = [sheet for sheet in sheet_list if sheet.name == sheet_name]
    # 找到了指定的工作表
    if select_sheet:
        # 从筛选结果集中取得第一个工作表
        worksheet = select_sheet[0]
        # 在工作表中插入气泡图
        worksheet.pictures.add(figure, name='气泡图', update=True, left=200)
        # 保存工作簿
        workbook.save(os.path.join(full_path, '库存与销售单价关系气泡图.xlsx'))
# 不管前面是否发生异常，都执行该语句块的语句
finally:
    # 关闭工作簿
    workbook.close()
# 退出 Excel 程序
app.quit()
```

执行 py 文件，以 files 文件夹下的“商品信息.xlsx”工作簿作为操作示例，可以得到类似图 10-7 所示的结果。

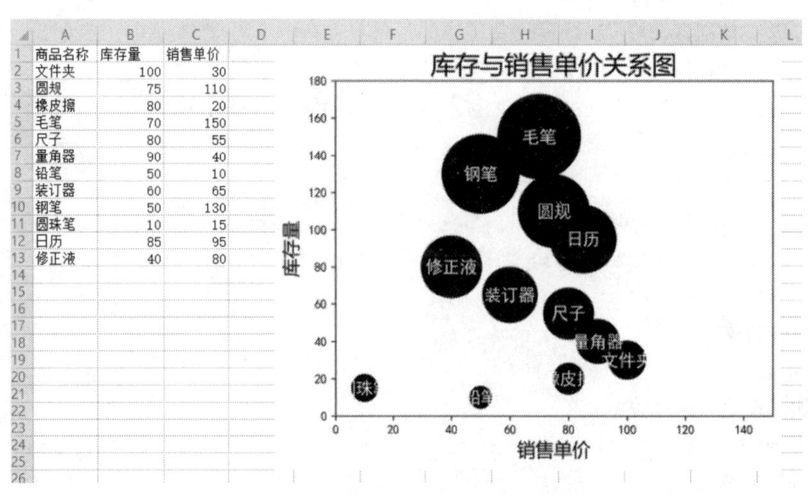

商品名称	库存量	销售单价
文件夹	100	30
圆规	75	110
橡皮擦	80	20
毛笔	70	150
尺子	80	55
量角器	90	40
铅笔	50	10
装订器	60	65
钢笔	50	130
圆珠笔	10	15
日历	85	95
修正液	40	80

图 10-7　商品气泡图

10.3　比例关系图表制作

在实际应用中，通过比例关系图可以非常直观地查看一些数据的占比情况，比如使用饼图、圆环图等一眼就可以看出各个数据的占比情况。若要结合实际数据用饼图做展示，通过编程的方式该怎么实现呢？

本章前面有一个演示 pie()函数的示例，但是没有对 pie()函数做更多的讲解，其实 pie()函数有很多参数，通过对这些参数设置不同的值便可实现对指定数据的展示。

以饼图展示数据的占比情况（pie_chart.py）：

```
import os
import pandas as pd
import xlwings as xw
import matplotlib.pyplot as plt

# 全路径
full_path = 'd:\\workspace\\pythonoperexcel\\chapter10\\files'
# 指定工作表名称
sheet_name = '基本信息'
# 文件全路径及文件名
full_file_name = os.path.join(full_path, '商品信息.xlsx')
# 从指定工作簿中读取指定工作表数据
df = pd.read_excel(full_file_name, sheet_name=sheet_name)
# 创建一个绘图窗口
figure = plt.figure()
# 解决中文乱码问题
plt.rcParams['font.sans-serif'] = ['SimHei']
# 解决坐标值为负数时无法正常显示负号的问题
plt.rcParams['axes.unicode_minus'] = False
# 指定列为 x 坐标值
x = df['商品名称']
# 指定列为 y 坐标值
y = df['库存量']
# 制作饼图并分离饼图块
plt.pie(y, labels=x, labeldistance=1.1, autopct='%.2f%%', pctdistance=0.8,
       startangle=90, radius=1.0, explode=[0, 0, 0, 0, 0, 0.3, 0, 0, 0, 0, 0,
0])
# 添加并设置图表标题
plt.title(label='商品库存占比图', fontdict={'color': 'black', 'size': 30},
loc='center')
# 启动 Excel 程序
app = xw.App(visible=False, add_book=False)
# 打开指定工作簿
```

```
workbook = app.books.open(os.path.join(full_path, '商品信息.xlsx'))
# 异常捕获
try:
    # 取得指定工作簿中的所有工作表
    sheet_list = workbook.sheets
    # 从所有工作表中取得指定名称的工作表
    select_sheet = [sheet for sheet in sheet_list if sheet.name == sheet_name]
    # 找到了指定的工作表
    if select_sheet:
        # 从筛选结果集中取得第一个工作表
        worksheet = select_sheet[0]
        # 在工作表中插入饼图
        worksheet.pictures.add(figure, name='饼图', update=True, left=300)
        # 保存工作簿
        workbook.save(os.path.join(full_path, '商品库存占比饼图.xlsx'))
# 不管前面是否发生异常，都执行该语句块的语句
finally:
    # 关闭工作簿
    workbook.close()
# 退出 Excel 程序
app.quit()
```

执行 py 文件，以 files 文件夹下的“商品信息.xlsx”工作簿作为操作示例，可以得到类似图 10-8 所示的结果。

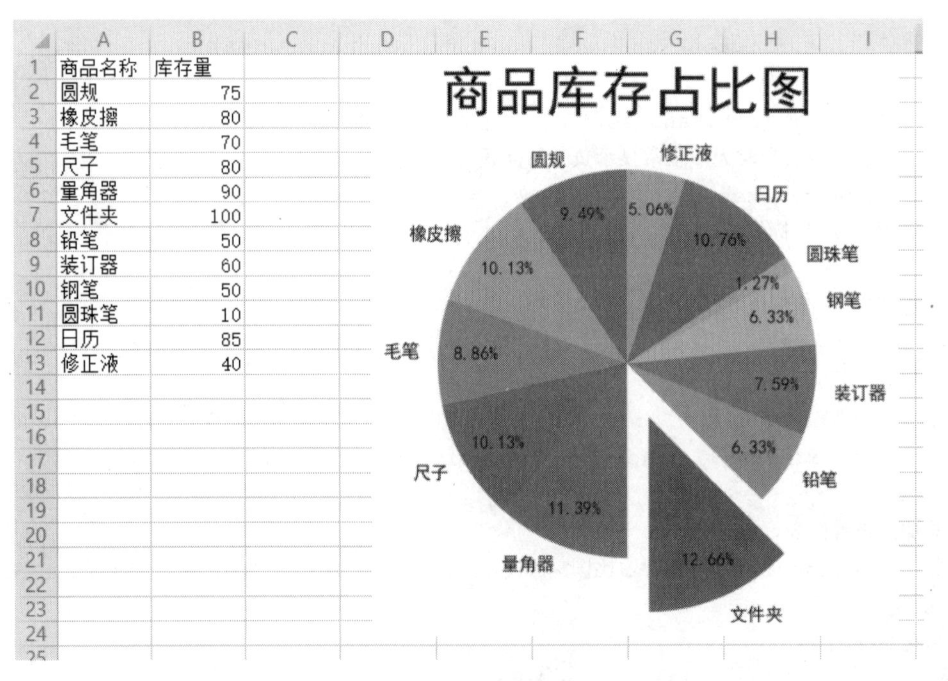

商品名称	库存量
圆规	75
橡皮擦	80
毛笔	70
尺子	80
量角器	90
文件夹	100
铅笔	50
装订器	60
钢笔	50
圆珠笔	10
日历	85
修正液	40

图 10-8　商品饼图

上面示例中使用的 pie()函数是 Matplotlib 模块中的函数，用于制作饼图，语法格式如下：

```
Pie(x, explode, labels, colors, autopct, pctdistance, shadow, labeldistance, startangle, radius, counterclock, center, frame)
```

函数参数解释如下：

- x：饼图的数据系列值。
- explode：一个列表，指定每一个饼图块与圆心的距离。
- labels：每一个饼图块的数据标签内容。
- colors：每一个饼图块的填充颜色。
- autopct：每一个饼图块的百分比数值的格式。
- pctdistance：百分比数值与饼图块中心的距离。
- shadow：是否为饼图绘制阴影。
- labeldistance：数据标签与饼图块中心的距离。
- startangle：数据的第一个值对应的饼图块在饼图中的初始角度。
- radius：饼图的半径。
- counterclock：是否让饼图逆时针显示。
- center：饼图的中心位置。
- frame：是否显示饼图背后的图框。

除了饼图，使用圆环图展示数据的比例关系也是非常不错的选择。圆环图也是使用 pie()函数实现的，与饼图的制作方式不同的是 pie()函数的参数设置。

以圆环图展示数据的占比情况（ring_chart.py）：

```
import os
import pandas as pd
import xlwings as xw
import matplotlib.pyplot as plt

# 全路径
full_path = 'd:\\workspace\\pythonoperexcel\\chapter10\\files'
# 指定工作表名称
sheet_name = '基本信息'
# 文件全路径及文件名
full_file_name = os.path.join(full_path, '商品信息.xlsx')
# 从指定工作簿中读取指定工作表数据
df = pd.read_excel(full_file_name, sheet_name=sheet_name)
# 创建一个绘图窗口
figure = plt.figure()
# 解决中文乱码问题
plt.rcParams['font.sans-serif'] = ['SimHei']
# 解决坐标值为负数时无法正常显示负号的问题
plt.rcParams['axes.unicode_minus'] = False
```

```
    # 指定列为 x 坐标值
    x = df['商品名称']
    # 指定列为 y 坐标值
    y = df['库存量']
    # 制作饼图并分离饼图块
    plt.pie(y, labels=x, labeldistance=1.1, autopct='%.2f%%', pctdistance=0.85,
            radius=1.0, wedgeprops={'width': 0.3, 'linewidth': 2, 'edgecolor':
'white'})
    # 添加并设置图表标题
    plt.title(label='商品库存占比环形图', fontdict={'color': 'black', 'size': 30},
loc='center')
    # 启动 Excel 程序
    app = xw.App(visible=False, add_book=False)
    # 打开指定工作簿
    workbook = app.books.open(os.path.join(full_path, '商品信息.xlsx'))
    # 异常捕获
    try:
        # 取得指定工作簿中的所有工作表
        sheet_list = workbook.sheets
        # 从所有工作表中取得指定名称的工作表
        select_sheet = [sheet for sheet in sheet_list if sheet.name == sheet_name]
        # 找到了指定的工作表
        if select_sheet:
            # 从筛选结果集中取得第一个工作表
            worksheet = select_sheet[0]
            # 在工作表中插入圆环图
            worksheet.pictures.add(figure, name='圆环图', update=True, left=300)
            # 保存工作簿
            workbook.save(os.path.join(full_path, '商品库存占比环形图.xlsx'))
    # 不管前面是否发生异常，都执行该语句块的语句
    finally:
        # 关闭工作簿
        workbook.close()
    # 退出 Excel 程序
    app.quit()
```

执行 py 文件，以 files 文件夹下的“商品信息.xlsx”工作簿作为操作示例，可以得到类似图 10-9 所示的结果。

图 10-9　商品圆环图

除了饼图和圆环图，对于类似实际总值与预计总值的比例关系图，可以通过简单的柱形图来呈现。这种柱形图可分为两部分，并分别使用不同的颜色进行标记。

实际总值与预测总值比例关系图（actual_forecast_chart.py）：

```
import os
import xlwings as xw
import pandas as pd
import matplotlib.pyplot as plt

# 全路径
full_path = 'd:\\workspace\\pythonoperexcel\\chapter10\\files'


# 自定义函数获取记录总行数
def get_total_row(full_file_name, sheet_name, include_header=False):
    """
    full_file_name:需要打开文件的全路径
    sheet_name:需要访问的工作表
    include_header:是否包含标题行，默认不包含
    return: 返回数据的行数，默认不包含标题行
    """
    # 启动 Excel 程序
    app = xw.App(visible=False, add_book=False)
    # 打开工作簿
    workbook = app.books.open(full_file_name)
    # 异常捕获
    try:
        # 从工作簿中取得指定工作表
```

```
        worksheet = workbook.sheets[sheet_name]
        # 取得工作表中的数据
        table_values = worksheet.range('A1').expand()
        # 读取当前工作表中数据的行数
        row_num = table_values.shape[0]
        # 若不包含标题行，则返回的行数为获取的行号数减去 1
        if not include_header:
            row_num = row_num - 1
    # 不管前面是否发生异常，都执行该语句块的语句
    finally:
        # 关闭工作簿
        workbook.close()
    # 退出 Excel 程序
    app.quit()
    return row_num


# 文件全路径及名称
full_file = os.path.join(full_path, '商品信息.xlsx')
# 指定工作表名称
sheet_name = '预估库存'
# 从指定工作簿中读取数据
df = pd.read_excel(full_file, sheet_name=sheet_name)
# 定义变量 sum_val，用于存储总库存量
sum_val = 0
# 取得指定工作表中的数据行数
data_row = get_total_row(full_file, sheet_name)
# 根据数据行数遍历表格数据
for i in range(data_row - 1):
    # 累加所有的库存量
    sum_val = df['库存量'][i] + sum_val
# 获取预估库存量
estimate_num = df['库存量'][data_row - 1]
# 计算得到的总库存与预估库存的占比
percentage = sum_val / estimate_num
# 制作柱形图，填充色为 black
plt.bar(1, 1, color='black')
# 制作柱形图，填充色为 yellow
plt.bar(1, percentage, color='yellow')
# 设置图表 x 轴的取值范围
plt.xlim(0, 2)
# 设置图表 y 轴的取值范围
plt.ylim(0, 1.2)
```

```
# 添加并设置数据标签
plt.text(1, percentage - 0.01, percentage, ha='center', va='top',
        fontdict={'color': 'black', 'size': 20})
# 显示制作的总库存与预估库存占比图
plt.show()
```

执行 py 文件，以 files 文件夹下的“商品信息.xlsx”工作簿作为操作示例，可以得到类似图 10-10 所示的结果。

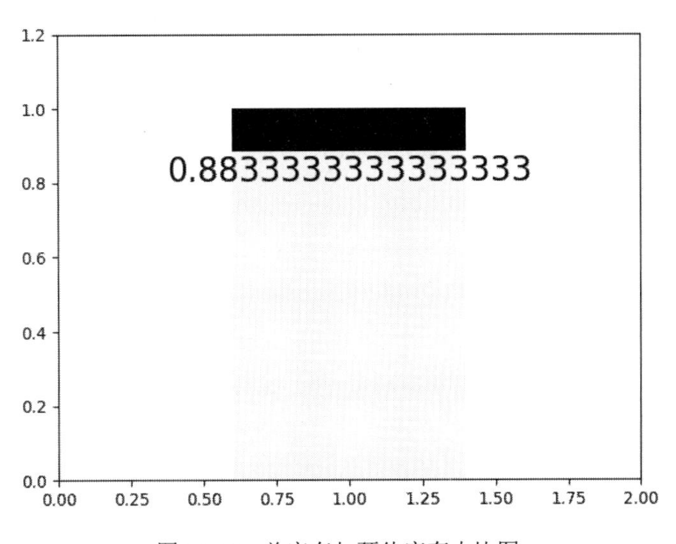

图 10-10　总库存与预估库存占比图

上面的示例展示的是实际总值与预测总值的比例图，其实也可以计算实际局部值与预测总值的比例值，然后通过图形展示出来。

实际局部值与预测总值比例展示图（part_actual_forecast_chart.py）：

```
import os
import xlwings as xw
import pandas as pd
import matplotlib.pyplot as plt

# 全路径
full_path = 'd:\\workspace\\pythonoperexcel\\chapter10\\files'


# 自定义函数获取记录总行数
def get_total_row(full_file_name, sheet_name, include_header=False):
    """
    full_file_name:需要打开文件的全路径
    sheet_name:需要访问的工作表
    include_header:是否包含标题行，默认不包含
    return: 返回数据的行数，默认不包含标题行
    """
```

```
    # 启动 Excel 程序
    app = xw.App(visible=False, add_book=False)
    # 打开工作簿
    workbook = app.books.open(full_file_name)
    # 异常捕获
    try:
        # 从工作簿中取得指定工作表
        worksheet = workbook.sheets[sheet_name]
        # 取得工作表中的数据
        table_values = worksheet.range('A1').expand()
        # 读取当前工作表中数据的行数
        row_num = table_values.shape[0]
        # 若不包含标题行，返回的行数为获取的行号数减去 1
        if not include_header:
            row_num = row_num - 1
    # 不管前面是否发生异常，都执行该语句块的语句
    finally:
        # 关闭工作簿
        workbook.close()
    # 退出 Excel 程序
    app.quit()
    return row_num


# 文件全路径及名称
full_file = os.path.join(full_path, '商品信息.xlsx')
# 指定工作表名称
sheet_name = '预估库存'
# 从指定工作簿中读取数据
df = pd.read_excel(full_file, sheet_name=sheet_name)
# 定义变量 sum_val，用于存储总库存量
sum_val = 0
# 取得指定工作表中的数据行数
data_row = get_total_row(full_file, sheet_name)
# 根据数据行数遍历表格数据，计算三分之二的数据
for i in range(data_row // 3 * 2):
    # 累加所有的库存量
    sum_val = df['库存量'][i] + sum_val
# 获取预估库存量
estimate_num = df['库存量'][data_row - 1]
# 计算得到的总库存与预估库存的占比
percentage = sum_val / estimate_num
# 制作柱形图，填充色为 black
plt.bar(1, 1, color='black')
# 制作柱形图，填充色为 yellow
plt.bar(1, percentage, color='yellow')
```

```
# 设置图表 x 轴的取值范围
plt.xlim(0, 2)
# 设置图表 y 轴的取值范围
plt.ylim(0, 1.2)
# 添加并设置数据标签
plt.text(1, percentage - 0.01, percentage, ha='center', va='top',
        fontdict={'color': 'black', 'size': 20})
# 显示制作的局部库存与预估库存占比图
plt.show()
```

执行 py 文件，以 files 文件夹下的“商品信息.xlsx”工作簿作为操作示例，可以得到类似图 10-11 所示的结果。

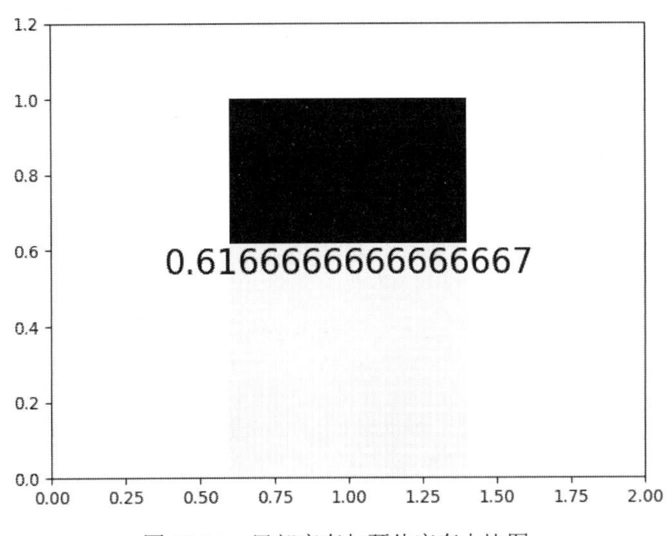

图 10-11　局部库存与预估库存占比图

10.4　指标图表制作

在实际应用中，有时分析的数据并不会局限于一维或二维，需要从多维度的角度度量一些数据，比如对于一些指标的分析就需要从多个角度进行综合分析。当然，也可以看某一个维度，但是应该只能作为整体维度值的一个观察角度，是否可以通过编码实现类似雷达图的多维度指标图呢？

要实现多维度的指标分析，使用雷达图是非常好的选择。雷达图可以使用制作折线图的 plot() 函数结合 numpy 模块中对应的函数来实现。

雷达图展示数据指标（radar_chart.py）：

```
import os
import pandas as pd
import numpy as np
import matplotlib.pyplot as plt
```

```
    # 全路径
    full_path = 'd:\\workspace\\pythonoperexcel\\chapter10\\files'
    # 从指定工作簿中读取指定工作表数据
    df = pd.read_excel(os.path.join(full_path, '商品信息.xlsx'), sheet_name='性能参
数')
    # 将数据中的指定列设置为行索引
    df = df.set_index('性能评价指标')
    # 转置数据表格
    df = df.T
    # 将转置后数据中行索引那一列的名称修改为指定值
    df.index.name = '品牌'


    # 自定义一个函数
    def plot_radar(data, feature):
        # 解决中文乱码问题
        plt.rcParams['font.sans-serif'] = ['SimHei']
        # 解决坐标值为负数时无法正常显示负号的问题
        plt.rcParams['axes.unicode_minus'] = False
        # 指定名称
        col_list = ['动力性', '燃油经济性', '制动性', '操控稳定性', '行驶平顺性', '通过性
', '安全性', '环保性']
        # 指定颜色设置
        color_list = ['green', 'blue', 'red', 'yellow']
        # 根据要显示的指标个数对圆形进行等分
        angles = np.linspace(0.1 * np.pi, 2.1 * np.pi, len(col_list), endpoint=False)
        # 连接刻度线数据
        angles = np.concatenate((angles, [angles[0]]))
        # 设置显示图表的窗口大小
        fig = plt.figure(figsize=(8, 8))
        # 设置图表在窗口中的显示位置，并设置坐标轴为极坐标体系
        ax = fig.add_subplot(111, polar=True)
        # 数据遍历
        for i, c in enumerate(feature):
            # 获取指定数据的指标数据
            stats = data.loc[c]
            # 连接品牌的指标数据
            stats = np.concatenate((stats, [stats[0]]))
            # 制作雷达图
            ax.plot(angles, stats, '-', linewidth=6, c=color_list[i], label=f'{c}')
            # 为雷达图填充颜色
            ax.fill(angles, stats, color=color_list[i], alpha=0.25)
        # 为雷达图添加图例
        ax.legend()
        # 隐藏坐标轴数据
        ax.set_yticklabels([])
        # 添加并设置数据标签
        ax.set_thetagrids(angles * 180 / np.pi, fontsize=16)
        # 显示制作的雷达图
        plt.show()
```

```
    # 返回对象
    return fig

# 调用自定义函数制作雷达图
fig_radar = plot_radar(df, ['A 品牌', 'B 品牌', 'C 品牌', 'D 品牌'])
```

执行 py 文件，以 files 文件夹下的“商品信息.xlsx”工作簿作为操作示例，可以得到类似图 10-12 所示的结果。

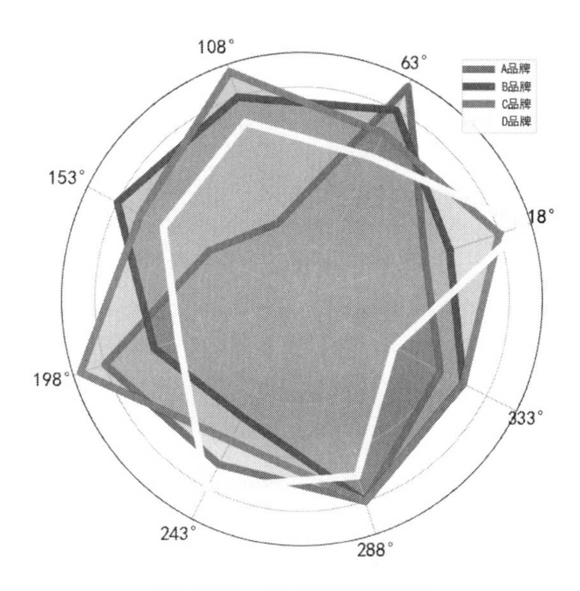

图 10-12　所有品牌雷达图

示例中使用的 linespace()函数是 NumPy 模块中的函数，用于在指定的区间内返回均匀间隔的数字，语法格式如下：

```
linespace(start, stop, num=50, endpoint=True, retstep=False, dtype=None)
```

函数参数解释如下：

- start：区间的起始值。
- stop：区间的终止值。
- num：可选参数，指定生成的样本数。取值必须是非负数，默认为 50。
- endpoint：可选参数，指定终止值 stop 是否被包含在结果数组中。如果为 True，则结果中一定会有终止值 stop；如果为 False，则结果中一定没有终止值 stop。
- retstep：可选参数，一般不用。
- dtype：可选参数，一般不用。

示例中的 concatenate()函数是 NumPy 模块中的函数，用于一次完成多个数组的拼接，语法格式如下：

```
concatenate((a1, a2, ...), axis=0)
```

函数参数解释如下：

- (a1, a2, ...)：要拼接的数组。
- axis：拼接的轴向，通常可以省略。

示例中的 add_subplot()函数是 Matplotlib 模块中的函数，用于在一张画布上划分区域，以绘制多张子图。

示例中的 fill()函数是 Matplotlib 模块中的函数，用于为由一组坐标值定义的多边形区域填充颜色，语法格式如下：

```
fill(x, y, color, alpha)
```

函数参数解释如下：

- x：多边形各顶点的 x 坐标值列表。
- y：多边形各顶点的 y 坐标值列表。
- color：填充颜色。
- alpha：填充颜色的透明度。

以上示例呈现的是多个指标的展示图，若只想看某一个指标的展示图，则可在多个指标值的基础上选择某一个指标值。

雷达图展示单一数据指标（performance_radar_chart.py）：

```
import os
import pandas as pd
import numpy as np
import matplotlib.pyplot as plt

# 全路径
full_path = 'd:\\workspace\\pythonoperexcel\\chapter10\\files'
# 从指定工作簿中读取指定工作表数据
df = pd.read_excel(os.path.join(full_path, '商品信息.xlsx'), sheet_name='性能参
数')
# 将数据中的指定列设置为行索引
df = df.set_index('性能评价指标')
# 转置数据表格
df = df.T
# 将转置后数据中行索引那一列的名称修改为指定值
df.index.name = '品牌'


# 自定义一个函数
def plot_radar(data, feature):
    # 解决中文乱码问题
    plt.rcParams['font.sans-serif'] = ['SimHei']
    # 解决坐标值为负数时无法正常显示负号的问题
    plt.rcParams['axes.unicode_minus'] = False
```

```
    # 指定名称
    col_list = ['动力性', '燃油经济性', '制动性', '操控稳定性', '行驶平顺性', '通过性
', '安全性', '环保性']
    # 指定颜色设置
    color_list = ['black', 'blue', 'red', 'yellow']
    # 根据要显示的指标个数对圆形进行等分
    angles = np.linspace(0.1 * np.pi, 2.1 * np.pi, len(col_list), endpoint=False)
    # 连接刻度线数据
    angles = np.concatenate((angles, [angles[0]]))
    # 设置显示图表的窗口大小
    fig = plt.figure(figsize=(8, 8))
    # 设置图表在窗口中的显示位置，并设置坐标轴为极坐标体系
    ax = fig.add_subplot(111, polar=True)
    # 数据遍历
    for i, c in enumerate(feature):
        # 获取指定数据的指标数据
        stats = data.loc[c]
        # 连接品牌的指标数据
        stats = np.concatenate((stats, [stats[0]]))
        # 制作雷达图
        ax.plot(angles, stats, '-', linewidth=6, c=color_list[i], label=f'{c}')
        # 为雷达图填充颜色
        ax.fill(angles, stats, color=color_list[i], alpha=0.25)
    # 为雷达图添加图例
    ax.legend()
    # 隐藏坐标轴数据
    ax.set_yticklabels([])
    # 添加并设置数据标签
    ax.set_thetagrids(angles * 180 / np.pi, fontsize=16)
    # 显示制作的雷达图
    plt.show()
    # 返回对象
    return fig


# 调用自定义函数制作雷达图，查看指定品牌的性能评价
fig_radar = plot_radar(df, ['D 品牌'])
```

执行 py 文件，以 files 文件夹下的“商品信息.xlsx”工作簿作为操作示例，可以得到类似图 10-13 所示的结果。

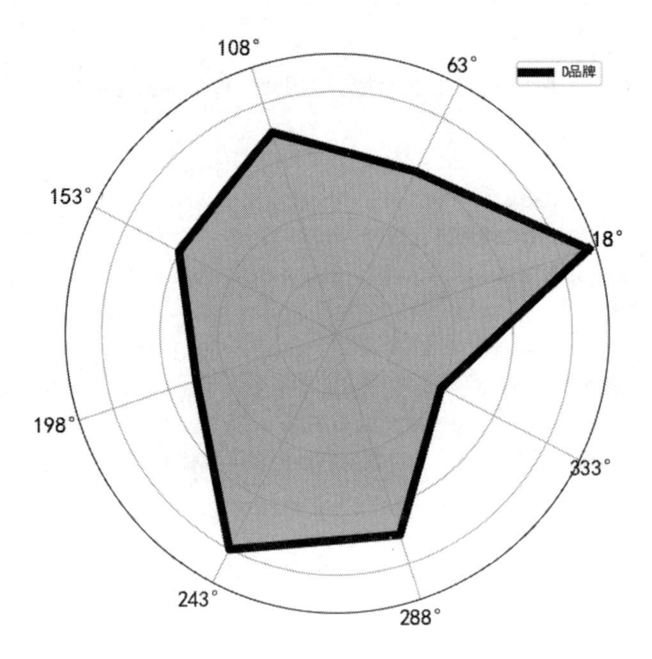

图 10-13　单一数据指标雷达图

10.5　本章小结

本章主要讲解一些更为复杂的图表的制作。

在实际工作应用中，随着涉及业务复杂度的不断提升，单图表的展示方式不再能满足现实业务的需求，而是需要用对比图、相关性关系图等来更好地反馈不同数据之间的一些信息。

第 11 章

综合实战

在前面章节的内容介绍中，向 Excel 中插入图标时讲解的都是在 Excel 中插入一个图，如只插入一个饼图或圆环图。本章将以综合实战的方式讲解向一个工作表中插入多个图表的操作。

11.1 在一个工作表中插入饼图和圆环图

在前面示例中展示的都是在一个 Excel 中插入一种图形，使用这种方式想要通过多种图形进行数据对比时就需要打开多个 Excel，这样看起来既不方便，也不直观，是否有办法可以让多种图形在同一个工作表中展现？

xlwings 模块中提供了对应的方法来支持这种操作。比如 worksheet.pictures.add()这条语句就可以实现在一个工作表中添加多个图形。在使用时，对语句中的一些参数值进行控制就可以将不同图形展现在同一个工件表中。

圆环图和饼图对比图（more_than_one_chart_view.py）：

```
import os
import pandas as pd
import xlwings as xw
import matplotlib.pyplot as plt

# 全路径
full_path = os.getcwd() + '/files'
# 指定工作表名称
sheet_name = '商品名称库存单价'
# 文件全路径及文件名
full_file_name = os.path.join(full_path, '商品信息.xlsx')
# 从指定工作簿中读取指定工作表数据
```

```
    df = pd.read_excel(full_file_name, sheet_name=sheet_name)


    def draw_ring():
        """
        绘制圆环图
        :return:
        """
        # 创建一个绘图窗口
        figure = plt.figure()
        # 解决中文乱码问题
        plt.rcParams['font.sans-serif'] = ['SimHei']
        # 解决坐标值为负数时无法正常显示负号的问题
        plt.rcParams['axes.unicode_minus'] = False
        # 指定列为 x 坐标值
        x = df['商品名称']
        # 指定列为 y 坐标值
        y = df['库存量']
        # 制作饼图并分离饼图块
        plt.pie(y, labels=x, labeldistance=1.1, autopct='%.2f%%', pctdistance=0.85,
radius=1.0, wedgeprops={'width': 0.3, 'linewidth': 2, 'edgecolor': 'white'})
        # 添加并设置图表标题
        plt.title(label='商品库存占比环形图', fontdict={'color': 'black', 'size': 30},
loc='center')

        return figure


    def draw_pie():
        """
        绘制饼图
        :return:
        """
        # 创建一个绘图窗口
        figure = plt.figure()
        # 解决中文乱码问题
        plt.rcParams['font.sans-serif'] = ['SimHei']
        # 解决坐标值为负数时无法正常显示负号的问题
        plt.rcParams['axes.unicode_minus'] = False
        # 指定列为 x 坐标值
        x = df['商品名称']
        # 指定列为 y 坐标值
        y = df['库存量']
```

```
        # 制作饼图并分离饼图块
        plt.pie(y, labels=x, labeldistance=1.1, autopct='%.2f%%', pctdistance=0.8,
                startangle=90, radius=1.0, explode=[0, 0, 0, 0, 0, 0.3, 0, 0, 0, 0,
0, 0])
        # 添加并设置图表标题
        plt.title(label='商品库存占比图', fontdict={'color': 'black', 'size': 30},
loc='center')

        return figure


    def workbook_picture_insert():
        """
        在工作表中插入图
        """
        # 启动 Excel 程序
        app = xw.App(visible=False, add_book=False)
        # 打开指定工作簿
        workbook = app.books.open(os.path.join(full_path, '商品信息.xlsx'))

        ring_figure = draw_ring()
        pie_figure = draw_pie()

        # 异常捕获
        try:
            # 取得指定工作簿中的所有工作表
            sheet_list = workbook.sheets
            # 从所有工作表中取得指定名称的工作表
            select_sheet = [sheet for sheet in sheet_list if sheet.name == sheet_name]
            # 找到了指定的工作表
            if select_sheet:
                # 从筛选结果集中取得第一个工作表
                worksheet = select_sheet[0]
                # 在工作表中插入圆环图
                worksheet.pictures.add(ring_figure, name='圆环图', update=True,
left=180)
                # 在工作表中插入饼图
                worksheet.pictures.add(pie_figure, name='饼图', update=True,
left=500)
                # 保存工作簿
                workbook.save(os.path.join(full_path, '圆环图与饼图对比图.xlsx'))
        # 不管前面是否发生异常，都执行该语句块的语句
        finally:
```

```
        # 关闭工作簿
        workbook.close()
    # 退出 Excel 程序
    app.quit()


if __name__ == '__main__':
    workbook_picture_insert()
```

执行 py 文件，以 files 文件夹下的“商品信息.xlsx”工作簿作为操作示例，可以得到类似图 11-1 所示的结果。

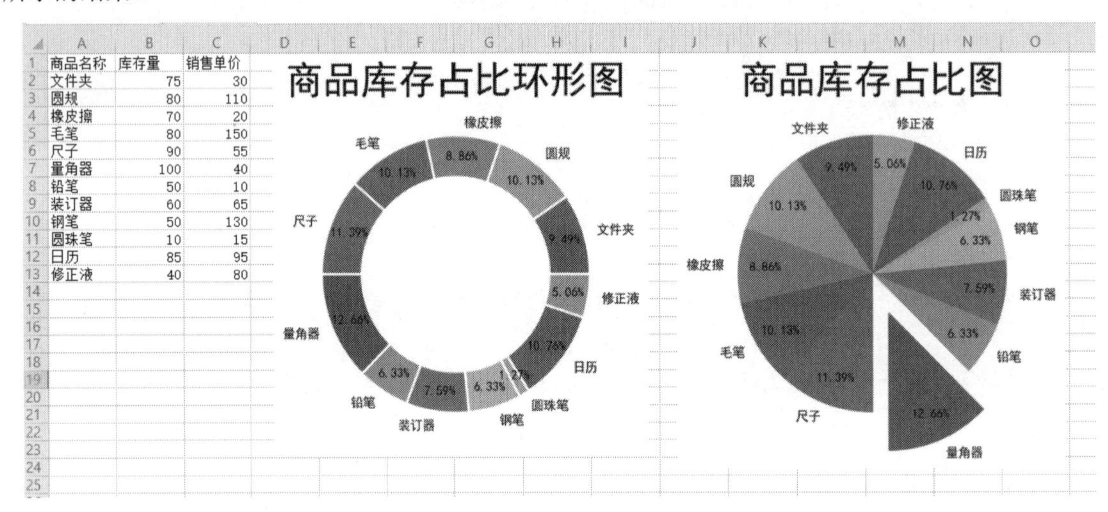

商品名称	库存量	销售单价
文件夹	75	30
圆规	80	110
橡皮擦	70	20
毛笔	80	150
尺子	90	55
量角器	100	40
铅笔	50	10
装订器	60	65
钢笔	50	130
圆珠笔	10	15
日历	85	95
修正液	40	80

图 11-1　圆环图和饼图对比

对于上面代码中的如下语句，left 参数指的是距离左边的距离：

```
worksheet.pictures.add(ring_figure, name='圆环图', update=True, left=180)
```

11.2　在一个工作表中插入多个图

上一节的示例在一个工作表中插入了一张圆环图和一张饼图，若有多张图，都横着放的话展示效果会很不友好，是否可以以上下方式排放？

这个问题问得好。多图若只是以横向的方式排列，则查看的效果就会大打折扣。为了可以更加友好地使用 xlwings 模块，可以在 worksheet.pictures.add 语句中使用 top 参数，用于指定距离上边框的距离。

多图对比（whole_info_view.py）：

```
import os
import pandas as pd
import xlwings as xw
```

```
import matplotlib.pyplot as plt
from sklearn import linear_model

# 全路径
full_path = os.getcwd() + '/files'
# 指定工作表名称
sheet_name = '商品名称库存单价'
# 文件全路径及文件名
full_file_name = os.path.join(full_path, '商品信息.xlsx')
# 从指定工作簿中读取指定工作表数据
df = pd.read_excel(full_file_name, sheet_name=sheet_name)


def draw_ring():
    """
    绘制圆环图
    :return:
    """
    # 创建一个绘图窗口
    figure = plt.figure()
    # 解决中文乱码问题
    plt.rcParams['font.sans-serif'] = ['SimHei']
    # 解决坐标值为负数时无法正常显示负号的问题
    plt.rcParams['axes.unicode_minus'] = False
    # 指定列为 x 坐标值
    x = df['商品名称']
    # 指定列为 y 坐标值
    y = df['库存量']
    # 制作饼图并分离饼图块
    plt.pie(y, labels=x, labeldistance=1.1, autopct='%.2f%%', pctdistance=0.85,
radius=1.0, wedgeprops={'width': 0.3, 'linewidth': 2, 'edgecolor': 'white'})
    # 添加并设置图表标题
    plt.title(label='商品库存占比环形图', fontdict={'color': 'black', 'size': 30},
loc='center')

    return figure


def draw_pie():
    """
    绘制饼图
    :return:
    """
    # 创建一个绘图窗口
    figure = plt.figure()
    # 解决中文乱码问题
```

```
        plt.rcParams['font.sans-serif'] = ['SimHei']
        # 解决坐标值为负数时无法正常显示负号的问题
        plt.rcParams['axes.unicode_minus'] = False
        # 指定列为 x 坐标值
        x = df['商品名称']
        # 指定列为 y 坐标值
        y = df['库存量']
        # 制作饼图并分离饼图块
        plt.pie(y, labels=x, labeldistance=1.1, autopct='%.2f%%', pctdistance=0.8,
              startangle=90, radius=1.0, explode=[0, 0, 0, 0, 0, 0.3, 0, 0, 0, 0,
0, 0])
        # 添加并设置图表标题
        plt.title(label='商品库存占比图', fontdict={'color': 'black', 'size': 30},
loc='center')

        return figure


    def bubble_chart():
        """
        气泡图
        :return:
        """
        figure = plt.figure()
        # 解决中文乱码问题
        plt.rcParams['font.sans-serif'] = ['SimHei']
        # 解决坐标值为负数时无法正常显示负号的问题
        plt.rcParams['axes.unicode_minus'] = False
        # 指定列为 x 坐标值
        x = df['库存量']
        # 指定列为 y 坐标值
        y = df['销售单价']
        # 指定列为 z 坐标值
        z = df['商品名称']
        # 制作气泡图
        plt.scatter(x, y, s=y * 30, color='black', marker='o')
        # 添加并设置 x 轴标题
        plt.xlabel('销售单价',
                fontdict={'family': 'Microsoft YaHei', 'color': 'black', 'size': 15},
                labelpad=5)
        # 添加并设置 y 轴标题
        plt.ylabel('库存量',
                fontdict={'family': 'Microsoft YaHei', 'color': 'black', 'size': 15},
                labelpad=5)
        # 添加并设置图表标题
        plt.title('库存与销售单价关系图',
```

```
            fontdict={'family': 'Microsoft YaHei', 'color': 'black', 'size': 20},
            loc='center')
    # 遍历取得的数据
    for a, b, c in zip(x, y, z):
        # 添加并设置数据标签
        plt.text(a, b, c, ha='center', va='center', fontsize=14, color='white')
    # 设置 x 轴取值范围
    plt.xlim(0, 150)
    # 设置 y 轴取值范围
    plt.ylim(0, 180)

    return figure


def plot_trend_chart():
    """
    折线图
    :return:
    """
    figure = plt.figure()
    # 解决中文乱码问题
    plt.rcParams['font.sans-serif'] = ['SimHei']
    # 解决坐标值为负数时无法正常显示负号的问题
    plt.rcParams['axes.unicode_minus'] = False
    # 指定列为 x 坐标值
    x = df['商品名称']
    # 指定列为 y 坐标值
    y = df['库存量']
    # 制作折线图
    plt.plot(x, y, color='black', linewidth=2, linestyle='solid')
    # 添加并设置图表标题
    plt.title(label='库存量趋势图',
            fontdict={'color': 'black', 'size': 30}, loc='center')
    # 获取最大库存量
    max_store = df['库存量'].max()
    # 选取最高销售额对应的行数据
    df_max = df[df['库存量'] == max_store]
    # 遍历折线图的数据点
    for a, b in zip(df_max['商品名称'], df_max['库存量']):
        # 添加并设置数据标签
        plt.text(a, b + 0.05, (a, b), ha='center', va='bottom', fontsize=10)
    # 隐藏坐标轴
    plt.axis('off')

    return figure
```

```
def scatter_chart_add_trend():
    """
    散点图线性趋势
    :return:
    """
    # 创建一个绘图窗口
    figure = plt.figure()
    # 解决中文乱码问题
    plt.rcParams['font.sans-serif'] = ['SimHei']
    # 解决坐标值为负数时无法正常显示负号的问题
    plt.rcParams['axes.unicode_minus'] = False
    # 指定列为 x 坐标值
    x = df['库存量']
    # 指定列为 y 坐标值
    y = df['销售单价']
    # 制作散点图
    plt.scatter(x, y, s=200, color='black', marker='o', edgecolors='black')
    # 添加并设置 x 轴标题
    plt.xlabel('库存量',
              fontdict={'family': 'Microsoft YaHei', 'color': 'black', 'size': 15},
              labelpad=5)
    # 添加并设置 y 轴标题
    plt.ylabel('销售单价',
              fontdict={'family': 'Microsoft YaHei', 'color': 'black', 'size': 15},
              labelpad=5)
    # 添加并设置图表标题
    plt.title('库存与销售单价关系图',
             fontdict={'family': 'Microsoft YaHei', 'color': 'black', 'size': 20},
             loc='center')
    # 创建一个线性回归模型，并用自变量和因变量数据对线性回归模型进行训练，拟合出线性回归方程
    model = linear_model.LinearRegression().fit(x.values.reshape(-1, 1), y)
    # 模型预测
    pred = model.predict(x.values.reshape(-1, 1))
    # 绘制线性趋势线
    plt.plot(x, pred, color='black', linewidth=2, linestyle='solid', label='
线性趋势图')
    # 设置图例
    plt.legend(loc='upper left')
    # 设置 x 轴取值范围
    plt.xlim(0, 150)
    # 设置 y 轴取值范围
    plt.ylim(0, 180)

    return figure
```

```
def workbook_picture_insert():
    """
    在工作表中插入图
    """
    # 启动 Excel 程序
    app = xw.App(visible=False, add_book=False)
    # 打开指定工作簿
    workbook = app.books.open(os.path.join(full_path, '商品信息.xlsx'))

    ring_figure = draw_ring()
    pie_figure = draw_pie()
    bubble_figure = bubble_chart()
    plot_figure = plot_trend_chart()
    scatter_figure = scatter_chart_add_trend()

    # 异常捕获
    try:
        # 取得指定工作簿中的所有工作表
        sheet_list = workbook.sheets
        # 从所有工作表中取得指定名称的工作表
        select_sheet = [sheet for sheet in sheet_list if sheet.name == sheet_name]
        # 找到了指定的工作表
        if select_sheet:
            # 从筛选结果集中取得第一个工作表
            worksheet = select_sheet[0]
            # 在工作表中插入圆环图
            worksheet.pictures.add(ring_figure, name='圆环图', update=True, left=180)
            # 在工作表中插入饼图
            worksheet.pictures.add(pie_figure, name='饼图', update=True, left=500)
            # 在工作表中插入气泡图
            worksheet.pictures.add(bubble_figure, name='气泡图', update=True,
                                   left=180, top=350)
            # 在工作表中插入折线图
            worksheet.pictures.add(plot_figure, name='折线图', update=True,
                                   left=600, top=350)
            # 在工作表中插入散点图
            worksheet.pictures.add(scatter_figure, name='散点图', update=True, left=820)
            # 保存工作簿
            workbook.save(os.path.join(full_path, '全量信息对比图.xlsx'))
    # 不管前面是否发生异常，都执行该语句块的语句
    finally:
        # 关闭工作簿
        workbook.close()
    # 退出 Excel 程序
    app.quit()
```

```
if __name__ == '__main__':
    workbook_picture_insert()
```

执行 py 文件，以 files 文件夹下的“商品信息.xlsx”工作簿作为操作示例，可以得到类似图 11-2 所示的结果。

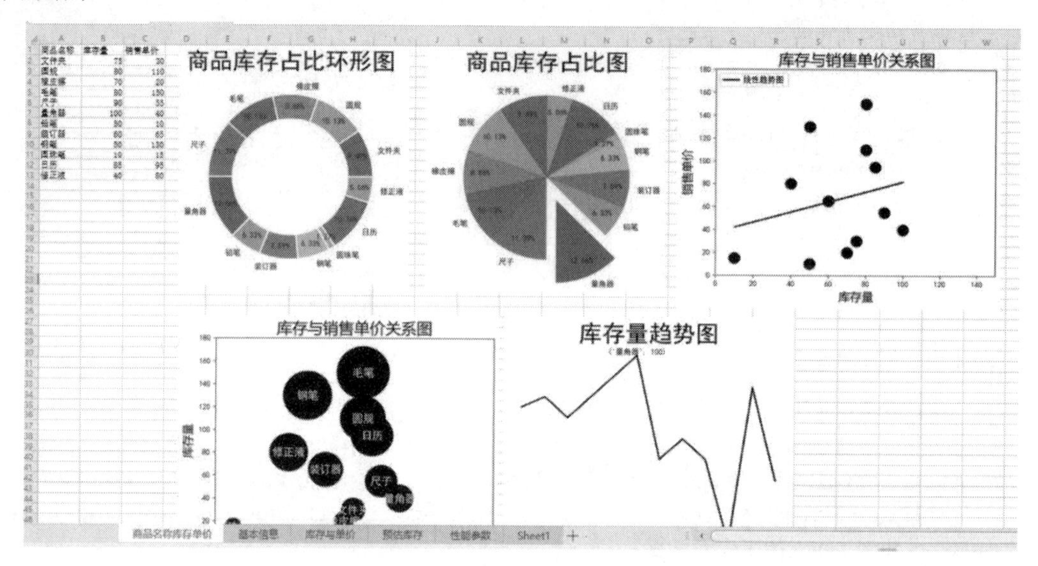

图 11-2　在一个工作表中插入多张图

由执行结果可知，通过使用 left 和 top 参数可以很好地在一个工作表中对指定的图形进行布局。

11.3　本章小结

本章主要讲解在 Excel 中插入多个图形的操作，在业务场景不断变得复杂的今天，在一个界面通过对比的方式来展示更多的图形化信息也成为各个领域的迫切需求。

本章通过两个简单示例展示了在一个工作表中呈现多个图形的方式，有兴趣的读者可以根据示例探索更多的展现形式。

第 12 章 在 Excel 中使用 Python

在前面的章节中讲解的是怎么通过编写 Python 程序来操作 Excel，在实际的应用中有时会希望可以直接在 Excel 中调用一些 Python 程序来处理问题，并希望可以像在 Excel 中使用求和函数那样简单方便，这种需求在 Excel 中是否支持？

使用 Excel 中的 xlwings 插件和通过 VBA 代码调用 Python 中的自定义函数可以很好地支持这种需求。

12.1 在 Excel 中调用 Python 自定义函数

在应用中，Excel 提供的工作表函数有时并不能满足工作需求。这种情况下可以考虑在工作表中像使用 Excel 工作表函数那样调用 Python 自定义函数来完成指定工作。

12.1.1 加载 xlwings 插件

在安装好 xlwings 模块后，计算机中会生成一个名为 xlwings.xlam 的 Excel 加载宏文件，该文件默认位于 Python 安装路径 Lib 文件夹下的 site-packages 文件夹中。例如，本地安装的 Python 3.9 的全路径为 D:\python\py39\，自动生成的 xlwings.xlam 文件的全路径则为 D:\python\py39\Lib\site-packages\xlwings\addin，即生成的 xlwings.xlam 文件是位于 site-packages\xlwings\addin 文件夹下的。

若忘记了 Python 的安装路径，则可通过文件资源管理器搜索该文件。找到该文件后记住正确位置，在加载 xlwings 插件时需要使用，如果不知道这个正确位置，就不能成功加载 xlwings 插件。

下面以在 Office 2007 中加载 xlwings 插件为示例进行讲解。对于不同的 Office 版本，加载 xlwings 插件的具体步骤有一些差异，在学习过程中可以根据自己所使用的 Office 版本查找正确的加载方式。

步骤 01 启动 Excel 并打开一个工作簿，如图 12-1 所示。单击左上角的 Office 按钮（图 12-1 中箭头指向的按钮），会弹出如图 12-2 所示的对话框，单击图 12-2 对话框中的“Excel 选项(I)”按钮，弹出如图 12-3 所示的“Excel 选项”界面。

图 12-1 单击 Office 按钮

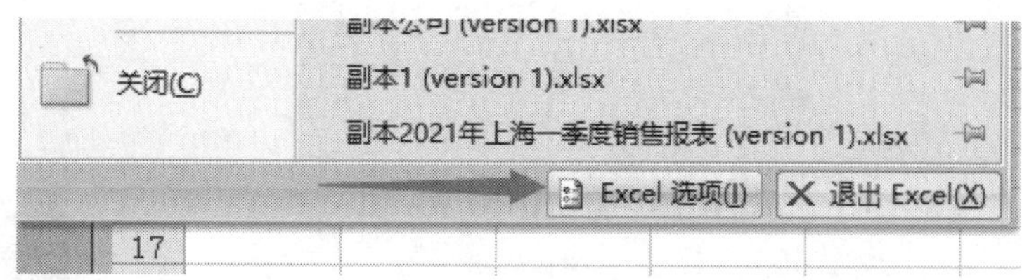

图 12-2 单击“Excel 选项（I）”按钮

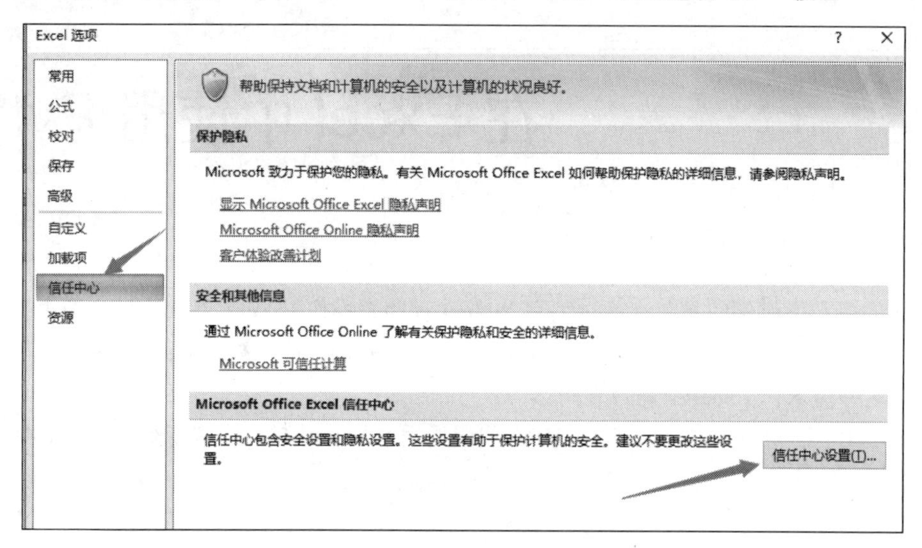

图 12-3 “信任中心设置”界面

步骤 02 在“Excel 选项”对话框中先单击左侧的“信任中心”选项，然后单击右侧的“信任中心设置”按钮，弹出如图 12-4 所示的“信任中心”对话框。

步骤 03 在“信任中心”对话框中，单击左侧的“宏设置”选项；再单击“启用所有宏(不推荐；可能会运行有潜在危险的代码(E))”单选按钮；接着勾选“信任对 VBA 工程对象模型的访问(V)”复选框；最后单击“确定”按钮，回到如图 12-5 所示的“Excel 选项”对话框。

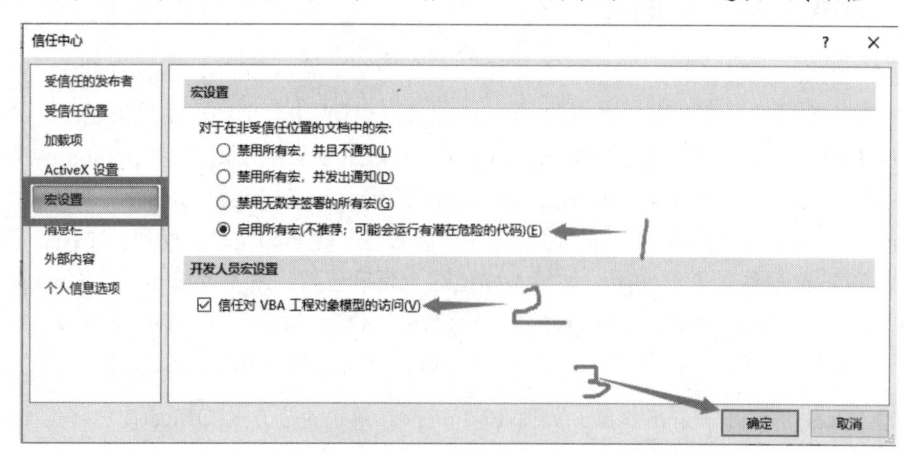

图 12-4 “信任中心”对话框

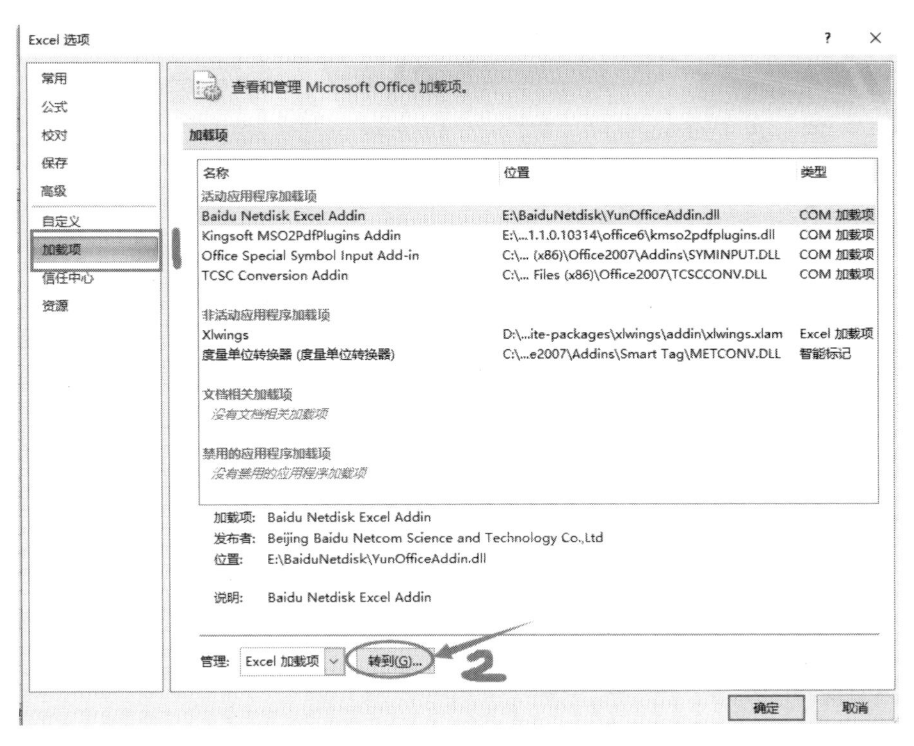

图 12-5 “Excel 选项”对话框

步骤 04 在“Excel 选项”对话框中，单击左侧的“加载项”选项，再单击下方的“转到(G)”按钮，弹出如图 12-6 所示的“加载宏”对话框。

步骤 05 一般第一次配置时，不会有如图 12-6 中左侧箭头所指向的 Xlwings 选项框，可以单击右侧的“浏览(B)”按钮，在弹出的如图 12-7 所示的“浏览”对话框中找到 xlwings.xlam 文件的正确路径，并选择 xlwings.xlam 文件，然后单击“打开(O)”按钮，再回到“加载宏”对话框。

图 12-6 添加“可用加载宏”

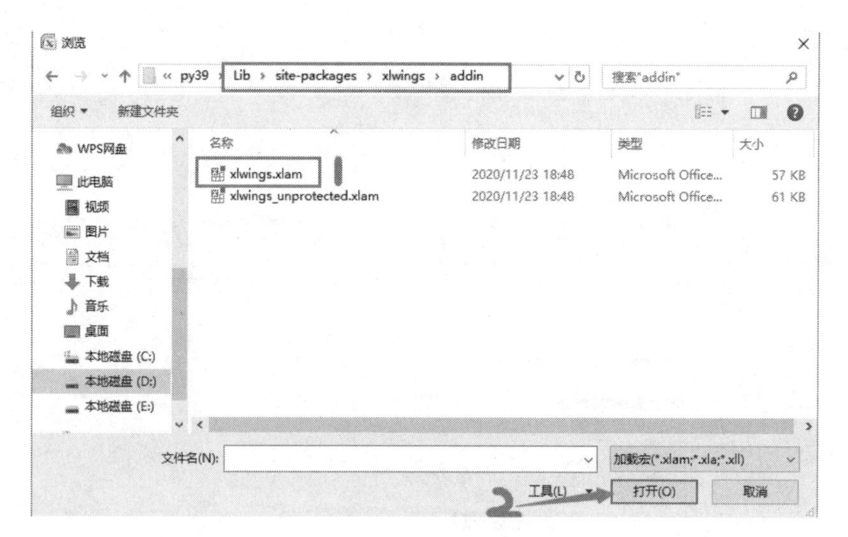

图 12-7　选择正确文件

步骤 06 勾选左侧列表框中的“Xlwings”复选框，再单击“确定”按钮，如图 12-8 所示。“加载宏”对话框自动关闭，得到图 12-9 所示的界面，此时界面中新增了一个名为 xlwings 的选项，表示 xlwings 插件安装成功。

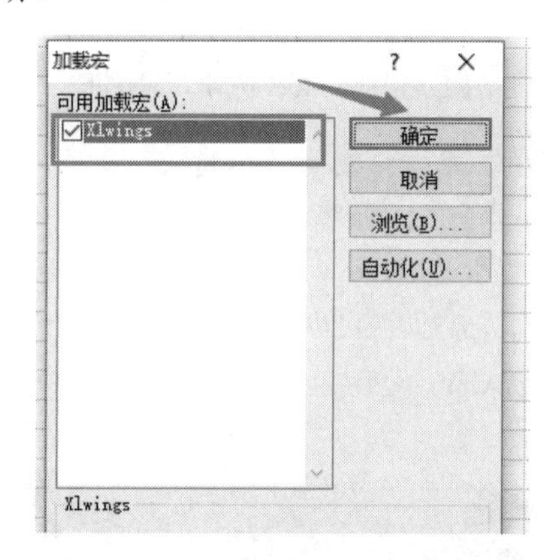

图 12-8　加载宏中添加 Xlwings

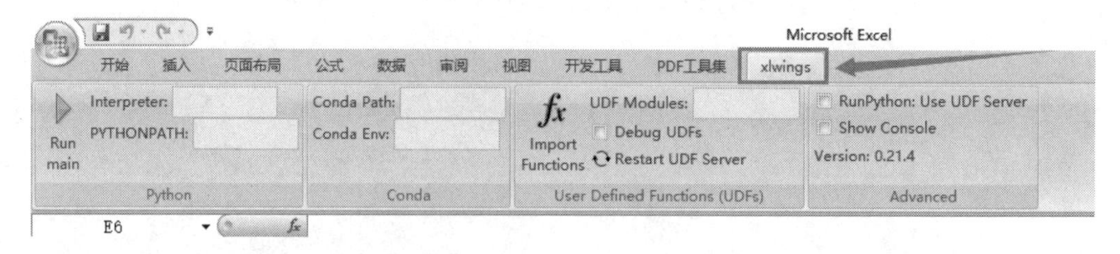

图 12-9　成功添加 xlwings 插件

12.1.2　使用 Python 自定义函数

完成了 xlwings 插件的加载后，就可以在 xlwings 选项卡下导入并调用 Python 自定义函数了。接下来准备一个带宏的工作簿（扩展名为“.xlsm”）和一个包含自定义的 Python 代码文件（名为“.py”

的文件），可有如下两种操作方式。

1. 使用模块的命令创建文件并调用

xlwings 模块提供的 quickstart 命令可以快速创建带宏工作簿和 Python 代码文件，再以这两个文件为模板进行修改，就能实现 Python 自定义函数的导入和调用，具体操作方式如下。

步骤 01 按快捷键“Win+R”，在打开的“运行”对话框中输入“cmd”命令，之后按 Enter 键就可以打开 Windows 命令窗口。

步骤 02 确定想要存放和操作 Excel 的路径，比如想操作的路径是 d:\workspace\pythonoperexcel\chapter12，则操作方式为：首先输入盘符“d:”，按 Enter 键，如图 12-10 方框 1 处的第一行所示，再在方框 1 的第一行处输入命令“cd workspace\\pythonoperexcel\\chapter12”后按 Enter 键，即可进入指定文件夹。进入指定文件夹下输入“xlwings quickstart files”命令，如图 12-10 方框 2 所示，按 Enter 键，会得到如图 12-10 方框 3 所示的结果（展示 xlwings 版本信息的输出结果），出现这个结果就表示带宏工作簿和 Python 代码文件已经创建成功。

```
C:\windows\system32\cmd.exe
Microsoft Windows [版本 10.0.18362.53]
(c) 2019 Microsoft Corporation。保留所有权利。

C:\Users\Administrator>d:

D:\>cd workspace\\pythonoperexcel\\chapter12

D:\workspace\pythonoperexcel\chapter12>xlwings quickstart files
xlwings version: 0.21.4

D:\workspace\pythonoperexcel\chapter12>_
```

图 12-10　通过命令创建指定文件

步骤 03 进入指定的 d:\workspace\pythonoperexcel\chapter12 文件夹，可以看到该文件夹下生成了一个名为 files 的文件夹，进入 files 文件夹中可以看到里面有一个名为 files.py 和一个名为 files.xlsm 的文件，如图 12-11 所示。

图 12-11　新生成的文件

步骤 04 打开 files.py 文件，可以看到该文件中已有自动生成的代码，后续编写自定义函数时可以使用该文件作为模板。files.py 模板文件中的代码如下：

```
import xlwings as xw


def main():
```

```
    wb = xw.Book.caller()
    sheet = wb.sheets[0]
    if sheet["A1"].value == "Hello xlwings!":
        sheet["A1"].value = "Bye xlwings!"
    else:
        sheet["A1"].value = "Hello xlwings!"


@xw.func
def hello(name):
    return f"Hello {name}!"


if __name__ == "__main__":
    xw.Book("files.xlsm").set_mock_caller()
    main()
```

files.py 文件中的代码解释如下：

```
import xlwings as xw
```

这行代码表示导入 xlwings 模块。

```
def main():
    wb = xw.Book.caller()
    sheet = wb.sheets[0]
    if sheet["A1"].value == "Hello xlwings!":
        sheet["A1"].value = "Bye xlwings!"
    else:
        sheet["A1"].value = "Hello xlwings!"
```

这段代码定义了一个 main()函数，用于在当前工作簿第一个工作表的单元格 A1 中输入“Hello xlwings!”。

```
@xw.func
def hello(name):
    return f"Hello {name}!"
```

这段代码定义了一个 hello()函数，用于将传入的参数 name 值拼接在字符串“hello”的后面。代码段第一行的@xw.func 修饰符则表示这个函数只能通过 Excel 的 xlwings 插件导入和调用。

```
if __name__ == "__main__":
    xw.Book("files.xlsm").set_mock_caller()
    main()
```

该代码段中的第一行代码是：

```
if __name__ == "__main__":
```

这行代码功能理解如下：

第一，当前 py 文件可以直接作为脚本执行。

第二，当前 py 文件导入到其他 Python 脚本中时，这个语句块后面的语句不会被执行。

步骤 05 文件创建好后，就可以在 Excel 中导入并调用 Python 自定义函数。在 Excel 中打开 files.xlsm 文件，在工具栏处单击“xlwings”标签，接着单击“User Defined Functions(UDFs)”组中的“Import Functions”按钮，就可以将 files.py 文件的内容导入当前 Excel 工作簿，如图 12-12 所示。

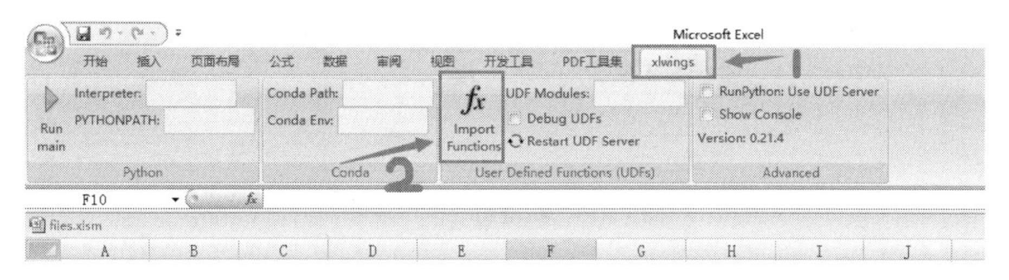

图 12-12　调用 Python 自定义函数

步骤 06 自定义函数导入后就可以在 Excel 工作簿中直接使用了。例如，在单元格 A1 中输入文本“world”，然后在单元格 B1 中输入公式“=hello(A1)”，按 Enter 键即可在单元格 B1 中得到 hello()函数的执行结果，如图 12-13 所示。

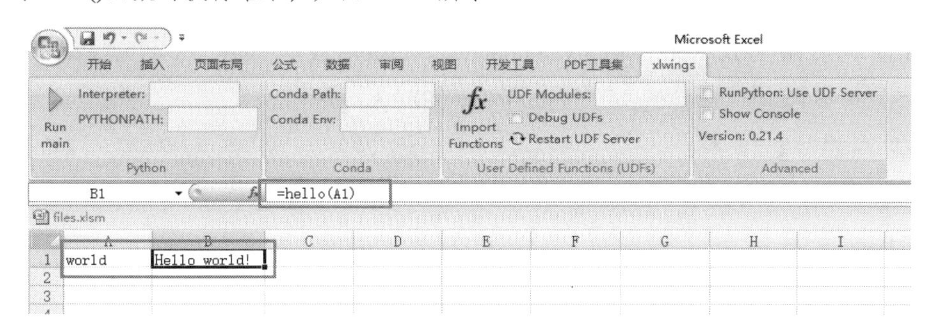

图 12-13　hello()函数执行结果

步骤 07 在 files.py 文件中仿照 hello()函数自定义一个名为 add_num()的函数，新增函数的代码片段如下：

```
@xw.func
def num_add(x, y):
    """
    返回两个参数之和
    """
    return f'{x}加{y}之和为：{x + y}'
```

新增代码段用于对两个数字求和，并返回求和结果。

新函数添加完成后，需要单击 xlwings 选项卡中的“Import Functions”按钮，以获取对 files.py 所做的更改。单击后在单元格 C4 中输入数字“5”，在单元格 C5 中输入数字“10”，再在单元格 C6 中输入“=num_add(C4,C5)”，输入完成后按 Enter 键，即可在单元格 C6 中看到“5.0 加 10.0 之和为：15.0”的输出结果，如图 12-14 所示。

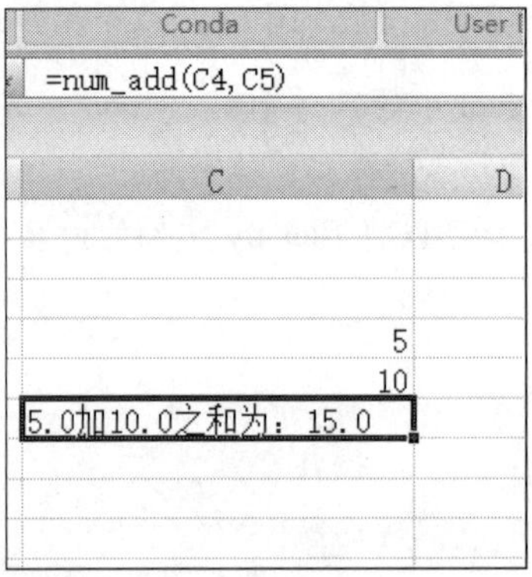

	C	D
	5	
	10	
	5.0加10.0之和为：15.0	

=num_add(C4,C5)

图 12-14　新增函数执行结果

2. Python 代码文件的位置和名称的自定义处理

前面介绍的操作模式有一个前提条件：带宏工作簿和 Python 代码文件需要位于同一个文件夹下，并且需要有相同的文件主名。

当需要处理带宏工作簿和 Python 代码文件不在同一个文件夹下或者主文件名不同时，可以通过在 Excel 的“xlwings”选项卡下设置 Python 代码文件的位置和名称来导入 Python 自定义函数。

为便于演示，在路径“D:\workspace\pythonoperexcel\chapter12”下创建一个名为“excel_oper_py.py”的 Python 文件，该 py 文件编码如下（excel_oper_py.py）：

```
import xlwings as xw


def main():
    wb = xw.Book.caller()
    sheet = wb.sheets[0]
    if sheet["A1"].value == "Hello,this is self define!":
        sheet["A1"].value = "Use xlwings by self define!"
    else:
        sheet["A1"].value = "Hello xlwings,this is self define!"


@xw.func
def hello(name):
    return f"Hello {name},this is self define!"


@xw.func
def num_multiply(x, y):
    """
    返回两个参数之积
    """
    return f'{x}乘以{y}之积为：{x * y}'
```

```
if __name__ == "__main__":
    xw.Book("自定义工作簿.xlsm").set_mock_caller()
    main()
```

在路径“D:\workspace\pythonoperexcel\chapter12\files”下复制一份 files.xlsm，并重命名为“自定义工作簿.xlsm”。执行如下步骤：

步骤 01 在 Excel 中打开“自定义工作簿.xlsm”，切换至“xlwings”选项卡，打开“自定义工作簿.xlsm”，如图中方框 1 展示的工作簿名称，切换到“xlwings”选项卡后，再在 Python 组中的“PYTHONPATH”文本框中输入要导入 Python 自定义函数的“excel_oper_py.py”文件所在位置“D:\workspace\pythonoperexcel\chapter12”，接着在“User Defined Functions(UDFs)”组中的“UDF Modules”文本框中输入要导入 Python 自定义函数的“excel_oper_py.py”文件的名称“excel_oper_py”，如图 12-15 所示。

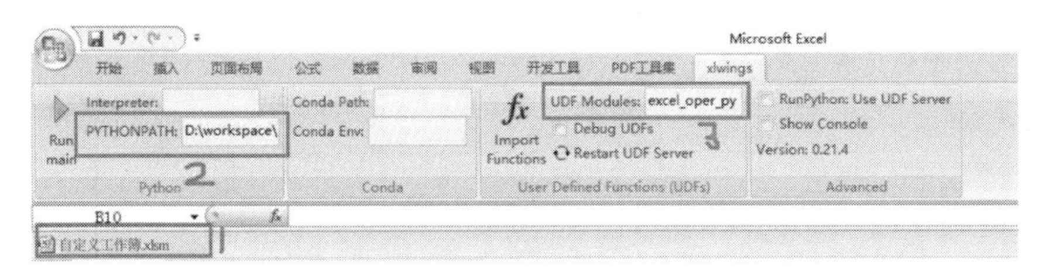

图 12-15　打开新工作簿

步骤 02 验证自定义 py 文件中的“hello()”函数是否可用。在“User Defined Functions(UDFs)”组中单击“Import Functions”按钮，在单元格 A1 中输入字符“world”，在单元格 B1 中输入公式“=hello(A1)”，按 Enter 键后单元格 B1 中得到的输出内容为“Hello world,this is self define”，如图 12-16 所示。

步骤 03 验证自定义 py 文件中的“num_multiply()”函数是否可用。在单元格 A6 中输入数字“5”、单元格 A7 中输入数字“6”、单元格 B7 中输入公式“=num_multiply(A6,A7)”，按 Enter 键后单元格 B7 中得到的输出内容为“5.0 乘以 6.0 之积为：30.0”，如图 12-17 所示。

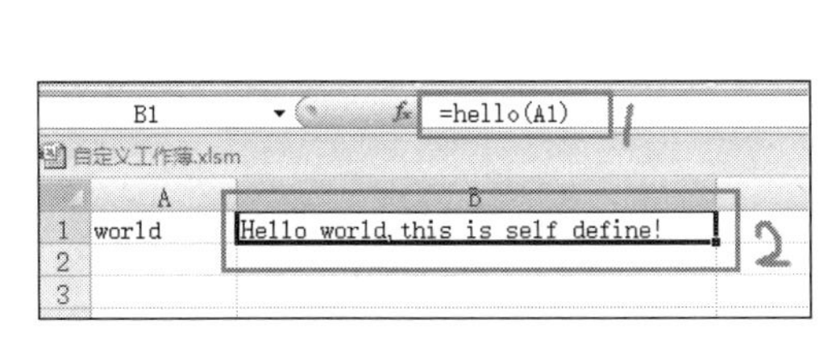

图 12-16　调用 hello()函数

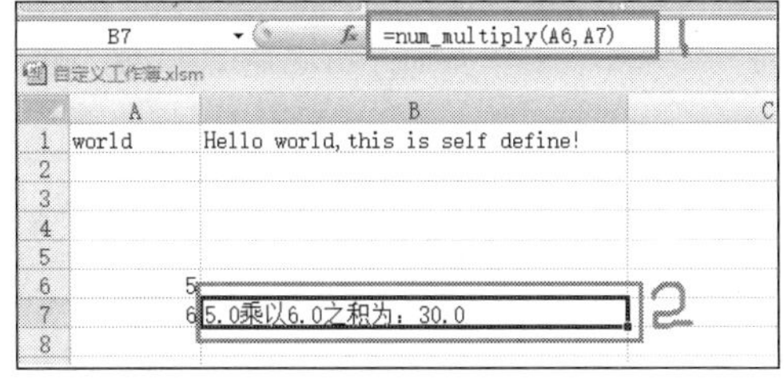

图 12-17　调用求积函数

建　议

在应用中，尽量使用由 xlwings 模块的 quicstart 命令创建的带宏工作簿，不建议手动创建带宏工作簿，因为手动创建带宏工作簿的错误不太可控，出错了也不容易查找原因。若觉得自己足够熟悉了，可以随个人喜好选择。

12.2 利用 VBA 代码调用 Python 自定义函数

如果对 Excel VBA 比较熟悉，那么可以在 VBA 代码中调用 Python 自定义函数，将两种编程语言的特长相结合，以更加灵活、高效的方式完成工作。

12.2.1 由命令创建文件并调用自定义函数

通过 xlwings 模块提供的 quickstart 命令可以快速创建带宏工作簿和包含自定义函数的 Python 代码文件，并且省去引用 xlwings 模块的操作，具体的操作方法如下：

步骤 01 使用 12.1.2 节中介绍的方法，在 cmd 窗口中使用命令“xlwings quickstart helloworld”，在“D:\workspace\pythonoperexcel\chapter12”文件夹下创建一个名为“helloworld”的文件夹，该文件夹中会自动生成名为“helloworld.py”和“helloworld.xlsm”的两个文件，如图 12-18 所示。

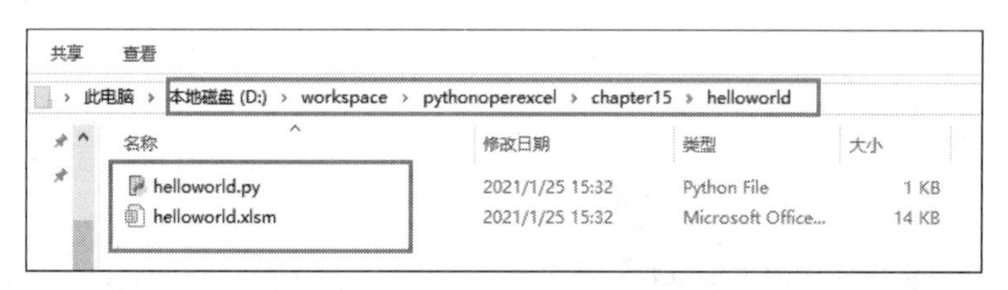

图 12-18 helloworld 文件夹下的文件

步骤 02 打开“helloworld.slxm”文件，在“开发工具”选项卡下单击“Visual Basic”按钮或按快捷键“Alt+F11”，打开 VBA 编辑器，在打开的 VBA 编辑器中可以看到一段自动编写好的代码，如图 12-19 所示。这段代码表示调用当前工作簿所在文件夹下的同名 Python 代码文件（此处调用的是“helloworld.py”）中的自定义函数 main()。

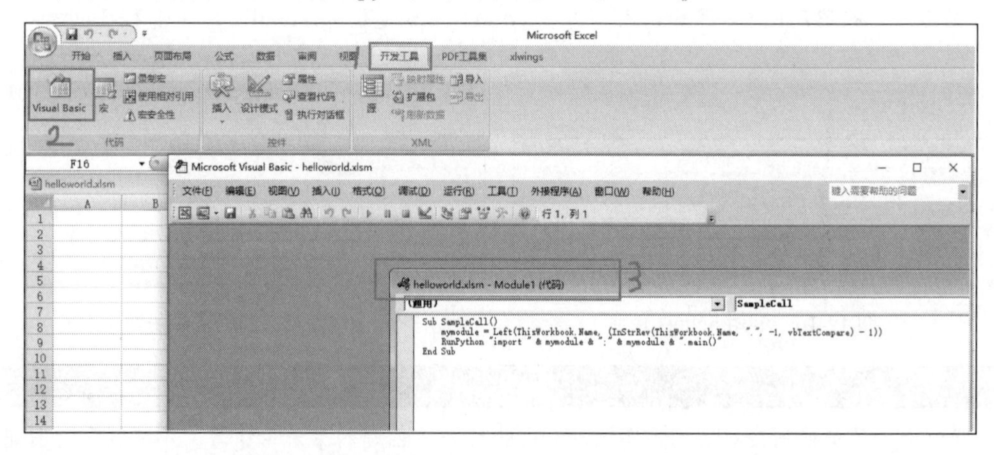

图 12-19 调用自定义函数 main()

上述步骤 2 中打开的 VBA 编辑器中的代码如下：

```
Sub SampleCall()
```

```
    mymodule = Left(ThisWorkbook.Name, (InStrRev(ThisWorkbook.Name, ".", -1,
vbTextCompare) - 1))
    RunPython "import " & mymodule & ";" & mymodule & ".main()"
End Sub
```

该代码段解释如下：

第一行代码中的 Sub 表示宏开始的关键词，空格后是宏的名称，代码段中为“SampleCall”，可根据实际需求更改这个名称。

第二行代码表示获取当前工作簿的文件主名（文件名中“.”之前的部分），为后续导入 Python 代码文件做好准备。

第三行代码表示导入与当前工作簿同名的Python代码文件，然后调用其中的自定义函数main()。因为未指定文件路径，所以默认导入当前工作簿所在文件夹下的 Python 代码文件。例如，此处的示例表示导入“helloworld”文件夹下的“helloworld.py”文件。

第四行代码中的“End Sub”表示宏的结束。

步骤 03 关闭 VBA 编辑器，在“开发工具”选项卡下单击“宏”按钮或按快捷键“Alt+F8”，打开“宏”对话框，选择要执行的宏“SampleCall”，单击“执行”按钮，如图 12-20 所示。

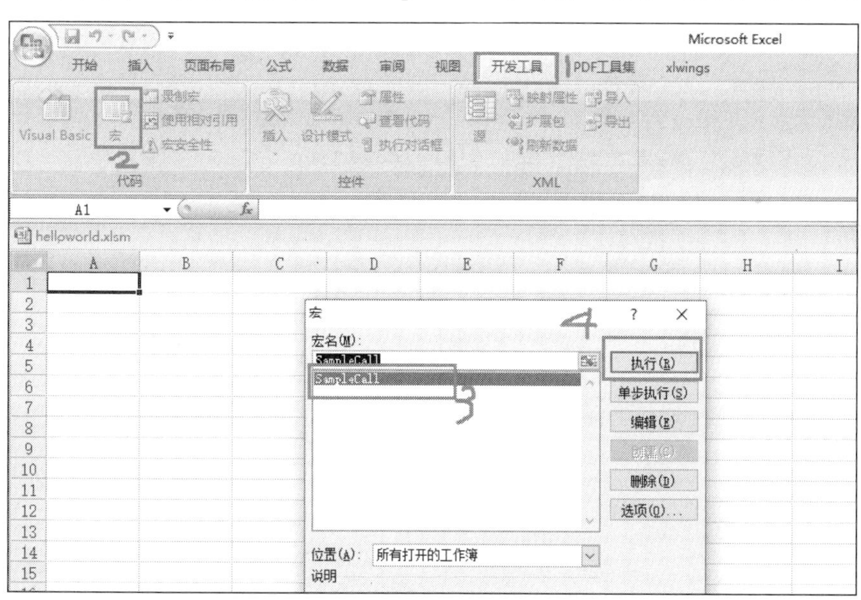

图 12-20　调用宏

步骤 04 自定义函数 main()的代码和之前自定义函数中介绍的相同，表示在当前工作簿第一个工作表的单元格 A1 中输入“Hello xlwings!”，所以执行宏“SampleCall”后工作表“Sheet1”的单元格 A1 中自动输入“Hello xlwings!”，如图 12-21 所示。

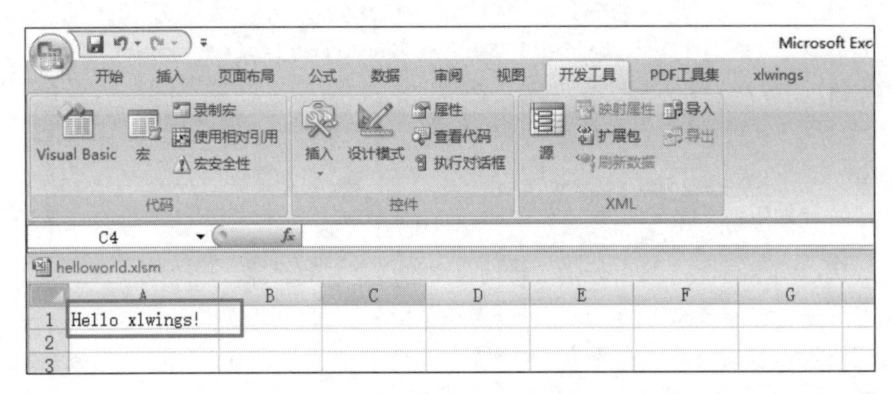

图 12-21　执行宏

步骤 05 前面步骤中调用的是 quickstart 命令自动生成的函数，如果想要调用自己编写的自定义函数，就打开之前创建的“helloworld.py”文件，在 py 文件中编写自定义函数的代码段。添加自定义函数后的示例代码如下（helloworld.py）：

```
import xlwings as xw


def main():
    wb = xw.Book.caller()
    sheet = wb.sheets[0]
    if sheet["A1"].value == "Hello xlwings!":
        sheet["A1"].value = "Bye xlwings!"
    else:
        sheet["A1"].value = "Hello xlwings!"


@xw.func
def hello(name):
    return f"Hello {name}!"


@xw.sub
def num_add():
    wb = xw.Book.caller()
    x = wb.sheets[0].range('B1').value
    y = wb.sheets[0].range('C1').value
    total_val = str(x + y)
    wb.sheets[0].range('A1').value = total_val


if __name__ == "__main__":
    xw.Book("helloworld.xlsm").set_mock_caller()
```

```
    main()
```

示例代码中新添加的自定义代码如下：

```
@xw.sub
def num_add():
    wb = xw.Book.caller()
    x = wb.sheets[0].range('B1').value
    y = wb.sheets[0].range('C1').value
    total_val = str(x + y)
    wb.sheets[0].range('A1').value = total_val
```

自定义代码段解释如下：

第一行的“@xw.sub”为修饰符，表示函数只能在 VBA 中使用。

第三行代码使用变量 wb 调用本函数的工作簿，也就是当前工作簿。

第四行和第五行代码表示将当前工作簿第一个工作表的单元格 B1 和单元格 C1 中的值分别赋给变量 x 和 y。

第六行代码表示计算变量 x 和 y 的和，再将计算出的和转换为字符串，最后将这个字符串赋给变量 total_val。

第七行代码表示将变量 total_val 的值（字符串）写入第一个工作表的单元格 A1 中。

步骤 06 在 Excel 中打开工作簿“helloworld.xlsm”的 VBA 编辑器，将“Module1”模块代码中的函数名“main()”更改为“num_add()”，如图 12-22 所示。

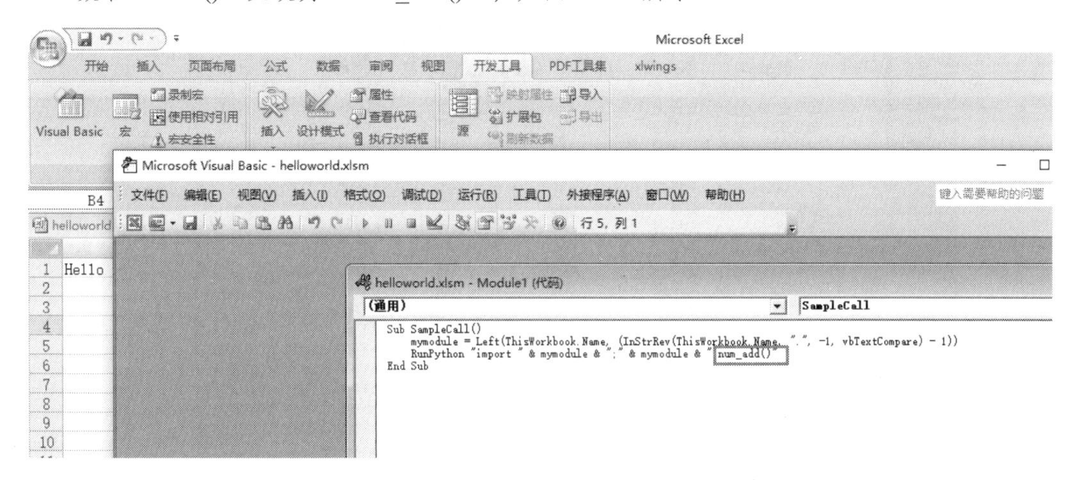

图 12-22　更改宏

步骤 07 关闭 VBA 编辑器，在单元格 B1 和 C1 中分别输入数字“10”和“20”，然后执行宏“SampleCall”，即可看到单元格 A1 中显示的自定义函数“num_add()”的计算结果，如图 12-23 所示。

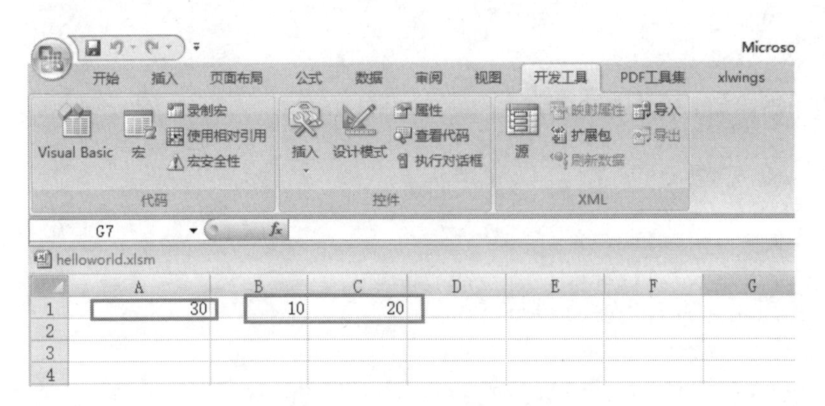

图 12-23　num_add()函数计算结果

12.2.2　手动创建文件并调用自定义函数

除了使用 quickstart 命令创建带宏工作簿和 Python 代码文件外，还可以通过手动创建文件实现在 VBA 中调用 Python 自定义函数。手动创建文件的操作要复杂一些，但是更为实用和灵活。

手动创建文件并调用 Python 自定义函数的步骤如下：

步骤 01 打开 Excel，创建一个空白工作簿，将新工作簿另存到“chapter12\files”文件夹下，并命名为“商品信息.xlsx”，在工作簿中添加一个工作表并命名为“基本信息”，在新建的工作表中输入一些数据，如图 12-24 所示。

序号	商品sku	商品名称	库存量	销售单价	商品产地	商品编号	生产日期
770	SKU009969	文件夹	1000	15.15	朝鲜	6978510719	2020/11/25
765	SKU009966	文件夹	900	21	加拿大	6978582820	2021/1/22
764	SKU009965	装饰品	800	8.8	俄罗斯	6978582822	2020/2/21
775	SKU009974	笔记本	710	8.2	荷兰	6978507706	2020/6/3
763	SKU009964	笔记本	700	6.8	葡萄牙	6978506612	2020/10/20
776	SKU009975	文件夹	630	5.8	印度	6978507702	2021/1/31
758	SKU009959	铅笔	600	6.6	中国	6978582821	2020/3/15
762	SKU009963	文件夹	600	18	西班牙	6978582838	2021/1/19
774	SKU009973	铅笔	505	6.5	阿根廷	6978507183	2021/1/29
766	SKU009967	铅笔	500	7.9	巴西	6978582837	2020/11/2
757	SKU009958	文件夹	500	9.9	中国	6978582823	2021/1/14
761	SKU009962	笔记本	410	10.3	法国	6978582836	2020/5/18
773	SKU009972	文件夹	405	27	菲律宾	6978510720	2021/1/2
760	SKU009961	装饰品	395	16	意大利	6978582835	2020/10/17
689	SKU009957	装饰品	300	12	美国	6978504148	2020/6/1
769	SKU009968	装饰品	300	9.9	韩国	6978507185	2021/1/24
772	SKU009971	装饰品	300	7.6	泰国	6978507184	2020/1/5
759	SKU009960	文件夹	255	15	德国	6978582824	2021/1/16
685	SKU009956	笔记本	215	13	英国	6978503592	2021/1/1
777	SKU009976	装饰品	200	22.55	日本	6978507705	2020/12/1
771	SKU009970	笔记本	150	25	埃及	6978507186	2021/1/26
343	SKU009955	铅笔	100	10	中国	6978501944	2021/1/11

图 12-24　“基本信息”工作表

现在将“商品信息”工作簿中“基本信息”工作表的数据根据商品名称分类，将商品名称为“文件夹”的基本信息保存到“文件夹.xlsx”工作簿中，商品名称为“圆规”的基本信息保存到“圆规.xlsx”工作簿中，以此类推。

步骤 02 在与工作簿“商品信息.xlsx”同一级的目录下创建一个名为“goods_classify.py”的 py 文件，即在“chapter12\files”下创建该文件，文件中的示例代码如下（goods_classify.py）：

```
import xlwings as xw
import os

# 全路径
full_path = 'd:\\workspace\\pythonoperexcel\\chapter12\\files'
# 工作簿名称
book_name = '商品信息.xlsx'
# 工作簿全路径及名称
full_file_name = os.path.join(full_path, book_name)
# 工作表名称
sheet_name = '基本信息'


def sheet_split():
    """
    工作表分割
    """
    # 打开指定工作簿
    workbook = xw.books.open(full_file_name)
    # 异常捕获
    try:
        # 从工作簿中取得指定工作表
        worksheet = workbook.sheets[sheet_name]
        # 取得工作表中的数据
        table_value = worksheet.range('A2').expand('table').value
        # 创建一个空的商品信息字典
        shop_info_dict = dict()
        # 遍历从工作表中取得的数据
        for i in range(len(table_value)):
            # 从工作表数据中取得商品名称字段值
            shop_name = table_value[i][2]
            # 判断当前商品名称是否可以在字典中找到
            if shop_name not in shop_info_dict:
                # 如果字典中没有当前商品名称对应的记录就增加一个记录，值为空列表
                shop_info_dict[shop_name] = list()
            # 将当前商品名称的基本信息添加到商品名称对应的列表中
            shop_info_dict[shop_name].append(table_value[i])


        # 遍历商品信息字典
        for key_val, value_val in shop_info_dict.items():
            # 新建工作簿
            new_workbook = xw.books.add()
```

```
            # 异常捕获
            try:
                # 为新工作簿添加指定名称的工作表
                new_worksheet = new_workbook.sheets.add(key_val)
                # 为新工作表指定单元格赋值
                new_worksheet['A1'].value = worksheet['A1:H1'].value
                # 为新工作表指定单元格赋值
                new_worksheet['A2'].value = value_val
                # 指定新工作簿名称，并保存到指定路径
                new_workbook.save(os.path.join(full_path, f'{key_val}.xlsx'))
            # 不管前面是否发生异常，都执行该语句块的语句
            finally:
                # 关闭新工作簿
                new_workbook.close()
    # 不管前面是否发生异常，都执行该语句块的语句
    finally:
        # 关闭工作簿
        workbook.close()
```

步骤 03 接下来编写 VBA 代码调用 Python 自定义函数。返回工作簿“商品信息.xlsx”窗口，按快捷键“Alt+F11”打开 VBA 编辑器，在弹出的面板中单击“插入(I)”菜单项（见图 12-25），接着在弹出的下拉菜单中单击“模块(M)”选项，得到如图 12-26 所示的模块代码窗口。

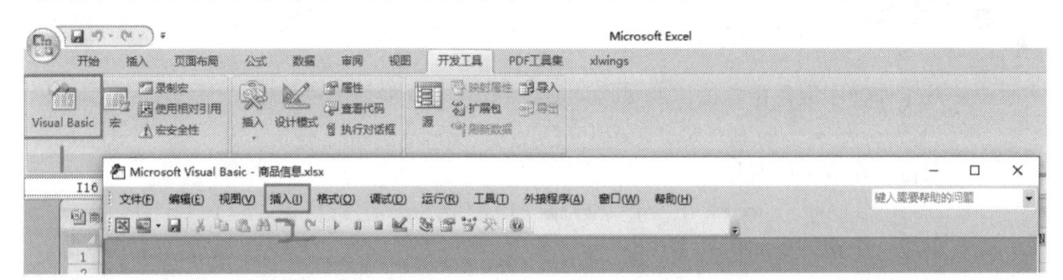

图 12-25　单击“插入”菜单项

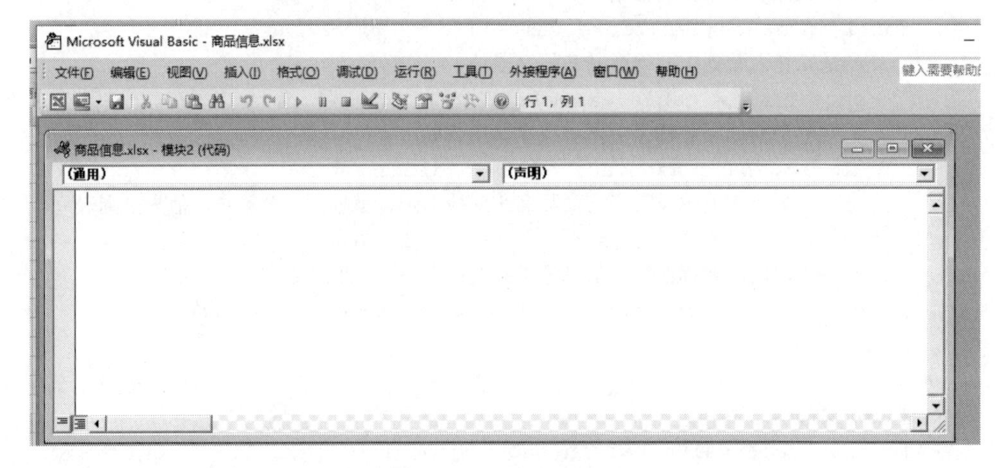

图 12-26　模块代码窗口

步骤 04 在打开的模块代码窗口中输入如下代码：

```
Sub goods_classify()
    RunPython ("import goods_classify; goods_classify.sheet_split()")
End Sub
```

代码解释如下：

第一行代码中的 goods_classify 为定义的宏名。

第二行代码中的 goods_classify 为要导入的 Python 代码文件名，sheet_split()为要调用的自定义函数名。

输入代码段后，模块代码窗口中的代码形式如图 12-27 所示（注意代码的缩进）。

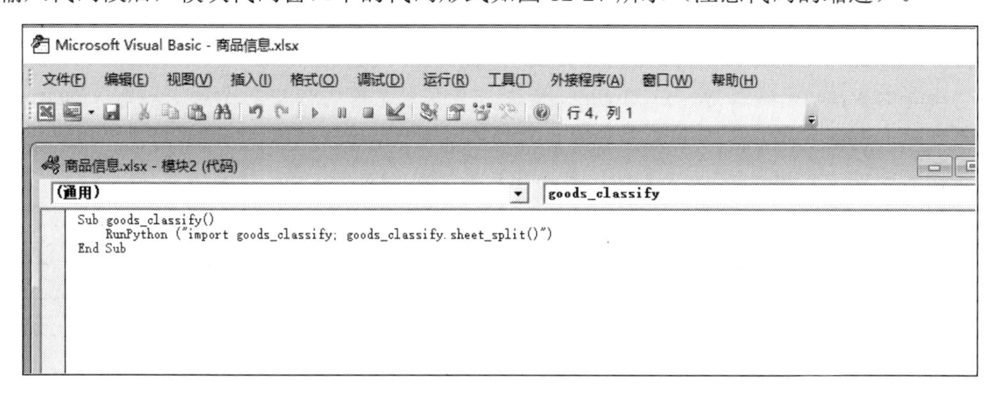

图 12-27　在模块代码窗口添加代码

步骤 05 编写完 VBA 代码，还需要在 VBA 中引用 xlwings 模块才能实现 Python 自定义函数的调用。单击排在“插入(I)”菜单项后面的“工具(T)”菜单项，如图 12-28 所示。

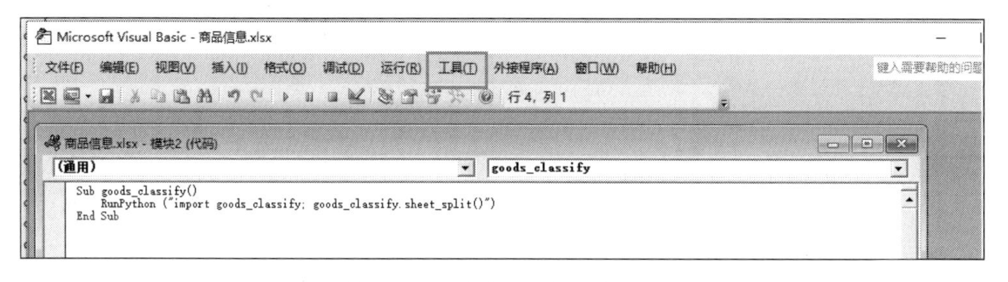

图 12-28　单击“工具”菜单项

步骤 06 单击“工具(T)”菜单项后，得到如图 12-29 所示的“引用-VBAProject”界面，首先选中 xlwings 复选框，然后单击“确定”按钮，就完成了 xlwings 模块的引用。

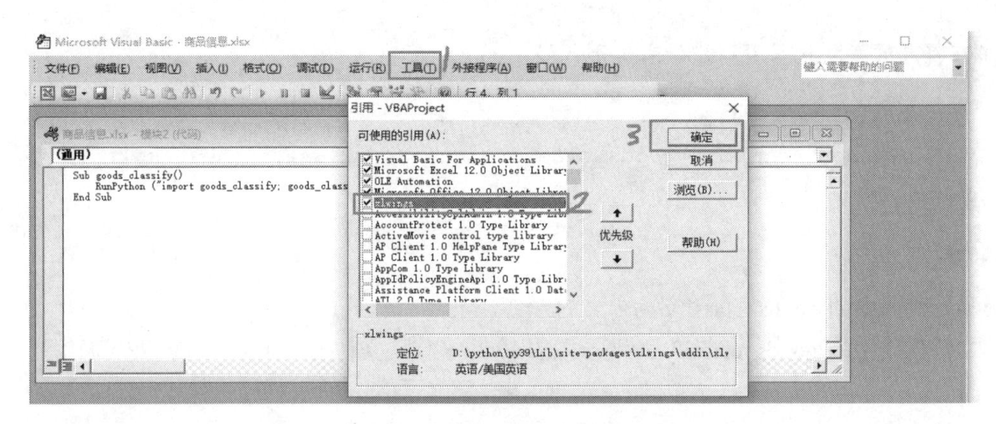

图 12-29　设置 xlwings 模块的引用

提　示

之前编写的 VBA 代码没有引用 xlwings 模块，是因为之前的带宏工作簿是用 quickstart 命令创建的。该命令在创建带宏工作簿时会自动添加对 xlwings 模块的引用，无须手动操作。在此处的带宏工作簿是手动创建的，所以需要手动添加对 xlwings 模块的引用。

步骤 07 关闭 VBA 编辑器，按快捷键“Alt+F8”打开“宏”对话框，界面中会出现宏名为“goods_classify”的宏，接着单击“执行(R)”按钮（见图 12-30），即可在“D:\workspace\pythonoperexcel\chapter12\files”文件夹下看到拆分出的工作簿，使用这里提供的示例可以得到名为“笔记本.xlsx”“铅笔.xlsx”“文件夹.xlsx”“装饰品.xlsx”的文件。

图 12-30　执行定义的宏

步骤 08 打开任意一个拆分出的工作簿，如打开名为“文件夹.xlsx”的工作簿，可以看到该工作簿的工作表中都是“商品名称”为“文件夹”的数据，如图 12-31 所示。

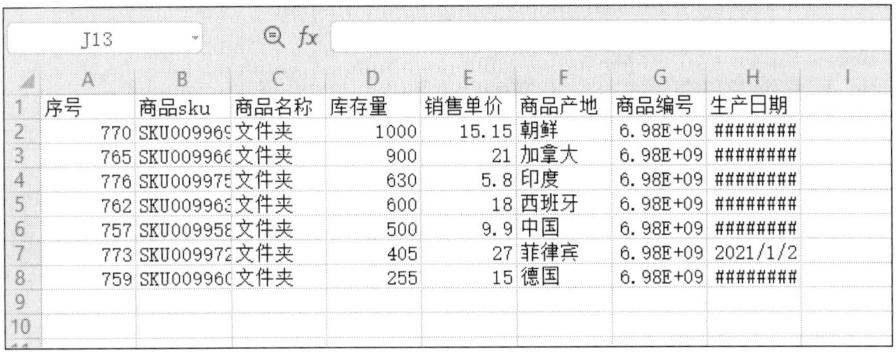

J13

	A	B	C	D	E	F	G	H
1	序号	商品sku	商品名称	库存量	销售单价	商品产地	商品编号	生产日期
2	770	SKU00996	文件夹	1000	15.15	朝鲜	6.98E+09	########
3	765	SKU00996	文件夹	900	21	加拿大	6.98E+09	########
4	776	SKU00997	文件夹	630	5.8	印度	6.98E+09	########
5	762	SKU00996	文件夹	600	18	西班牙	6.98E+09	########
6	757	SKU00995	文件夹	500	9.9	中国	6.98E+09	########
7	773	SKU00997	文件夹	405	27	菲律宾	6.98E+09	2021/1/2
8	759	SKU00996	文件夹	255	15	德国	6.98E+09	########
9								
10								

图 12-31　打开“文件夹”工作簿

12.2.3　VBA 代码和 Python 代码的混合使用

在前面讲解的示例中，所有的任务实际上都是由 Python 代码完成的，VBA 代码只起到调用 Python 代码的作用。下面讲解需要使用 VBA 代码和 Python 代码一起完成的案例，并通过工作表中的特定单元格在两种代码之间传递参数。

步骤 01 在文件夹“D:\workspace\pythonoperexcel\chapter12”下创建一个名为“shopinfo”的文件夹，在该文件夹中创建 Python 代码文件“header_auto_set.py”和空白工作簿“商品信息.xlsx”，如图 12-32 所示。

此电脑 › 本地磁盘 (D:) › workspace › pythonoperexcel › chapter15 › shopinfo

名称	修改日期	类型	大小
header_auto_set.py	2021/1/26 11:36	Python File	1 KB
商品信息.xlsx	2021/1/26 11:10	XLSX 工作表	8 KB

图 12-32　创建指定文件

步骤 02 打开“header_auto_set.py”文件，在文件中编写如下代码（header_auto_set.py）：

```
import xlwings as xw


def header_set():
    # 调用本函数的工作簿
    workbook = xw.Book.caller()
    # 取得指定工作表
    worksheet = workbook.sheets[0]
    # 取得指定单元格数据
    get_val = worksheet.range('B100').value
    # 选择工作表
    sheet = workbook.sheets[get_val]
    # 指定单元格设置内容
    sheet.range('A1').value = '序号'
    sheet.range('B1').value = '商品 sku'
```

```
    sheet.range('C1').value = '商品名称'
    sheet.range('D1').value = '库存量'
    sheet.range('E1').value = '销售单价'
    sheet.range('F1').value = '商品产地'
    sheet.range('G1').value = '商品编号'
    sheet.range('H1').value = '生产日期'
```

示例代码中定义了一个名为 header_set()的自定义函数，先根据当前工作簿第一个工作表的单元格 B100 中的值选择一个工作表，然后在所选工作表的单元格区域 A1:H1 中依次输入指定的列标题。

步骤 03 打开工作簿“商品信息.xlsx”，按快捷键“Alt+F11”进入 VBA 编程环境，按照 12.2.2 节中的步骤为工作簿插入一个模块，并在打开的模块代码窗口中输入如下 VBA 代码：

```
Sub header_auto_set()
    getname = ActiveSheet.Name
    Sheets(1).Range("B100") = getname
    RunPython ("import header_auto_set; header_auto_set.header_set()")
    Sheets(1).Range("B100").Delete
End Sub
```

VBA 代码解释如下：

第一行中的 Sub 是表示宏开始的关键词。
第二行定义获取当前工作表的名称。
第三行用于将获取的工作表名称（此处为“sheet1”）写入第一个工作表的单元格 B100 中。
第四行用于调用“header_auto_set.py”文件中的自定义函数 header_set()。
第五行用于删除第一个工作表中单元格 B100 中的内容。

写入 VBA 代码后的模块代码窗口如图 12-33 所示。

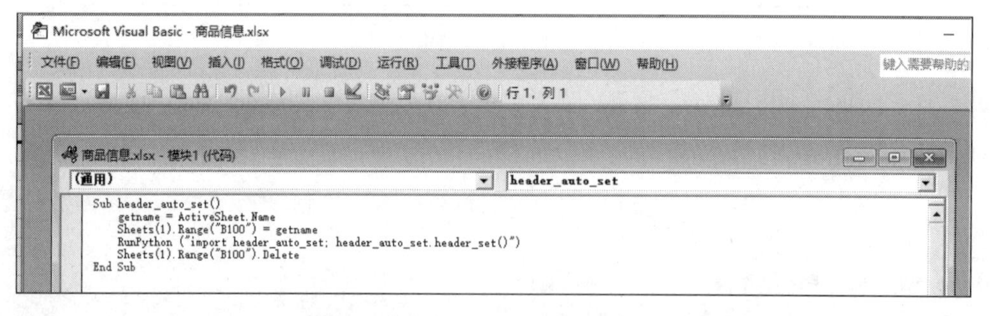

图 12-33　在模块代码窗口写入 VBA 代码

注　意

在上面的 Python 代码中指定了需要从单元格 B100 中读取工作表名称，所以在 VBA 代码段的第三行代码中也要将获取的工作表名称写入单元格 B100。这个单元格并不是固定不变的，在使用时可以更改为其他单元格，只要确保 Python 代码中读取的单元格和 VBA 代码中写入的单元格相同即可。另外，还需要确保这个单元格与要输入列标题的单元格区域不重叠，尽量离要输入列标题的单元格远一些。

输入后继续根据 12.2.2 节中的步骤在 VBA 中引入 xlwings 模块，如图 12-34 所示。

步骤 04 关闭 VBA 编辑器，切换至工作表“sheet1”，按快捷键“Alt+F8”，打开“宏”对话框，选择宏“header_auto_set”，如图 12-35 所示。

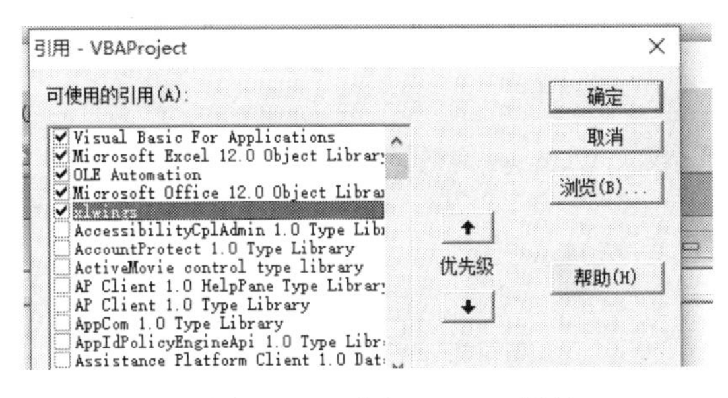

图 12-34　引入 xlwings 模块

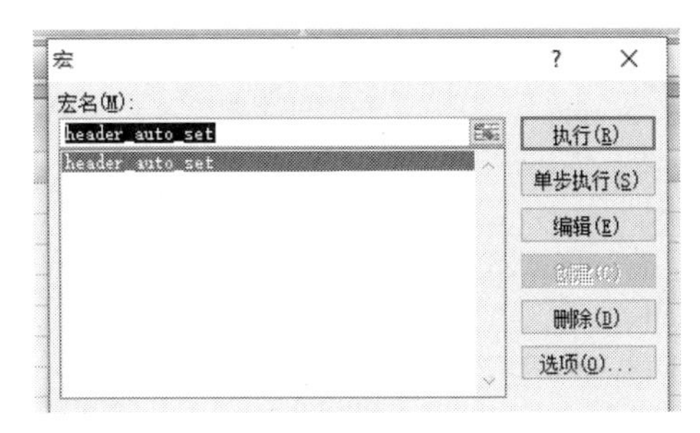

图 12-35　执行宏

在图 12-35 中单击“执行”按钮，可以在“sheet1”的单元格区域 A1:H1 中看到输入的列标题，如图 12-36 所示。

商品信息.xlsx

	A	B	C	D	E	F	G	H	I
1	序号	商品sku	商品名称	库存量	销售单价	商品产地	商品编号	生产日期	
2									
3									
4									
5									

图 12-36　在 sheet1 工作表中插入标题

步骤 05 在工作表“sheet2”和“sheet3”中执行步骤 4 的操作，也可以得到同步骤 4 相同的结果。

12.3　Python 在不同机器下的可执行实现

之前的内容学习中都是在安装了 Python 编程环境的条件下展开学习的，若操作的机器上没有安装 Python 环境，就操作不了。如果想要将编写好的 Python 代码拿到其他没有 Python 环境的计算机上运行，就不能确保可成功执行。

为方便实现批量操作，可以将 Python 代码转换为可执行程序，比如 Windows 下的“.exe”文件可以直接在 Windows 操作系统上运行。

要将 Python 代码转换为可执行程序，可以使用 PyInstaller 模块。PyInstaller 模块需要手动安装，可以直接使用 pip 命令，具体如下：

```
pip install pyinstaller
```

PyInstaller 模块安装好后，就可以使用了。

12.3.1　PyInstaller 模块讲解

PyInstaller 模块的语法格式如下：

```
PyInstaller 参数 1 参数 2 ... 参数 n xxx.py
```

常用参数含义如表 12-1 所示。

表12-1 PyInstaller常用参数

参数	含义
-F,--onefile	产生单个的可执行程序文件
-D, --onefile	产生一个文件夹，其中包含可执行程序文件
-w,--windowed, --noconsole	程序运行时不显示命令行窗口（仅对 Windows 有效）
-c,--nowindowed, --console	程序运行时显示命令行窗口（仅对 Windows 有效）
-o DIR,--out=DIR	指定 spec 文件的生成文件夹。如果没有指定，就默认使用当前文件夹生成 spec 文件
-p DIR,--path=DIR	设置 Python 导入模块的路径（和设置 PYTHONPATH 环境遍历的作用相似），也可以使用路径分隔符（Windows 使用分号，Linux 使用冒号）分隔多个路径
-n NAME, --name=NAME	指定项目（生成的 spec 文件）的名字。如果省略该选项，就使用第一个 Python 代码文件的文件主名作为 spec 文件的名字
-i FILE,--icon=FILE	指定可执行程序的文件图标

12.3.2 Python 代码转成可执行程序

对 PyInstaller 模块的语法了解后，就可以使用 PyInstaller 模块对 Python 代码进行打包操作了。在“D:\workspace\pythonoperexcel\chapter12”下创建一个名为“package_exp.py”的 Python 代码文件，同时添加一个名为“商品信息.xlsx”的工作簿，内容如图 12-37 所示。

序号	商品sku	商品名称	库存量	销售单价	商品产地	商品编号	生产日期
770	SKU009969	文件夹	1000	15.15	朝鲜	6978510719	2020/11/25
765	SKU009966	文件夹	900	21	加拿大	6978582820	2021/1/22
764	SKU009965	装饰品	800	8.8	俄罗斯	6978582822	2020/2/21
775	SKU009974	笔记本	710	8.2	荷兰	6978507706	2020/6/3
763	SKU009964	笔记本	700	6.8	葡萄牙	6978506612	2020/10/20
776	SKU009975	文件夹	630	5.8	印度	6978507702	2021/1/31
758	SKU009959	铅笔	600	6.6	中国	6978582821	2020/3/15
762	SKU009963	文件夹	600	18	西班牙	6978582838	2021/1/19
774	SKU009973	铅笔	505	6.5	阿根廷	6978507183	2021/1/29
766	SKU009967	铅笔	500	7.9	巴西	6978582837	2020/11/2
757	SKU009958	文件夹	500	9.9	中国	6978582823	2021/1/14
761	SKU009962	笔记本	410	10.3	法国	6978582836	2020/5/18
773	SKU009972	文件夹	405	27	菲律宾	6978510720	2021/1/2
760	SKU009961	装饰品	395	16	意大利	6978582835	2020/10/17
689	SKU009957	装饰品	300	12	美国	6978504148	2020/6/1
769	SKU009968	装饰品	300	9.9	韩国	6978507185	2021/1/24
772	SKU009971	装饰品	300	7.6	泰国	6978507184	2020/1/5
759	SKU009960	文件夹	255	15	德国	6978582824	2021/1/16
685	SKU009956	笔记本	215	13	英国	6978503592	2021/1/1
777	SKU009976	装饰品	200	22.55	日本	6978507705	2020/12/1
771	SKU009970	笔记本	150	25	埃及	6978507186	2021/1/26
343	SKU009955	铅笔	100	10	中国	6978501944	2021/1/11

基本信息 Sheet2 Sheet3

图 12-37 “商品信息.xlsx”工作簿中的内容

package_exp.py 文件中的代码如下：

```
import pandas as pd

# 从工作簿中读取要进行相关性分析的数据
```

```
df = pd.read_excel('商品信息.xlsx', index_col='商品名称')
# 计算任意两个变量之间的相关系数
corr_result = df.corr()['库存量']
# 输出计算出的相关系数
print(f'相关系数结果：\n{corr_result}')
# 等待输入
input()
```

上述代码用于从工作簿“商品信息.xlsx”中读取数据，然后计算相关系数。

接下来讲解将 Python 文件打包为可执行程序的操作步骤。

步骤 01 按快捷键“Win+R”，在打开的“运行”对话框中输入“cmd”，然后单击“确定”按钮，在命令控制台中将路径定位到“d:\workspace\pythonoperexcel\chapter12”下，即文件“package_exp.py”所在位置，接着输入命令“pyinstaller -F -n package_exp_exe package_exp.py”，如图 12-38 所示。

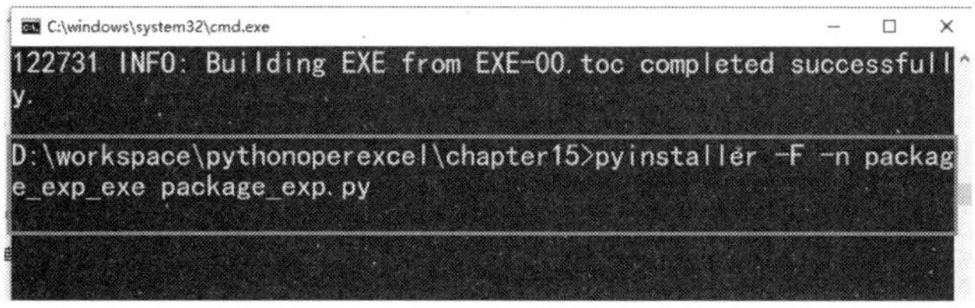

图 12-38　pyinstaller 命令

其中，参数“-F”表示生成单个可执行程序，参数“-n”后的内容为生成的可执行程序的文件主名（示例中设置为“package_exp_exe”）。

步骤 02 上述命令输入结束后按 Enter 键，cmd 控制台开始执行命令，当出现如图 12-39 所示的提示字符时表示命令执行完毕。

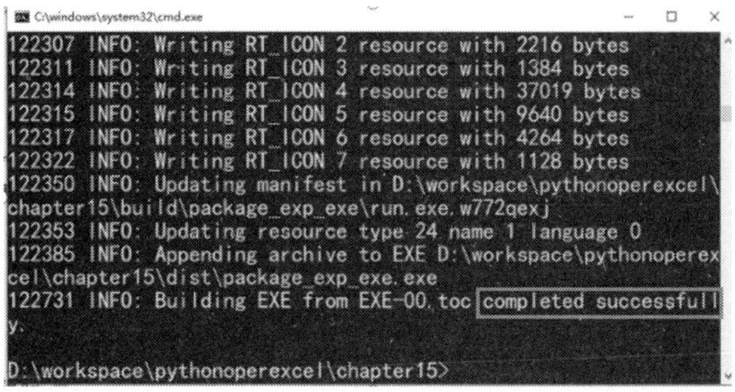

图 12-39　pyinstaller 命令执行成功

pyinstaller 命令执行成功后会在“package_exp.py”文件的同级目录下生成一个名为“dist”的文件夹，并且在“dist”文件夹中会生成一个名为“package_exp_exe.exe”的可执行文件（名称是在 pyinstaller 命令中指定的），如图 12-40 和图 12-41 所示。

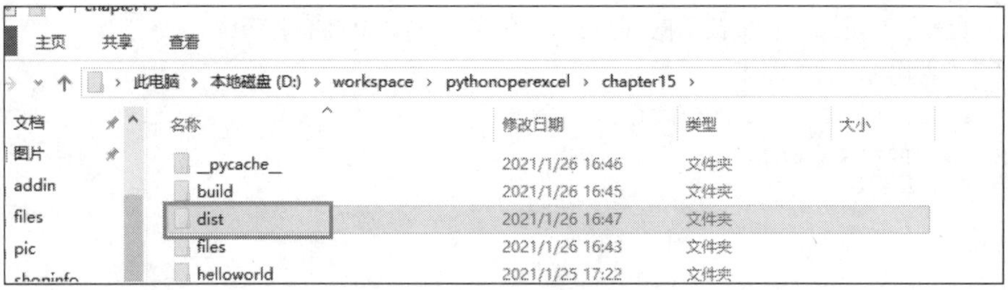

图 12-40　生成 dist 文件

图 12-41　生成 exe 文件

步骤 03 进入 dist 文件夹下，双击生成的“package_exp_exe.exe”，即可看到如图 12-42 所示的输出结果。

图 12-42　可执行文件输出结果

若将“package_exp_exe.exe”放到其他目录下或放置到一台没有安装 Python 环境的计算机，则需要将“商品信息.xlsx”文件和“package_exp_exe.exe”文件放置于同一文件夹下，形成的目录结构如图 12-43 所示。

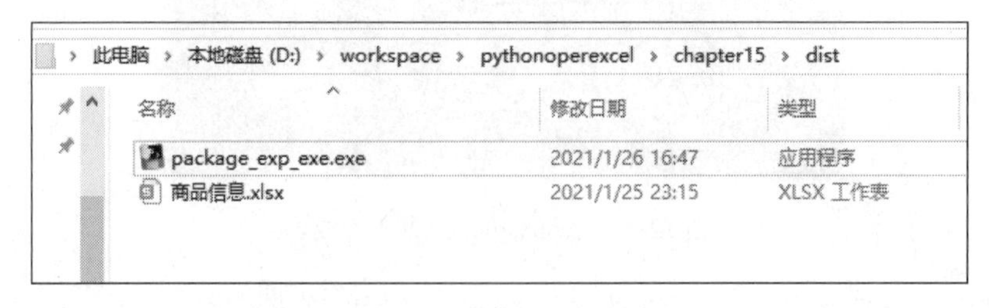

图 12-43　工作簿和可执行文件结构

12.3.3　可执行程序的实际应用

在实际工作中，需要判断相关性的数据可能不同于 12.3.2 节中工作簿所展示的数据。对于这样的情况，可以继续使用与 12.3.2 节相同的可执行程序来计算相关系数，只需要提供的数据格式符合一定要求即可，示例如下：

步骤 01 在 E 盘下新建一个名为“example”的文件夹，将 12.3.2 节中的“package_exp_exe.exe”可执行文件复制到“E:\example”下，再在“E:\example”文件夹下新建一个名为“商品信息.xlsx”的工作簿（新建的工作簿名必须和“package_exp.py”代码文件中指定要打开的工作簿名称相同）。

步骤 02 在单元格 A1 和 B1 中分别输入“商品名称”和“库存量”两个标题，如图 12-44 所示。

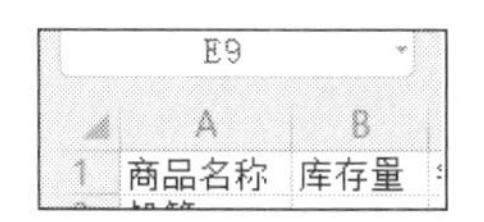

图 12-44　输入标题

注　意

单元格 A1 和 B1 中输入的标题名称必须与“package_exp.py”文件中第四行和第六行代码中设置的名称相同。

步骤 03 在工作簿“商品信息.xlsx”中输入如图 12-45 所示的数据。

	A	B	C
1	商品名称	库存量	销售单价
2	铅笔	100	10
3	笔记本	215	13
4	装饰品	300	12
5	文件夹	500	9.9
6	铅笔	600	6.6
7	文件夹	255	15
8	装饰品	395	16
9	笔记本	410	10.3
10	文件夹	600	18
11	笔记本	700	6.8
12	装饰品	800	8.8
13	文件夹	900	21
14	铅笔	500	7.9
15	装饰品	300	9.9
16	文件夹	1000	15.15

图 12-45　在工作簿中添加数据

数据添加完毕后，保存并关闭该工作簿。双击“E:\example”下的“package_exp_exe.exe”可执行文件，可以看到类似图 12-46 所示的输出结果。

图 12-46　可执行文件执行结果

对于“E:\example”中的 example 文件夹，将其复制到任何一台 Windows 操作系统的计算机上，双击“example”下的“package_exp_exe.exe”文件都可以得到类似 12-46 所示的输出结果。

12.4 本章小结

本章主要讲解在 Excel 中使用 Python 的方式。

通过 Python 操作 Excel 的方式并不是能满足所有使用者的需求，有时使用者希望在 Excel 中直接调用 Python 函数处理问题，所以就有了通过 Excel 调用 Python 函数的需求。在 Excel 中使用 Python 函数需要先加载 xlwings 插件，再通过手动或自动的方式调用编写好的 Python 函数，也可以通过打包方式使用。